普通高等院校土木专业"十二五"规划精品教材

土木工程 CAD 基础
——AutoCAD 软件基础教程（第二版）

CAD FOUNDATION OF CIVIL ENGINEERING
——AUTOCAD SOFTWARE BASIC COURSE

丛书审定委员会

王思敬　彭少民　石永久　白国良

李　杰　姜忻良　吴瑞麟　张智慧

本书主审　王　颖　吕京庆

本书主编　邓　芃

本书副主编　曹秀玲　李　兰

本书编写委员会

邓　芃　曹秀玲　李　兰　范进胜

蔡宏洲　刘　娟　高秋梅　孙黄胜

刘　艳　冯永华

华中科技大学出版社

中国·武汉

内 容 提 要

本书以 AutoCAD 软件中文版和土木工程制图为基础,详细介绍了 AutoCAD 软件中文版的各种设计概念、操作命令和使用技巧。全书共分为 18 章,包括 AutoCAD 软件中文版入门、操作基础、绘图命令、图形编辑命令、图层和线型的操作、尺寸和文字的操作以及图形的输出等内容。书中的命令大都结合土木工程制图的特点进行阐述,特别是以建筑施工图和结构施工图为例,详细讲述了建筑施工图和结构施工图的绘制方法。每章最后编排了思考题与上机操作练习,有些章后还附录了建筑和结构施工图样,供读者练习。

本书的作者为高校的老师,多年从事土木工程专业的教学和建筑结构设计,了解教学规律和工程的实际需求,书中几乎所有的内容都围绕真实的工作环境展开。

本书可作为普通高等院校土木工程专业计算机制图的基础教程,也可以作为工程设计人员自学的参考书以及各类培训班教材。

图书在版编目(CIP)数据

土木工程 CAD 基础——AutoCAD 软件基础教程(第二版)/邓　芃　主编.—武汉:华中科技大学出版社,2014 年 2 月
　ISBN 978-7-5609-9540-3

　Ⅰ.①土…　Ⅱ.①邓…　Ⅲ.①土木工程-建筑制图-计算机制图-AutoCAD软件-高等学校-教材
Ⅳ.①TU204-39

中国版本图书馆 CIP 数据核字(2013)第 299912 号

土木工程 CAD 基础
　　——AutoCAD 软件基础教程(第二版)　　　　　　　　　　　　　　邓　芃　主编

责任编辑:简晓思
封面设计:张　璐
责任校对:周　娟
责任监印:朱　玢
出版发行:华中科技大学出版社(中国·武汉)　　　　电话:(027)81321913
　　　　　武汉市东湖新技术开发区华工科技园　　　　邮编:430223
录　　排:华中科技大学惠友文印中心
印　　刷:北京虎彩文化传播有限公司
开　　本:850mm×1065mm　1/16
印　　张:21.75
字　　数:476 千字
版　　次:2019 年 3 月第 2 版第 13 次印刷
定　　价:59.80 元

总　序

　　教育可理解为教书与育人。所谓教书，不外乎是教给学生科学知识、技术方法和运作技能等，教学生以安身之本。所谓育人，则要教给学生做人道理，提升学生的人文素质和科学精神，教学生以立命之本。我们教育工作者应该从中华民族振兴的历史使命出发，来从事教书与育人工作。作为教育本源之一的教材，必然要承载教书和育人的双重责任，体现两者的高度结合。

　　中国经济建设高速持续发展，国家对各类建筑人才需求日增，对高校土建类高素质人才培养提出了新的要求，从而对土建类教材建设也提出了新的要求。这套教材正是为了适应当今时代对高层次建设人才培养的需求而编写的。

　　一部好的教材应该把人文素质和科学精神的培养放在重要位置。教材中不仅要从内容上体现人文素质教育和科学精神教育，而且还要从科学严谨性、法规权威性、工程技术创新性来启发和促进学生科学世界观的形成。简而言之，这套教材有以下特点。

　　一方面，从指导思想来讲，这套教材注意到"六个面向"，即面向社会需求、面向建筑实践、面向人才市场、面向教学改革、面向学生现状、面向新兴技术。

　　二方面，教材编写体系有所创新。结合具有土建类学科特色的教学理论、教学方法和教学模式，这套教材进行了许多新的教学方式的探索，如引入案例式教学、研讨式教学等。

　　三方面，这套教材适应现在教学改革发展的要求，提倡所谓"宽口径、少学时"的人才培养模式。在教学体系、教材编写内容和数量等方面也做了相应改变，而且教学起点也可随着学生水平做相应调整。同时，在这套教材编写中，特别重视人才的能力培养和基本技能培养，适应土建专业特别强调实践性的要求。

　　我们希望这套教材能有助于培养适应社会发展需要的、素质全面的新型工程建设人才。我们也相信这套教材能达到这个目标，从形式到内容都成为精品，为教师和学生，以及专业人士所喜爱。

中国工程院院士　王思敬

2006 年 6 月于北京

第二版前言

AutoDesk 公司每年都对版本有所修改，2011 年推出的 AutoCAD2012 版同老版本的工作界面相差甚大，这使得初学者在选择版本时比较困惑。但对将 AutoCAD 软件作为使用工具的土木工程专业的人员而言，只要掌握其中一个版本，都可快速地适应其他版本。因此，本书所阐述的主要内容基于 AutoCAD2006 中文版，但在第 1 章对 AutoCAD2012 和 AutoCAD2006 的工作界面进行了对比，提示用户通过简单的设置，就可以将 AutoCAD2012 的工作界面转至传统的工作界面，其余绘图命令、编辑命令、图层、文字样式和尺寸标注的设置、文字和尺寸的标注及编辑等内容并没有出现根本性的改变，因此完全可满足其他版本用户的使用要求。

CAD 技术具有传统人工设计和绘图所无法比拟的优势，它不仅可以明显提高绘图的效率，而且有利于工程技术人员更加方便地编辑、修改和出图，其成图的质量是人工制图无法达到的。AutoCAD 是美国 AutoDesk 公司推出的通用计算机辅助设计软件，自 1982 年发布以来，已经经历了数十次升级，每一次升级都会使其功能变得更加完善和强大。目前，该软件已经成为土木工程领域使用最为广泛的计算机辅助设计软件。

本书大多数作者长期从事 AutoCAD 软件的教学和科研工作，了解学生在学习过程中对知识的接受和反馈情况，熟知教学中的重点和难点，掌握 AutoCAD 软件的教学规律；部分作者多年从事建筑、结构的设计工作，对 AutoCAD 软件在工程实践中的应用有着深刻、独到的见解。本书的编写突出了以下几个特点。

（1）紧密结合高等教育应用型人才的培养目标，强调"实际、实用、实践"的教育原则。在强调 AutoCAD 软件基础知识和基本操作的基础上，对土木工程专业中常用的绘图命令进行详细的讲解、举例和强化训练。

（2）内容编排次序新颖。本书从实际绘图入门，使用户很快可以绘制简单的图形；比较抽象的内容则安排在后面，便于学生理解。

（3）讲解详细，深入浅出，操作步骤简单明了。用户可以根据书中的讲解，迅速上机操作。

（4）详细介绍了操作中的注意事项和操作技巧。本书的编写者针对用户在使用中屡次出现的错误，特别增加了"提示"内容，希望引起重视。

（5）为便于教学，本书提供了大量的上机实践和思考练习题。

本书适合作为大中专院校土木工程院系的教材，还可供 AutoCAD 软件的初学者及具有一定绘图基础的设计者使用。

本书由山东科技大学邓芃编写第 1 章、第 9 章、第 15 章，石家庄经济学院曹秀玲、范进胜编写第 3 章、第 6 章、第 13 章、第 18 章，山西师范大学李兰编写第 5

章、第 10 章、第 11 章，天津城建大学蔡宏洲编写第 7 章、第 8 章、第 16 章，青岛农业大学刘娟编写第 4 章，山东科技大学高秋梅编写第 12 章，孙黄胜编写第 17 章，刘艳编写第 2 章，冯永华编写第 14 章。本教材中的部分图样参考了网络上公开的资料，在此，对这些热心的网友表示感谢。山东科技大学王颖教授和吕京庆副教授审阅了全书，并提出了很多宝贵的意见。

　　由于编者的水平和时间有限，本书不足之处在所难免。衷心希望阅读本书的读者和教师提出宝贵意见，使本书不断地完善。

编　者

2013 年 11 月

前　　言

AutoDesk 公司每年都对版本有所修改，2008 年推出的 AutoCAD2009 版同老版本的工作界面相差甚大，2009 年再次推出 AutoCAD2010，这使得初学者在选择版本时比较困惑。但对将 AutoCAD 作为使用工具的土木工程专业的人员而言，只要掌握其中一个版本，都可快速地适应其他版本。因此，本书所阐述的主要内容基于 AutoCAD2006 中文版，但在第 1 章对 AutoCAD2009 和 AutoCAD2006 的工作界面进行了对比，提示用户通过简单的设置，就可以将 AutoCAD2009 的工作界面转至传统的工作界面，其余绘图命令、编辑命令、图层、文字样式和尺寸标注的设置、文字和尺寸的标注及编辑等内容并没有出现根本性的改变，因此完全可满足其他版本用户的使用要求。

CAD 技术具有传统人工设计和绘图所无法比拟的优势，它不仅可以明显提高绘图的效率，而且有利于工程技术人员更加方便地编辑、修改和出图，其成图的质量是人工制图无法达到的。AutoCAD 是美国 AutoDesk 公司推出的通用计算机辅助设计软件，自 1982 年发布以来，已经经历了数十次升级，每一次升级都会使其功能变得更加完善和强大。目前，该软件已经成为土木工程领域使用最为广泛的计算机辅助设计软件。

本书作者长期从事 AutoCAD 的教学和科研工作，了解学生在学习过程中对知识的接受和反馈情况，熟知教学中的重点和难点，掌握 AutoCAD 的教学规律；部分作者多年从事建筑、结构的设计工作，对 AutoCAD 在工程实践中的应用有着深刻、独到的见解。本书的编写突出了以下几个特点。

（1）紧密结合高等教育应用型人才的培养目标，强调"实际、实用、实践"的教育原则。在强调 AutoCAD 基础知识和基本操作的基础上，对土木工程专业中常用的绘图命令进行详细地讲解、举例和强化训练。

（2）内容编排次序新颖。本书从实际绘图入门，使用户很快可以绘制简单的图形；比较抽象的内容则安排在后面，便于学生的理解。

（3）讲解详细，深入浅出，操作步骤简单明了。用户可以根据书中的讲解，迅速上机操作。

（4）详细介绍了操作中的注意事项和操作技巧。本书的编写者针对用户在使用中屡次出现的错误，特别增加了"提示"内容，希望引起重视。

（5）为便于教学，本书提供了大量的上机实践和思考练习题。

本书适合作为大中专院校土木工程院系的培训教材，还可供 AutoCAD 的初学者及具有一定绘图基础的设计者使用。

　　本书由山东科技大学邓芃编写第1章、第9章、第15章，石家庄经济学院曹秀玲、范进胜编写第3章、第6章、第13章、第18章，山西师范大学李兰编写第5章、第10章、第11章，天津城建大学蔡宏洲编写第7章、第8章、第16章，青岛农业大学刘娟编写第4章，山东科技大学高秋梅编写第12章，孙黄胜编写第17章，刘艳编写第2章，冯永华编写第14章。本教材中的部分图样参考了网络上公开的资料，在此，对这些热心的网友表示感谢。山东科技大学王颖教授和吕京庆副教授审阅了全书，并提出了很多宝贵的意见。

　　由于编者的水平和时间有限，本书不足之处在所难免。衷心希望阅读本书的读者和教师提出宝贵意见，使本书不断地完善。

编　者

2009年6月

目　　录

第1章 AutoCAD 软件中文版入门

AutoCAD(Auto Computer Aided Design)是由美国 Autodesk 公司推出的通用计算机辅助设计软件，自 1982 年 12 月推出了 AutoCAD 软件的第一个版本以来，先后经历了 R12、R13 和 R14 以及后来的 AutoCAD 2000、AutoCAD 2006、AutoCAD 2007、AutoCAD2009 和 AutoCAD2012 等版本。由于具有强大的数据运算和图形处理能力，AutoCAD 软件目前已应用于土木建筑、装饰装修、城市规划、电子电路、机械设计、航空航天等诸多领域。由于 AutoCAD 软件几乎每年都进行更新，因此初学者在选择软件版本时颇感犹豫。土木工程专业的学生或者相关的从业人员，使用的都是软件中比较基本的命令和功能。即使学习时采用的是比较早的 AutoCAD2000，当面对的是比较新的 AutoCAD2012 时，只要对软件的操作界面稍作调整，经过短暂的适应，也可以进行高效率的工作。本章主要对 AutoCAD2012 的工作界面进行了简单介绍，其余各章节进行介绍时以 AutoCAD2006 为基础，不再赘述。

1.1 AutoCAD 软件中文版功能概述

AutoCAD 软件的基本功能包括：绘制与编辑图形、标注图形尺寸、控制图形显示、绘图辅助工具、Internet 功能等。同时，AutoCAD 软件在不断推出的新版本中强化了二维绘图功能的易用性，逐渐增加了一些新功能，如动态输入、动态块、增强的图案填充、改进的多行文字、创建表格、QuickCalc 计算器等。

1.1.1 绘制与编辑图形

AutoCAD 软件提供了强大而丰富的【绘图】和【修改】工具，用户可以轻松地绘制复杂的二维图形和三维图形。如利用【绘图】工具可以绘制直线、正多边形、矩形、圆弧、圆、椭圆等基本图形，如图 1-1（a）、（b）、（c）所示；利用【修改】工具可以进行编辑，以绘制建筑、结构施工图等各种比较复杂的图样，如图 1-1（d）以及图 1-2～图 1-4 所示。

工程设计时常用到轴测图。轴测图采用二维绘图技术模拟三维对象，实际上也是二维图形。用户可以利用 AutoCAD 软件方便地绘制轴测图。在轴测模式下，将直线绘制成与坐标成 30°、150°、90°等角度，就可以方便地绘制轴测图了，如图 1-5 所示。

图 1-1 简单的二维图形

（a）正多边形；（b）圆形；（c）简单的二维图形；（d）某装修立面图

图 1-2 某建筑立面图

图 1-3 某建筑结构平面图

图 1-4 某建筑剖面图

图 1-5 轴测图

1.1.2　标注图形尺寸

尺寸是图纸中重要的组成部分，AutoCAD 软件的【标注】菜单提供了全面的尺寸标注和编辑命令。利用这些命令，用户可以创建合适的标注样式，并且可以根据需要随时调整。

1.1.3　控制图形显示

AutoCAD 软件提供了多种方式来控制图形的显示，用户可以放大图形以显示细节，也可以缩小图形以显示整体，还可以通过平移来控制图形在绘图窗口中的位置，如图 1-6 所示。

图 1-6　控制图形显示

1.1.4　绘图辅助工具

AutoCAD 软件提供了多种辅助工具，常用的包括【栅格】、【捕捉】、【对象捕捉】、【正交】、【极轴】和【对象追踪】等几种方式。【栅格】是由排列规则的点组成，类似于坐标纸；【捕捉】工具可以使光标精确定位在栅格点上；【正交】工具限制了光标的移动方向，保证了绘制横平、竖直线条的准确性，提高了绘图效率；【对象捕捉】工具可以使光标精确、快捷地捕捉到对象上的几何点，而无需知道这些点的坐标；【对象追踪】工具保证了光标沿指定方向、按指定角度或与其他对象的指定关系绘制对象；【极轴捕捉】工具保证了光标沿极轴角度按指定增量进行移动。如图 1-7 和图 1-8 演示了【对象捕捉】工具和【对象追踪】工具的应用。

1.1.5　Internet 功能

AutoCAD 软件提供了极为强大的 Internet 工具，使设计者之间能够共享资源和信息，同步地进行设计、讨论、演示和发布消息，以及时获得业界新闻，得到有关帮助。

AutoCAD 软件的联机会议功能能够实现其用户之间的图形共享，即当一个人在计算机上编辑 AutoCAD 图形时，其他人可以在自己的计算机上观看、修改；工程技术人员也可为用户在计算机桌面上演示新产品的功能。

此外，AutoCAD 软件还提供了一种安全的、适于在 Internet 上发布的文件格式——DWF 格式。使用 Autodesk 公司提供的"WHIP！"插件可以浏览这种格式的图形。

图 1-7　复制时利用【对象捕捉】以精确定位　　图 1-8　添加直线时利用【对象追踪】以精确定位

1.1.6　动态输入

图 1-9　动态输入方式

AutoCAD 软件新增了【动态输入】工具，其在光标附近提供了一个命令界面，以帮助用户专注于绘图区域，如图 1-9 所示。当启用【动态输入】工具时，在光标附近将显示信息工具栏提示，该信息提示会随着光标移动而进行动态更新。

1.1.7　动态块

块是图形中反复出现的标准图形，是 AutoCAD 软件中功能极其强大的一个工具。在绘制施工图时，经常会出现大量重复的构件。AutoCAD 软件为此提供了"块"，以便于绘图者重复使用，从而提高绘图效率。

后来，AutoCAD 软件又增设了"动态块"的功能，使操作更加灵活。用户通过自定义夹点或自定义特性来操作动态块参照中的几何图形。这可方便用户根据需要进行调整。

1.1.8　增强的图案填充

AutoCAD 软件图案的填充和编辑工具快速而高效。用户可以添加、删除和重新创建填充边界，并且在同一操作中创建独立的图案填充；AutoCAD 软件还允许用户对延伸到当前视图之外的区域进行填充，然后通过指定其他填充图案原点来改变图案对齐方式。图 1-10 为 AutoCAD 软件的【图案填充和渐变色】对话框。

图 1-10 【图案填充和渐变色】对话框

1.1.9 改进的多行文字

文字标注是施工图中不可缺少的组成部分，AutoCAD 软件中改进的【多行文字编辑器】功能更加强大，用户使用起来也更加方便。新功能包括优化框、标尺切换和宽度滑块，使用者可以轻松自如地创建和编辑文字；此外，通过"MTEXT"命令还可以直接创建项目符号、数字或字母列表。图 1-11 为【多行文字编辑器】对话框。

图 1-11 【多行文字编辑器】对话框

1.1.10 创建表格

AutoCAD 软件中引入了创建表格的功能，主要用于快速创建和修改数据表，例如标题块、数据清单和明细表等。后来，AutoCAD 软件中增加了数学表达式计算功能，用户可以快速跨行或列进行操作；另外，还支持"＋""－""*""/""＝"的运算功能。

图 1-12   【QuickCalc 计算器】对话框

1.1.11   QuickCalc 计算器

【QuickCalc 快速计算】工具除具有与大多数标准数学计算器类似的基本功能外，还特别适用于 AutoCAD 软件的计算，例如几何函数、单位转换区域和变量区域。如图 1-12 所示的【QuickCalc 计算器】对话框。

1.2   AutoCAD 软件的启动和退出

1.2.1   启动 AutoCAD 软件

启动 AutoCAD 软件常用的方法包括两种：一是单击【开始】|【所有程序】|【Autodesk】|【AutoCAD 软件】即可打开 AutoCAD 程序的界面；另外一种是在桌面上直接双击图标 。

1.2.2   退出 AutoCAD 软件

AutoCAD 软件完成了绘制工作后，通常采用如下两种方法退出程序：一是单击 AutoCAD 软件窗口右上角的【关闭】按钮 ，另外一种是在菜单栏中选择【文件】|【退出】命令。

如果没有保存最近所做的修改，AutoCAD 软件将显示一个对话框，提示是否将所做的修改保存到当前图形中。

1.3   AutoCAD 软件的界面组成

启动 AutoCAD 软件后，将进入如图 1-13 所示的工作界面。

中文版 AutoCAD 软件的工作界面主要由标题栏、菜单栏、工具栏、绘图窗口、文本窗口与命令行、状态行等元素组成，图 1-13 为典型的屏幕布局。这些组成元素具有标准窗口的特性，如标题栏在窗口的顶部显示该软件的名称、当前图形文件的名称（如果当前图形文件尚未保存，其名称为"Drawing 1.dwg"）。

菜单栏位于标题栏的正下方，用户可以从下拉菜单中选择所需的命令，也可以单击标准工具栏、绘图工具栏、修改工具栏等各种工具栏上的图标激活命令。

状态栏位于屏幕的底部，它不仅显示屏幕上光标所处位置的坐标，而且还显示 AutoCAD 软件当前状态。

AutoCAD 软件界面中的"命令行"（命令窗口）与大多数其他窗口程序不同，用户可以通过键入命令名并按回车键的方式调用任何 AutoCAD 软件命令。

图 1-13 AutoCAD 软件工作界面（AutoCAD2006 软件）

AutoCAD 软件界面中的一些组成元素总是在固定的位置上显示，如下拉菜单。另外一些元素，如工具栏和命令窗口可以被关闭或者放在桌面上的任何位置。下文将对 AutoCAD 软件的工作界面进行详细介绍。

1.3.1 标题栏

AutoCAD 软件的标题栏位于程序窗口的最上面，显示当前正在运行的程序名和文件名等信息。对于程序默认的图形文件，其名称为 "Drawing N.dwg"（N 是数字）。标题栏右端 █ █ ❐ ✕ 按钮的作用分别是最小化、最大化以及关闭应用程序窗口。

单击标题栏最左边的图标 █，将会弹出一个下拉菜单，用户也可以在这里执行最小化窗口、最大化窗口、恢复窗口、移动窗口、关闭 AutoCAD 软件等操作。

1.3.2 菜单栏

AutoCAD 软件的菜单包括三种形式：屏幕菜单、下拉菜单和快捷菜单。

屏幕菜单是一种传统界面，在默认情况下，新版本的 AutoCAD 软件的屏幕菜单是禁用的。用户可以在【工具】|【选项】|【显示】选项卡中的【屏幕菜单显示】复选框中选择打开屏幕菜单。

1.3.2.1 下拉菜单

下拉菜单栏位于标题栏的下方，由【文件】、【编辑】、【视图】、【插入】、【格式】、

【工具】、【绘图】、【标注】、【修改】、【窗口】和【帮助】菜单组成，几乎包括了 AutoCAD 软件全部的功能和命令。将鼠标移至菜单名上并单击鼠标左键，即可打开下拉菜单，如图 1-14 所示。

图 1-14　AutoCAD 软件下拉菜单和子菜单（AutoCAD2006 软件）

AutoCAD 软件的下拉菜单具有以下属性。

① 按"Alt+"菜单名中带下画线的字母键将打开下拉菜单选项列表。

② 子菜单后面如跟有快捷键，表示打开主菜单后，按该快捷键就可以执行命令。子菜单后面如跟有组合键表示无需打开主菜单，直接按组合键就可以执行该命令。如按下组合键"Ctrl+0"表示切换"清除屏幕"。如打开【视图】菜单后，在命令行输入"G"就可执行"重生成"命令。

③ 有效菜单和无效菜单。有效菜单呈黑色，用户可以选择命令并执行功能。无效菜单呈灰色，表示在当前状态下该命令禁用。

④ 命令后如跟有"▶"符号，表示该命令还有子命令。

⑤ 命令后如跟有"…"符号，表示执行该命令时，可打开一个对话框。

1.3.2.2　快捷菜单

AutoCAD 软件还提供了对上下文敏感的鼠标右键快捷菜单，该菜单集中了某些常用命令，使某些操作更加方便。在不同的操作情况下，鼠标右键所联系的快捷菜单不同。

① 未执行任何命令，在绘图窗口的空白区域单击鼠标右键，将显示如图 1-15 所示的菜单。

② 先用鼠标左键选择对象，然后在空白区域单击鼠标右键，将显示编辑快捷菜单，如图 1-16 所示。

③ 执行命令过程中单击鼠标右键，将会显示与当前命令操作相关的快捷菜单。如图 1-17 所示为在绘制直线过程中单击鼠标右键所显示的快捷菜单。

④ 在命令行里单击鼠标右键，将显示如图 1-18 所示的快捷菜单。

⑤ 用鼠标右键单击工具栏任意按钮，将显示如图 1-19 所示的快捷菜单。

提示：修改系统配置就可以改变鼠标右键的功能，见【工具】|【选项】|【用户系统配置】选项卡，如图 1-20 所示。

图1-15　未选中对象时的快捷菜单　　　　图1-16　选中对象时的编辑快捷菜单

图1-17　执行命令过程中的快捷菜单　　　　图1-18　命令行窗口快捷菜单

图1-19　显示隐藏工具栏的快捷菜单　　　　图1-20　自定义鼠标右键的功能

1.3.3 光标

当光标位于绘图窗口时，默认状态下光标的正常形状为"✛"字形，也称为"十字光标"。十字光标由两部分叠加而成，第一部分是点拾取器，形状为"✛"。如执行 LINE 的命令时，当命令行显示为"-LINE 指定第一点："时，此时绘图窗口的默认状态下的"✛"字形光标变为"十"光标，表示需要用户确定该点坐标。第二部分是对象拾取器，形状为"□"。当命令行显示为"选择对象："时，绘图窗口中的"✛"字形光标就会变成"□"状。

光标形状的变化取决于正使用的 AutoCAD 软件命令和光标所处的位置。当用户将光标移出绘图区域时，光标就会变成箭头"⌖"，这表示要选取工具栏或菜单栏。光标也可能会变成沙漏、指针、闪烁的垂直线、双箭头或者指向四个方向的箭头等形状。

用户可以根据各自的绘图习惯改变十字光标和拾取框的大小。

（1）改变十字光标的大小

① 单击【工具】|【选项】，程序将弹出【选项】对话框。

② 单击【显示】选项卡，如图 1-21 所示。在默认情况下，十字光标的大小为 5%，表示该光标占屏幕尺寸的百分比。如改为 100%，光标将会充满屏幕。

③ 单击【确定】按钮，关闭【选项】对话框。

用户也可以从命令栏输入"CURSORSIZE"，输入数值就可以改变光标的大小。

（2）改变拾取框的大小

① 单击【工具】|【选项】，程序将弹出【选项】对话框。

② 单击【选择】选项卡，如图 1-22 所示。用户可以调整【拾取框大小】选项组中的滑块以调整"拾取框"的大小。

③ 单击【确定】按钮，关闭【选项】对话框。

提示："拾取框"不宜过大或过小。

图 1-21　改变十字光标的大小

图 1-22　改变"拾取框"的大小

1.3.4　命令行与文本窗口

命令行窗口是 AutoCAD 软件显示用户通过键盘输入的命令和提示信息的区域。在默认状态下，命令行窗口为 3 行，并显示最后 3 次执行的命令和提示信息。命令行的行数是可以改变的，利用鼠标拖曳就可以改变命令行的行数。

AutoCAD 软件文本窗口显示命令的输入和执行的情况以及对象的特性。我们可以将其视为放大的"命令行"窗口，用户从中也可以进行命令的操作。打开文本窗口最简捷的方法是按下"F2"键。

1.3.5　绘图窗口

AutoCAD 软件界面中心是绘图窗口，所有的绘图结果都反映在这个窗口中。绘图区的尺寸取决于界面中的工具栏和对话框。在 AutoCAD 软件的默认设置中，该窗口是黑色的，四周围绕着灰色区域。

提示：通常打开 AutoCAD 软件后的缺省设置界面为模型空间，这是一个没有任何边界、无限大的区域。因此，我们可以按照所绘图形的实际尺寸来绘制图形，即采用 1:1 的比例尺在模型空间中绘图。

用户可改变绘图窗口的颜色，操作步骤如下。

① 单击【工具】|【选项】对话框，打开【显示】选项卡，如图 1-23 所示。

② 在【窗口元素】选项卡下单击【颜色】按钮，打开【颜色选项】对话框，如图 1-24 所示。

图 1-23　使用【显示】选项卡改变绘图窗口的颜色　　**图 1-24　【颜色选项】对话框**

③ 单击【模型选项卡】或【窗口元素】列表中的【模型空间背景】，然后在【颜色】下拉列表中选择颜色。

④ 单击【应用并关闭】按钮，关闭【颜色选项】对话框。

⑤ 单击【确定】按钮，关闭【选项】对话框。

屏幕的颜色将随用户所选定的颜色而改变。

提示：绘图窗口通常设为黑色，这样可以使图层的颜色对比鲜明。

1.3.6　坐标系图标

在绘图窗口中除了显示当前的绘图结果外，还显示了当前使用的坐标系类型以及坐标原点、x 轴、y 轴、z 轴的方向等。

在默认情况下，坐标系为世界坐标系（WCS）。AutoCAD 软件的缺省原点位于屏幕绘图区的左下角。

1.3.7　工具栏

第一次启动 AutoCAD 软件时，将显示【标准】工具栏、【图层】工具栏、【对象特性】工具栏、【绘图】和【修改】工具栏。每个工具栏都由一组代表相关命令的按钮组成。用户可以随时调用所需的工具栏，并放置在桌面上的任何位置，所有这些工具栏都可以用添加和删除的方法进行自定义。另外还可以任意移动和重新调整工具栏以及创建新的工具栏，从而创建符合个人绘图习惯的工作界面。

在工具栏中，有些按钮是单一的，有些按钮是嵌套的。嵌套按钮是指在工具栏图标右下方带有▶（如 🔍 就是嵌套命令）的按钮，它提供了一组相关命令（如 🔍 的相关命令包括 🔍🔍🔍🔍🔍🔍🔍🔍）。在嵌套按钮上按住鼠标左键就可以弹出嵌套的各个按钮。

如果在【工具】|【选项】|【显示】选项卡中选择【显示工具栏提示】，那么，将鼠标移到工具栏按钮上并停留片刻，程序将会出现该命令的确切描述。

（1）AutoCAD 软件工具栏简介

① 【标准】工具栏：包括了 AutoCAD 软件程序常用的工具和标准的 Windows 的按钮。

② 【对象特性】工具栏：控制对象的颜色、线型和线宽。

③ 【图层】工具栏：包括【图层特性管理器】按钮、显示当前图层和将某图层置为当前的功能。

④ 【绘图】工具栏：包含大部分绘图命令的按钮。

⑤ 【修改】工具栏：包含常用的修改命令的按钮。

提示：工具栏上的图标代表启动该命令的按钮。这种图标形象而直观，用户直接单击相应的按钮就可以执行命令。

（2）调整工具栏的位置和大小

工具栏可以分为固定工具栏和浮动工具栏。固定工具栏附着在绘图区域的任一边界。浮动工具栏则可以在屏幕上任意拖动和改变形状，如图 1-25 所示。拖动浮动工具栏的任一条边就可以调整其大小。

图 1-25　浮动工具栏

　　固定工具栏和浮动工具栏之间可以相互转化。要将浮动工具栏变成固定工具栏，双击浮动工具栏的标题栏就可以将其固定，用户也可以将其拖至应用程序窗口的右边或左边，直至它捕捉到固定位置。如果想将固定工具栏变成浮动工具栏，用鼠标左键按住工具栏上空白区域并将其拖动到绘图区域即可，拖动时按"Ctrl"键以防止其固定。

　　（3）控制工具栏的显示

　　在 AutoCAD 软件工具栏的任一图标按钮上单击鼠标右键，将弹出如图 1-19 所示的快捷菜单，工具栏前面的"√"表示该工具栏已经在绘图界面上。单击各工具栏前面的"√"就可以关闭工具栏；再次选择该选项即可以打开该工具栏。单击浮动工具栏右上角的 ⊠，也可将其关闭。

　　（4）锁定工具栏位置

　　无论工具栏是固定的还是浮动的，用户都可以在屏幕上锁定它们的位置。

图 1-26　锁定工具栏位置

　　在工具栏上单击鼠标右键，将弹出如图 1-26 所示的快捷菜单，选择【锁定】可以对浮动工具栏、固定工具栏进行锁定。

　　对于锁定的工具栏，按住"Ctrl"键后用鼠标左键拖动工具栏以调整其位置。

1.3.8　滚动条

　　滚动条由绘图窗口右侧的垂直滚动条和下方的水平滚动条两部分组成。水平滚动条和垂直滚动条可以使图纸在水平和垂直方向上移动，以显示绘图窗口中的内容，操作方法参见 Windows 操作系统。

提示：在 AutoCAD 软件中，滚动条的使用并不是非常频繁。用户通常采用标准工具栏中的 ▥（实时平移）、▦（实时缩放）等进行操作。另外，带滚轮鼠标使得这些操作更为方便。

1.3.9　状态栏

　　状态栏位于命令行的下方，用来显示当前的绘图状态，还可以显示当前光标的坐标、9 个状态栏以及执行锁定等功能，如图 1-27 所示。

图 1-27　状态栏

状态栏各部分的功能如下。

（1）【坐标】

在绘图窗口中移动光标时，状态行的【坐标】区将动态地显示当前坐标值。在坐标区单击鼠标右键，程序将弹出快捷菜单，显示【相对】、【绝对】和【关】3 种模式，具体介绍见第 3 章。

在坐标区双击鼠标左键，在"命令行"将交替显示【坐标关】、【坐标开】的内容。如果当前模式为【坐标关】，在绘图窗口移动鼠标将无法显示光标当前坐标。

（2）功能按钮

状态行包括 9 个功能按钮，如 [捕捉]（捕捉）、[栅格]（栅格）、[正交]（正交）、[极轴]（极轴追踪）、[对象捕捉]（对象捕捉）、[对象追踪]（对象追踪）、[DYN]（DYN）、[线宽]（线宽）、[模型]（模型）/ [图纸]（图纸）按钮，具体功能介绍见第 6 章。

（3）通讯中心

通讯中心是用户与最新的软件更新、产品支持通告和其他服务的直接连接。

（4）锁定

AutoCAD 软件新增了【锁定】图标🔓，单击该图标将弹出一个快捷菜单，可以设置工具栏和窗口是处于浮动状态还是处于固定状态，如图 1-28 所示。

（5）状态行菜单

单击状态行右端的"▼"按钮，打开状态行菜单，如图 1-29 所示，用户可以选择或取消菜单上的命令选项以控制状态栏的显示。

图 1-28　【锁定】按钮功能　　　　图 1-29　状态行菜单

1.4　AutoCAD 软件常用的功能键和快捷键

AutoCAD 软件的快捷键是指用于启动命令的键或键组合。例如，可以按"Ctrl+O"打开文件，按"Ctrl+S"保存文件，结果与从【文件】菜单中选择【打开】和【保存】相同。表 1-1 介绍了部分常用的功能键和快捷键。

表 1-1　AutoCAD 软件的功能键和快捷键

功能键	作　用	功能键	作　用	功能键	作　用
F1	显示帮助	F8	切换正交模式	Ctrl+P	打印当前图形
F2	打开／关闭文本窗口	F9	切换光标捕捉模式	Ctrl+R	在布局视口之间循环
F3	对象捕捉切换	F10	切换极坐标模式	Ctrl+S	保存当前图形
F4	数字化仪模式切换	F11	切换对象捕捉追踪	Ctrl+V	粘贴剪贴板中的数据
F5	切换等轴侧面模式	F12	切换动态输入	Ctrl+X	将对象剪切到剪贴板
F6	切换坐标显示	Ctrl+N	创建新图形	Ctrl+Y	取消前面的"放弃"动作
F7	切换栅格显示	Ctrl+O	打开现有图形	Ctrl+Z	撤销上一个操作

1.5　AutoCAD2012 界面的介绍

与以往的版本相比较，AutoCAD2012 软件的操作界面有比较大的变化。图 1-30 为 AutoCAD2012 软件安装后默认的工作界面（草图与注释），这与 AutoCAD2005 软件或者 AutoCAD2006 软件差别甚大。将鼠标移至工作界面的右上部分，如图 1-31 所示，点击【工作空间】可切换至【AutoCAD 经典】，可弹出如图 1-32 所示的经典工作界面，该工作界面和 AutoCAD2006 软件的工作界面是非常相似的。工作空间的设置和调整可使得软件仅显示与任务相关的菜单、工具栏和选项板；此外，工作空间自动显示功能区，即带有特定任务的控制面板的特殊选项板。

用户可以轻松地切换工作空间，包括二维草图与注释、三维建模与 AutoCAD 经典。例如，在创建三维模型时，可以使用【三维建模】工作空间，其中仅包含与三维相关的工具栏、菜单栏和选项板。创建三维模型不需要的界面选项会被隐藏，使得用户的工作屏幕区域最大化。

图 1-30　AutoCAD2012 操作界面

图 1-31   工作空间切换

图 1-32   AutoCAD 经典界面

另外，AutoCAD 软件在版本更新过程中更注意对【标准】工具栏等各个按钮的提示。当鼠标移至各按钮时，软件会显示如图 1-33（a）所示的精简提示；如果鼠标在该按钮上停留的时间更长，会显示如图 1-33（b）所示的详细提示。

图 1-33   程序的提示功能
(a)【Line】命令的精简提示； (b)【Line】命令的详细提示

当然，软件命令在使用过程中还有所变化，但对于熟悉 AutoCAD 软件基本功能的用户而言，这种变化是可以通过分析命令行中的内容，得到迅速解决的。

【思考与练习】

思考题

1-1 AutoCAD 软件的基本功能包括哪些？

1-2 如何启动和退出 AutoCAD 软件？

1-3 AutoCAD 软件的工作界面由哪些部分组成？各部分具有哪些功能？

1-4 AutoCAD 软件中下拉菜单如何使用？如何打开下拉菜单中的子菜单？

1-5 浮动工具栏和固定工具栏有何不同，如何转化？

1-6 在不同情况下，右键快捷菜单有何不同？

上机操作

1-1 启动和退出 AutoCAD 软件，熟悉 AutoCAD 软件的工作界面。

1-2 在 AutoCAD 软件的工作界面中增加【视口】、【视图】和【缩放】工具栏，并固定位置。

1-3 调整命令行的宽度为 5 行，然后再次调整为 3 行。

1-4 在【工具】|【选项】选项卡下调整十字光标的大小。

1-5 在【工具】|【选项】选项卡下调整拾取框的大小。

1-6 练习"F1""F2""F3""F8""Ctrl+S"和"Ctrl+Z"等功能键和快捷键。

1-7 点击【标准】工具栏中【窗口缩放】命令，练习【窗口缩放】、【中心缩放】以及【范围缩放】等命令。

1-8 点击软件【工作空间】，分别将软件工作空间调整至【草图与注释】、【三维基础】、【三维建模】和【AutoCAD 经典】工作空间（针对 AutoCAD2012 版）。

第 2 章　AutoCAD 软件的操作基础

使用 AutoCAD 绘制施工图时，对于绘制图中某个特定点，用户可以用鼠标进行捕捉，也可以用键盘输入具体的坐标值。如果需要发出命令，用户可以使用菜单栏、工具栏，或者在命令行中输入命令。对于某些常用的命令，通过命令行进行输入会比较便捷。

2.1　AutoCAD 软件中的鼠标操作

鼠标操作是 AutoCAD 软件中最基本的操作方法。除了具备点取菜单栏和工具栏图标等 Windows 标准操作外，鼠标左键还可以实现绘图中的定位、选取对象、拖曳对象等 AutoCAD 软件的基本操作。右键除了具备"确定"等基本功能外，还可以和数种快捷菜单相联系，从而使绘图工作更加方便。

2.1.1　鼠标左键

鼠标左键通常有如下几种功能。
① 拾取要编辑的对象。
② 确定十字光标在绘图窗口中的位置。
③ 选择工具栏上的某个命令按钮，执行相应的操作。
④ 对菜单和对话框进行操作。
其中，拾取编辑对象是鼠标左键最重要的功能。

2.1.2　鼠标右键

从 AutoCAD 软件较早的版本开始，鼠标右键就具备"确定"的功能，实际上也就具备了"Enter"键的功能。新版本中右键功能更加强大，它和多种快捷菜单建立了联系，使得某些操作非常方便。考虑到个人绘图习惯的不同，AutoCAD 软件中右键的功能可以进行调整。

和鼠标右键相联系的快捷菜单的相关内容见第 1 章，这里不再赘述。本节主要阐述如何进行鼠标右键的设置。

2.1.2.1　鼠标右键的设置

右键的设置有如下三种方法。
① 下拉菜单：【工具】|【选项】|【用户系统配置】选项卡，如图 2-1 所示。
② 命令行：输入"OPTIONS"并回车打开【选项】|【用户系统配置】选项卡。

③ 快捷菜单：如果未运行任何命令也未选择任何对象，在绘图区域中单击鼠标右键并选择 【选项】|【用户系统配置】选项卡，也可以进行鼠标右键的设置。

2.1.2.2　【自定义右键单击】对话框

在打开的【用户系统配置】选项卡中，用户可以根据个人的绘图习惯设置右键功能。在【Windows 标准】选项组中选择【在绘图区域中使用快捷菜单】，然后点击【自定义右键单击】按钮进入到如图 2-2 所示的【自定义右键单击】对话框。

图 2-1　改变鼠标右键的功能

图 2-2　【自定义右键单击】对话框

① 【打开计时右键单击】：控制鼠标右键单击操作，其功能见图 2-2 中的解释。

② 【默认模式】：没有选定对象且无命令运行时，在绘图区域中单击鼠标右键所产生的结果，如图 2-2 所示。

③ 【编辑模式】：选中一个或多个对象且无命令运行时，在绘图区域中单击鼠标右键的结果。其中，【重复上一条命令】功能是选中了一个或多个对象且无命令运行时，在绘图区域中单击鼠标右键的功能同 "Enter" 键，即重复上一次使用的命令。

④ 【命令模式】：当命令正在运行时，在绘图区域中单击鼠标右键所产生的结果。一是【确认】，功能同 "Enter" 键；二是【快捷菜单：总是启用】；三是【快捷菜单：命令选项存在时可用】，当正在执行命令时，如果该命令存在选项，单击鼠标右键则弹出快捷菜单。

2.1.3　支持 Microsoft 智能鼠标

智能鼠标由两个标准的 "Microsoft" 按钮和一个滚轮组成。向前滚动滚轮为放大图形，向后滚动滚轮为缩小图形。在默认情况下，缩放比例设为 10%，即每次转动滚轮都将按 10% 的增量进行缩放。也可以在命令行中输入 "ZOOMFACTOR" 来改变系统变量，即控制滚轮转动的增量变化。数值越大，每次转动滚轮时，其增量变化就越大。

按下滚轮不动，AutoCAD 软件将进入"实时平移"模式，绘图窗口出现 ![] 的标记，拖动鼠标就可以完成"平移"的功能。

按下滚轮的同时按下"Ctrl"键，进入操纵杆模式。这时出现如图 2-3（a）所示的移动图标，该图标指示了光标所有可以移动的方向。按住滚轮，向某个方向移动鼠标，出现如图 2-3（b）所示的图标，它显示了光标移动的方向。

滚轮也可以当作鼠标按钮使用，双击滚轮将执行"范围缩放"，这是非常有效的操作。由此可见，智能鼠标提供了实时缩放、平移和范围缩放的功能，并且这些功能可以在用户的指尖完成，因此极为方便，如图 2-4 所示。

（a）   （b）

图 2-3　操纵杆模式　　　　　　　　图 2-4　双击鼠标滚轮

（a）光标所有可移动的方向；　（b）光标移动的方向

2.2　AutoCAD 软件的调用命令

高效率的绘图方法是"左手输入，右手选择"，即左手在命令行中输入命令，右手控制鼠标进行对象选择，这种方法是公认的效率较高的绘图方式。由于这种方式需要熟记大量的命令，在学习阶段，用户可以交替使用下文所述的方法，以熟悉 AutoCAD 软件调用命令的方式。

2.2.1　菜单操作

在菜单栏上单击鼠标左键可展开下拉菜单，单击菜单中的命令选项即可执行该命令。另外，同时按下"Alt"键与一个适当的访问键可以展开下拉菜单，再按下命令的访问键就可执行该命令了。例如，想启用"直线"命令，用户可同时按下"Alt"和"D"键（此处"D"就是菜单名称括号内的字母），然后打开【绘图】下拉菜单，然后输入字母"L"就可以执行绘制直线的命令了。

2.2.2　工具栏操作

工具栏上的命令按钮有两种形式，一种是以单个图标形式出现的，程序中大部分工具栏都是这种形式，如【标准】工具栏、【绘图】工具栏、【修改】工具栏中的各个命令按钮。操作时只需要用鼠标单击图标按钮就可以执行相应的命令。另一种是以弹出式下拉菜单的形式出现的，如【缩放】按钮。将鼠标移动至该按钮并按住鼠标左键不放，将弹出下拉菜单，移动光标至所需的命令按钮，松开鼠标就可以激活命令。

2.2.3　命令行操作

用户可以使用键盘在命令行中输入命令后按下"Enter"键执行操作。大部分的 AutoCAD 软件的命令都可以使用键盘进行操作。用户需要在命令行中输入完整的命令名（也可以使用快捷命令），然后按"Enter"键或空格键执行命令。

初学者常常忽略 AutoCAD 软件命令行中的提示，这些提示对于正确画图是非常重要的。如 AutoCAD 软件定义了多种方法创建圆，包括圆心和半径、圆心和直径、两点定义直径、三点定义圆周等方法，默认的方法是指定圆心和半径。当一个 AutoCAD 软件命令有几种选项时，这些选项显示在同一命令行上。默认选项是命令提示的一部分，其他选项圈在方括号内，并被向前的斜线符号（/）分开。如果想用圆心和直径法绘制圆形，用户就需要根据提示进行修改。

命令：CIRCLE↵
指定圆的圆心或［三点（3P）/ 两点（2P）/ 相切、相切、半径（T）]：0，0 ↵（默认模式为指定圆心，不改变模式，输入"0，0"为圆心并回车）
指定圆的半径或［直径（D）]：D↵（默认模式是指定圆半径，此处采用圆心和直径绘制圆，需改变当前模式，故输入"D"并回车）
指定圆的直径：100 ↵（输入直径并回车）

提示：命令行有时出现如下内容："指定圆的半径或［直径（D）] <50.000 0>:"，此处<50.000 0> 是上一次操作时程序所记录的数据。直接按下"Enter"键表示采用<50.000 0>作为半径输入。所以，用户必须注意命令行提示的内容。

"动态输入"命令可以使"命令行"中的内容在绘图窗口中显示，可以使用户只关注绘图窗口。单击【DYN】（动态输入）启动动态输入。右键单击【DYN】可以进到【草图设置】|【动态输入】选项卡，选中【动态提示】选项，这样将在动态输入时显示命令行中的提示。这时命令行中的内容将在"动态输入"提示框中显示。

2.2.4　快捷菜单操作

单击鼠标右键将显示快捷菜单，这是一种特殊的菜单操作。快捷菜单功能取决于单击右键时光标所处的位置、是否在执行 AutoCAD 命令以及右键功能的设置。

2.2.4.1　快捷菜单的演示

快捷菜单通常包括如下选项。
① 重复执行上一个命令。
② 取消当前命令。
③ 显示用户最近输入的命令列表。
④ 剪切、复制以及从剪贴板粘贴。
⑤ 选择其他命令选项。

⑥ 显示对话框，例如【选项】或【自定义】。

⑦ 放弃输入的上一个命令。

下面演示一种快捷菜单的设置和应用方法，供用户参考。

① 单击【绘图】工具栏中的 ▰ 按钮，绘制直线并完成操作。

② 打开【工具】|【选项】|【用户系统配置】选项卡，将【默认模式】下鼠标右键的功能定义为【快捷菜单模式】。

③ 在绘图窗口单击鼠标右键，将弹出如图 2-5 所示的快捷菜单。

④ 单击快捷菜单上【重复直线】选项就可以绘制直线。

2.2.4.2　快捷菜单的其他功能

① 对象捕捉的功能。用户同时按下鼠标右键和"Shift"键或"Ctrl"键就可以显示快捷菜单，如图 2-6 所示。

② 夹点编辑操作时的功能。选中夹点时单击鼠标右键，将弹出如图 2-7 所示的菜单。

图 2-5　【默认模式】下的　　图 2-6　对象捕捉功能　　图 2-7　夹点编辑时的
**　　　　"快捷菜单"　　　　　　　　　　　　　　　　　　　快捷菜单**

右键快捷菜单的功能非常强大，用户可以参照本节所讲的内容对鼠标右键的其他功能进行设置并操作，这里不再赘述。

提示：如图 2-5 所示，如果某些选项后面带有"▶"，这表示后面还包含有【子菜单】。

2.2.5　对话框操作

在 AutoCAD 软件中，某些命令需要通过对话框进行操作，这是程序和用户之间交换信息的重要方式之一。

图 2-8 为【线型管理器】对话框，包括有标题栏、控制按钮等。对话框的大小

固定，不可调整。

通常，对话框包括如下几部分内容。

①　【标题栏】：位于对话框的顶部，显示当前对话框的内容，右侧为控制按钮。

②　【编辑框】：也可以称之为【文本框】。用户可以输入信息，如输入【全局比例因子】可以控制线型的显示。

③　【复选或者单选框】：选中时出现"√"，表示被选中，否则为空白。

④　【命令按钮】：单击这些命令按钮可以进行相应的操作，如图 2-9 中的【确定】、【取消】分别代表"确定"或者"取消"对话框的操作，某些按钮后面带有"…"，表示单击该按钮将打开新的对话框。如单击图 2-8 中的【加载】按钮，将弹出如图 2-9 所示的【加载或重载线型】对话框。用户可以在该对话框中继续操作。

图 2-8　【线型管理器】对话框

图 2-9　【加载或重载线型】对话框

2.2.6　重复调用命令操作

在 AutoCAD 软件中可以重复调用刚使用过的命令，而无需重新进行选择，用户只要按空格键或回车键就可以重复执行命令。按键盘上的"向上"或"向下"的箭头键，可以在命令行中查找以前的命令。当执行过的命令显示出来后，按回车键即可再次执行该命令。也可以在命令行中单击鼠标右键，在弹出的快捷菜单上选择刚才使用过的命令。

如果需要多次重复操作一个命令，程序还提供了另外一种更高效的操作方法。此处演示的例子表示重复调用"LINE"命令。

命令：MULTIPLE↵
输入要重复的命令名：LINE↵
指定第一点：（开始输入直线）
……

2.2.7　透明命令操作

透明命令是指在执行其他命令时还可以输入的新命令。当 AutoCAD 软件正在执行某种命令时，用户可以从工具栏或下拉菜单中调用一个新的命令。如果该命令为透明命令，AutoCAD 软件将自动透明地执行，当退出该透明命令后，还可以继续执行原先的命令。如果该命令不能被透明地执行，AutoCAD 软件将终止处于激活状态的命令转而执行新命令。执行透明命令的方式有两种：一种是用左键直接点取该命令，另外一种是在命令行中输入透明命令。

以下操作为绘制直线过程中执行"实时平移"命令以移动视图，然后退出该透明命令，过程如下。

命令：LINE↵（在命令行中输入"LINE"绘制直线）

指定第一点：0,0↵（通过命令行输入点坐标）

指定下一点或［放弃（U）］：100,0↵（通过命令行输入点坐标）

指定下一点或［放弃（U）］：100,100↵（通过命令行输入点坐标）

指定下一点或［闭合（C）/放弃（U）］：'PAN↵（命令前的"'"表示输入透明命令）

按"Esc"或"Enter"键退出，或单击右键显示快捷菜单。（命令行显示的内容）

此时，在绘图窗口出现 ，这表示用户可以在当前窗口移动视图。

正在恢复执行"LINE"命令。（按下"Esc"键退出透明命令，重新执行"LINE"命令）

指定下一点或［闭合（C）/放弃（U）］：200,100↵（从命令行输入点的坐标）

指定下一点或［闭合（C）/放弃（U）］：↵（按下"Enter"键，完成"LINE"的操作）

此处执行透明命令"PAN"以便于观察图形。

另外，用户也可以采用鼠标直接在标准栏上单击透明命令按钮的方法执行透明命令。

2.2.8　删除和撤销命令操作

2.2.8.1　撤销正在执行的命令

按下"Esc"键即可删除正在执行的命令，或者从正在执行的命令中跳出。

2.2.8.2　放弃操作

如果想放弃单次操作，最简单的恢复方法是单击【标准】工具栏上的 按钮（放弃）进行操作，或者从命令行输入"U"命令也可以完成。

许多命令自身包含"U"（放弃）选项，因此无需退出此命令即可放弃上一次操作。例如，创建直线或多段线时，输入"U"即可放弃上一个线段的操作。

连续单击【放弃】按钮 ⟲· 或者在命令行输入"U"以后，连续按"Enter"键或空格键可以执行放弃多次操作命令。用户也可以按【放弃】按钮右侧的黑色按钮展开下拉列表，一次放弃前几步的操作。

组合键"Ctrl+Z"也具有回退的功能，按一次表示放弃前一次操作，按多次表示放弃前面的多次操作。

2.2.8.3 取消放弃

如果想取消放弃，可以在使用"U"或"UNDO"后立即使用"REDO"以取消放弃，还可以使用【标准】工具栏上的【重做】按钮 ⟳ 进行单次或多次放弃，也可以使用放弃列表进行放弃操作。

2.3 AutoCAD 软件文件的操作

2.3.1 文件的创建和保存

2.3.1.1 创建新的图形文件

创建新的图形文件的方法有如下几种。

① 下拉菜单：【文件】|【新建】。

② 标准工具栏：【标准】|▫ 按钮。

③ 命令行；"NEW"或组合键"Ctrl+N"。

在默认情况下，AutoCAD 软件将会打开【选择样板】对话框，如图 2-10 所示。选择样板"acadiso.dwt"后，新文件的默认名称为"DrawingN.dwg"，这里 N 表示 1、2、3 等新文件的序号。

图 2-10 【选择样板】对话框

2.3.1.2   图形的保存

使用计算机进行绘图时，切记要经常保存所绘的图形，以免突然断电或者死机时导致文件丢失。

保存文件通常可以采用以下几种方法。

① 下拉菜单：【文件】|【保存】。

② 标准工具栏：选择【标准】工具栏的 🖫 按钮。

③ 命令行：SAVE。

④ 组合键：Ctrl+S。

执行【保存】命令后，如果当前的文件未命名，AutoCAD 软件将弹出【图形另存为】对话框，用户可以为该文件选择合适的路径和图形名，然后单击【保存】按钮就可以存盘了。如果是已经命名的文件，在执行【保存】命令时，将不再弹出【图形另存为】对话框，而是自动将图形文件保存到指定的位置，并将旧文件覆盖。

提示：如果想将正在操作的文件另起一名进行存盘，用户可以直接在命令行中输入 "SAVEAS" 或者点击下拉菜单【文件】|【另存为】进行操作。原文件将关闭，此后所做的任何操作将只能记录在当前文件中。用户也可以利用 Windows 所提供的操作对文件名进行修改。

2.3.1.3   AutoCAD 软件可以保存的文件类型

根据需要，AutoCAD 软件文件可以被存储为多种类型。

AutoCAD20**图形（*.dwg），**为对应的版本号，如 AutoCAD 2012 中包括了 "AutoCAD 2010 图形（*.dwg）"

AutoCAD 2000 / LT2000 图形（*.dwg）

AutoCAD 图形样板（*.dwt）

AutoCAD 2004 DXF（*.dxf）

AutoCAD 2000 / LT2000 DXF（*.dxf）

AutoCAD R12 / LT2 DXF（*.dxf）

2.3.2   关闭文件

关闭文件通常可以采用以下几种方法。

① 下拉菜单：【文件】|【关闭】。

② 菜单栏：左键单击菜单栏上的 ✖ 按钮。

③ 命令行：CLOSE。

提示：此处所讲述的【关闭文件】是指关闭当前的图形文件，而不是退出程序。如果想关闭正在运行的程序，单击【文件】下拉菜单中的【退出】命令即可。当然，也可以直接用鼠标左键单击标题栏上的 ✖ 按钮。

2.3.3　打开图形文件

同其他 Windows 应用程序类似，双击文件就可以打开 AutoCAD 软件文件。

当 AutoCAD 软件正在运行时，用户也可以在【文件】下拉菜单中进行操作，或者在标准工具栏中单击【打开】按钮 以打开新文件，此时将打开如图 2-11 所示的界面。在【选择文件】对话框中有许多按钮，如【返回 CAD 文件】（Alt+1）、【上一级】（Alt+2）、【搜索】Web（Alt+3）、【删除】（Alt+4）、【创建新文件夹】（Alt+5）、【查看】查看(V)、【工具】工具(L)，这些按钮的功能同 Windows 的程序相同，这里不再阐述。

图 2-11　【选择文件】对话框

AutoCAD 软件还具备图形预览功能，用户可以在【选择文件】对话框中的预览区观看文件的位图，方便用户识别图形文件。另外，AutoCAD 软件还提供了局部打开、局部加载文件和以只读方式打开文件的功能。当处理大型图形文件时，可以在打开图形时选择需要加载尽可能少的几何图形，这就是局部打开文件的功能。对于局部打开的文件，可以使用局部加载装入符合要求的图形。以只读方式打开的文件，用户不能用原始文件名来保存对该文件的修改。

提示：如果一个正在使用的文件被再次打开，将会出现 AutoCAD 警告，该警告信息提示用户"该文件正在被使用，是否以只读模式打开该文件？"。

AutoCAD2000 以后的各个版本都具备多文档一体化的设计环境。用户可以在程序中同时打开、编辑多个"dwg"文件，而不会导致系统性能降低。在这样一个多文档的设计环境中，除了具备典型的 Windows 文件的操作功能外，AutoCAD 程序还提供了不同文件之间复制颜色、图层、线型、对象特性等内容。

如图 2-12 所示为"层叠"排列的多文档，此外，还可以按照水平或者垂直方式排列文件。多文档设计环境确保了图形之间在切换时不中断的特性，同时在不同图形之间执行多任务、无中断的操作，以确保命令的连续性，提高工作效率。当需要进行多方案的比较，以及多图形文件之间的相互借鉴、相互参考时，多文档设计环境是非常方便的。

执行以下操作，可以在打开的图形文件间进行切换。

① 单击图形中的任意位置，将其置为活动。

② 使用"Ctrl+F6"组合键或"Ctrl+Tab"组合键。

③ 输入"TASKBAR"命令，并且设置为"1"就可以将多个已打开的图形显示为 Windows 任务栏上的各独立项，按"Alt+Tab"组合键可以在图形之间进行快速切换。

图 2-12　多文档操作（层叠排列）

2.3.4　自动间隔保存

在使用 Word 编辑文档时，如果突然出现死机或停电，下次打开 Word 时，系统会询问需要保存哪一个文件，从而将损失降低。经过适当设置后，AutoCAD 软件将允许每隔一定时间间隔自动进行文件保存，从而有效地保存文件。

用户可以在【工具】|【选项】|【打开和保存】选项卡中改变时间间隔。根据电源、硬件、图形类型的不同，为该变量设定一个合适的时间值。自动存储的时间选择一个较小值对保存文件是合适的，但是对于硬件配置较低的计算机，每次自动存盘将明显减缓速度，从而降低工作效率。对于操作熟练的设计人员而言，更合适的方法是有意识地去保存文件。

如果启用了"自动保存"选项，系统将以指定的时间间隔保存图形。在默认情况下，自动保存的文件临时名称为"Filename_a_b_nnnn.sv$"。"Filename"为当前图形名，"a"为在同一工作任务中打开同一图形实例的次数，"b"为在不同工作任务中打开同一图形实例的次数，"nnnn"为一随机数字。

这些临时文件在图形正常关闭时将自动删除。如果出现程序故障或电压故障时，系统将不会删除这些文件。

要从自动保存的文件中恢复这些图形文件，需要使用扩展名".dwg"代替扩展名".sv$"以重命名文件，然后可以重新打开文件。

提示：初学者在操作时往往专注于绘制和修改图形，而忘记及时保存文件。因电源、系统以及程序本身的问题，可能会导致文件的丢失。当出现该问题时，用户可以在【工具】|【选项】|【文件】选项卡下查看"自动保存文件位置"，然后在该文件夹下寻找文件，并按照上文的方法进行修改。

2.4 使用帮助

AutoCAD 软件的帮助文件非常详细，掌握如何有效使用帮助系统后，用户会获益匪浅。用户可以在帮助窗口的左侧窗格中查找信息。左侧窗格上方的选项卡提供了多种查看所需主题的方法，右侧窗格中显示所选的主题（见图 2-13）。

使用帮助文件的方法比较灵活，在命令、系统变量或对话框中按下"F1"键，将显示该命令完整的信息；在许多对话框中单击【帮助】按钮也会显示选定对话框选项的说明；"信息选项板"还具备"快速帮助"的功能，这实际上是当前命令的精简说明（见图 2-14）。另外，用户也可以访问"http://www.autodesk.com.cn"进行查询。

图 2-13 在【图层特性管理器】中单击【帮助】按钮图

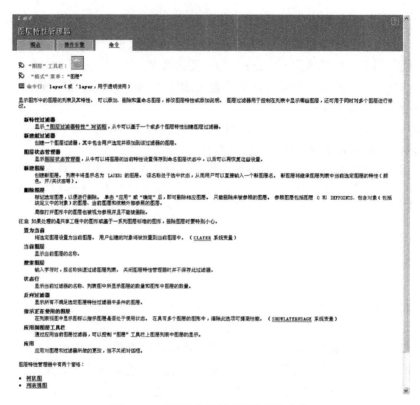

图 2-14   【图层特性管理器】帮助文件

【思考与练习】

思考题

2-1   AutoCAD 软件的鼠标左键包括哪些功能？

2-2   AutoCAD 软件的鼠标右键可以提供哪些快捷菜单？

2-3   Microsoft 智能鼠标如何使用？

2-4   在 AutoCAD 软件中如何调用命令？

2-5   什么是透明命令？如何使用透明命令？

上机操作

2-1   在【工具】|【选项】下调整鼠标右键的功能并进行验证。

2-2   以 ![缩放工具栏] 为例，练习使用弹出式下拉菜单。

2-3   在 AutoCAD 软件中验证重复调用命令的方法。

2-4   在 AutoCAD 软件中进行文件的保存、关闭以及文件的重新命名。

2-5   在【工具】|【选项】对话框中进行文件自动保存时间的设置，并查询"自动保存文件位置"所在的文件夹。

2-6   在帮助文件中搜寻"块定义"的解释。

第 3 章　绘图准备工作

3.1　AutoCAD 软件的坐标系

在绘图过程中要精确定位某个对象时，必须以某个坐标作为参照，以便精确拾取点的位置。利用 AutoCAD 软件的坐标系，可以按照非常高的精度绘制图形。

3.1.1　世界坐标系与用户坐标系

AutoCAD 软件的缺省坐标系是世界坐标系，但用户可根据需要定义自己的坐标系，即用户坐标系。

3.1.1.1　世界坐标系

世界坐标系由两两相互垂直的三条轴线构成，如图 3-1 所示。x 轴水平向右，y 轴垂直向上，xOy 平面即是绘图平面，z 轴垂直于 xOy 平面并向外，三条轴线的方向符合右手定则，三条轴线的交点为坐标系原点。

当启动 AutoCAD 软件或者开始绘新图时，系统提供的坐标系是 WCS——世界坐标系。绘图平面的左下角为坐标系原点"0，0，0"，水平向右为 x 轴的正向，垂直向上为 y 轴的正向，由屏幕向外指向用户为 z 轴正向。

对于二维图形，点的坐标可用"x, y"表示，当 AutoCAD 软件要求用户键入 x、y 坐标而省略了 z 值时，系统将以用户所设的当前高度（xOy 平面为当前高度）的值作为 z 坐标值。

3.1.1.2　用户坐标系

世界坐标系是固定的，不能改变，用户在绘图中有时会感到不便。为此 AutoCAD 软件为用户提供了可以在 WCS 中任意定义的坐标系，称为用户坐标系（UCS），如图 3-2 所示。UCS 图符和 WCS 图符基本一样，只是 UCS 在原点没有白色小方形标记。

UCS 的原点以及 x、y、z 轴方向都可以移动或旋转，甚至可以根据图中某个特定对象确定坐标系，以便于更好地辅助绘图。

3.1.2　坐标的表示方法

AutoCAD 软件的坐标分为两类：绝对坐标和相对坐标。

3.1.2.1　绝对坐标

绝对坐标是指相对于当前坐标系原点的坐标。当用户以绝对坐标的形式输入点

图 3-1　世界坐标系　　　　　图 3-2　用户坐标系

时，可以采用直角坐标或极坐标。

（1）绝对直角坐标

绝对直角坐标以 x、y、z 形式表示一个点的位置。当绘制二维图形时，只需输入 x、y 坐标，z 坐标可省略，如"10，20"指点的坐标为"10，20，0"。AutoCAD 软件的坐标原点"0，0"缺省时在绘图窗口的左下角，x 坐标值向右为正，y 坐标值向上为正。当使用键盘输入点的 x、y 坐标时，二者之间用逗号"，"隔开，不能加括号。坐标值可以为负值。

（2）绝对极坐标

绝对极坐标以"距离＜角度"的形式表示一个点的位置，以坐标系原点为基准，以原点到该点的连线长度为"距离"，连线与 x 轴正向的夹角为"角度"来确定点的位置。例如，输入点的极坐标"50＜30"，则表示该点到原点的距离为 50，该点到原点的连线与 x 轴正向夹角为 30°。

3.1.2.2　相对坐标

使用相对于前一个点的坐标增量来表示的坐标称为相对坐标，它也有直角坐标和极坐标两种形式。

（1）相对直角坐标

相对直角坐标在输入坐标值前必须加"@"符号。例如，已知前一个点（即基准点）的坐标为"20，20"，如果在输入点的提示后，输入相对直角坐标为"@10，20"，则该点的绝对坐标为"30，40"。即相对于前一点，沿 x 正方向移动 10，沿 y 正方向移动 20。

（2）相对极坐标

在距离值前加"@"符号。如"@10 ＜ 60"，则输入点与前一点的连线距离为 10，连线与 x 轴正向夹角为 60°。通过鼠标指定坐标，只需在对应的绘图区坐标点上单击即可。如图 3-3 所示为四种坐标定义。

3.1.3　控制坐标的方式

在绘图窗口中移动光标的十字指针时，状态栏上将动态地显示当前指针的坐标。在 AutoCAD 软件中，坐标的显示取决于所选择的模式和程序中运行的命令，一共

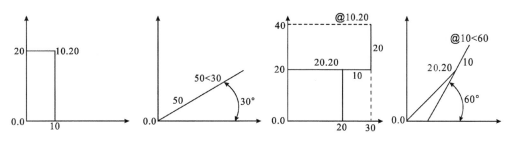

图 3-3 四种坐标定义

有如下三种方式。

（1）模式 0（关）

模式 0 显示上一个拾取点的绝对坐标。此时，指针坐标将不会动态更新，只有在用光标拾取一个新点时，显示才会更新。

（2）模式 1（绝对坐标）

模式 1 显示光标的绝对坐标，该坐标值是动态更新的，会随着光标在绘图窗口的移动，实时显示光标所在点的绝对坐标。在默认情况下，显示方式是打开的。

（3）模式 2（相对坐标）

模式 2 显示一个相对坐标。选择该方式时，如果当前处在拾取点状态，系统将显示光标所在位置相对于上一个点的距离和角度。当离开拾取点状态时，系统将恢复到模式 1，显示绝对坐标。

以上三种显示模式如图 3-4 所示。其显示通过单击状态栏上的坐标区域、F6 键或 "Ctrl+D" 组合键来进行切换。

图 3-4 坐标的三种显示方式

（a）模式 0（关）；（b）模式 1（绝对坐标）；（c）模式 2（相对坐标）

提示：当选择模式 0 时，坐标显示呈现灰色，表示坐标当前的显示状态是关闭的，但是这时仍然显示上一个拾取点的坐标。

3.1.4 创建用户坐标系

启动 UCS 的方式如下。

① 工具栏：【UCS】│ ⊥ 按钮。

② 命令行：UCS。

执行该命令后将会出现如下选择命令提示。

当前 UCS 名称：*世界*

输入选项 "新建（N）／移动（M）／正交（G）／上一个（P）／恢复（R）／

保存（S）／删除（D）／应用（A）／？／世界（W）" <世界>：

（1）【新建】

新建 UCS，在命令行输入"N"时，将出现如下提示。

指定新 UCS 的原点或"Z 轴（ZA）／三点（3）／对象（OB）／面（F）／视图（V）／X／Y／Z" <0，0，0>：

按照命令行中的提示输入"ZA""3""OB"等选项后，可以有以下几种方式创建新坐标系。

① 【原点】：指定当前用户坐标系 UCS 的新原点，保持其 x、y 和 z 轴方向不变。

② 【Z 轴】：用特定的 z 轴正半轴定义 UCS。

③ 【三点】：指定新 UCS 原点及其 x、y 轴的正方向。z 轴由右手螺旋法则确定。可以使用此选项指定任意的坐标系。第一点指定新的 UCS 的原点，第二点定义 x 轴的正方向，第三点定义 y 轴的正方向。

④ 【对象】：根据选定的三维对象定义新的坐标系。新 UCS 的 z 轴正方向与选定对象的一样，可以选择的对象包括圆弧、圆、标注、直线、点、二维多段线、二维填充、宽线、二维面、文字、块参照和属性定义等。

⑤ 【面】：将 UCS 与选定的实体对象的面对齐。

⑥ 【视图】：以垂直于视图方向（平行于屏幕）的平面作为 xoy 平面，来建立新的坐标系。

⑦ 【X】、【Y】、【Z】：绕指定 x、y、z 轴旋转当前 UCS。

（2）【移动】

通过移动当前坐标系的原点或修改其 z 轴深度来重新定义 UCS，同时保留其 xoy 平面的方向不变。修改 z 轴深度，将使新的坐标系相对于当前原点沿自身 z 轴的正方向或负方向移动。

在命令行输入"M"后出现如下提示。

指定新原点或［Z 向深度（Z）］<0，0，0>：

此处，"指定新原点"是指定修改 UCS 的原点位置，Z 向深度（Z）是指定 UCS 的原点沿 z 轴移动的距离。

（3）【正交】

指定选自 AutoCAD 软件提供的 6 个正交 UCS 中的一个。这些 UCS 设置通常用于编辑和查看三维模型，用户可以从中选择某一个正交 UCS。

（4）【上一个】

恢复上一个 UCS。AutoCAD 软件分别在图纸空间和模型空间保存最后创建的 10 个坐标系。重复"上一个"选项将逐步回到以前的状态。恢复哪一种坐标系取决于当前空间。

（5）【恢复】

恢复已保存的 UCS，它将成为当前 UCS。输入"R"后命令行出现如下提示。

输入要恢复的 UCS 名称或 "?":

选择 "?" 可以来查找已经创建的坐标系。

（6）【保存】

把当前坐标系赋名保存。

（7）【删除】

从已保存的坐标系列表中删除指定的 UCS。

（8）【应用】

将当前 UCS 设置应用到指定的视口或所有活动的视口。

（9）【世界】

将当前 UCS 设置为 WCS。WCS 是所有 UCS 的基准，且不能被重新定义。

上述创建 UCS 的命令均可以调用【UCS】或在【UCS Ⅱ】工具栏中执行。如图 3-5 所示。

 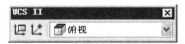

图 3-5 创建【UCS】工具栏

3.2 图形显示控制

在 AutoCAD 软件中，为了绘图方便，经常需要控制图形显示，就是对所绘的图形进行缩放、移动、刷新和重生成。通过图形的显示控制，可以更准确、更具体地绘图。

3.2.1 视窗缩放（命令方式、工具按钮、滚轮鼠标）

在绘制图形的局部细节时，需要放大图形的某个局部以便于操作，而当图形绘制完成时，可以缩小图形以观察整体效果。缩放视窗可以增加或减少图形对象的显示尺寸，但不会改变对象的真实尺寸。

调用该命令的方式如下。

① 下拉菜单：【视图】|【缩放】下的子菜单。

② 标准工具栏：【缩放】按钮及弹出式下拉菜单。

③ 工具栏：【缩放】工具栏上各按钮。

④ 命令行：ZOOM。

输入命令 "ZOOM" 后，命令行出现如下提示。

指定窗口的角点，输入比例因子（nX 或 nXP），或者

"全部（A）/ 中心（C）/ 动态（D）/ 范围（E）/ 上一个（P）/ 比例（S）/ 窗口（W）/ 对象（O）" <实时>:

第一行提示说明用户可以直接进行确定窗口的角点位置或输入比例因子的操作，如需进行其余的操作则需输入各选项前字母以进行操作。

如果直接指定窗口的一个角点，则命令行提示如下。

指定对角点：

在该提示下可以确定另一个角点，AutoCAD 软件则把在这两个对角点确定的矩形窗口内的图形放大到整个绘图区域。

在第一行的提示后也可以直接输入比例因子。如果输入的比例因子是具体数值，图形按该比例缩放，是按照实际尺寸进行的缩放；如果在比例因子后面加"X"，图形将会相对于当前显示图形的大小进行缩放，是相对缩放，如输入"0.5X"则屏幕上每个对象为原大小的 1/2；如果在比例因子后面加"XP"，图形将会相对于图纸空间进行缩放，并且它还可以用来在打印前缩放视口。图3-6 为【缩放】子菜单和【缩放】工具栏。

图3-6　【缩放】子菜单和【缩放】工具栏

(a)【缩放】子菜单；　(b)【缩放】工具栏

第二行提示中各选项意义如下。

（1）【全部】

在当前视口中显示整个图形，无论对象是否超出所设定的绘图界限。其范围取图形所占空间和绘图界限中较大的一个。该选项能将绘图界限全部显示，对应按钮为 🔍。

（2）【中心】

指定一个中心点，将该点作为视口中图形显示的中心。在随后的提示中，指定缩放系数和高度，根据给定的缩放系数（nX）或指定高度值来显示一个新视图，而将选定的点作为该新视图的中心点，对应按钮为 🔍。

（3）【动态】

动态缩放视图。使用该选项时，系统显示一个平移观察框，可以拖动它到适当的位置并单击，此时出现一个向右的箭头，可以调整观察框的大小。如果再单击鼠标左键，还可以移动观察框。如果回车或按空格键，在当前视口中将显示观察框中的这一部分，对应按钮为 。

（4）【范围】

将图形在当前视口中最大限度地显示。对应按钮为 。

（5）【上一个】

恢复上一个视口中显示的图形，对应按钮为 （该按钮在标准工具栏中）。

（6）【比例】

根据输入的比例来显示图形，显示的中心为当前视口中图形的显示中心，对应按钮为 。对于大尺寸的建筑图，当看不到其整体时，输入如 "0.01" 或更小的比例可以显示其全部。

（7）【窗口】

缩放由两个对角点定义的矩形区域确定的图形内容，对应按钮为 。

（8）【对象】

显示图形中的某一个部分，单击图形的某个部分，如一个圆或一个块，该部分将显示在整个图形窗口中，对应按钮为 。

（9）【实时】

在该提示下直接回车，进入实时缩放状态，此时十字光标变成放大镜形状（ ），按住鼠标左键向上拖动可放大图形显示，向下拖动则缩小图形显示，对应按钮为 （在标准工具栏中）。

提示：缩放时更常采用【缩放】工具栏方式和 Microsoft 智能鼠标方式。智能鼠标操作方式见 2.1.3。

3.2.2 视窗平移

平移视图命令不改变图形的显示比例，只改变视图位置，相当于移动图纸。

调用该命令的方式如下。

① 下拉菜单：【视图】|【平移】子菜单，如图 3-7 所示。

② 标准工具栏：【标准】工具栏的按钮 。

③ 命令行：PAN。

执行该命令后，光标变成一只手的形状（ ），

图3-7 【平移】子菜单原图

按住鼠标左键拖动，可以使图形一起移动。按 "ESC" 键或回车键可以退出实时平移模式。使用 "定点" 平移，可以通过指定基点和位移值来平移视图。

提示：平移时更常用的方法是标准工具栏【平移】方式和 Microsoft 智能鼠标方式。智能鼠标操作方式见第 2.1.3 节，支持 Microsoft 智能鼠标的相关内容。

3.2.3　重画功能

在绘图和编辑过程中，屏幕上常常留下对象的拾取标记，这些临时标记并不是图形中的对象，有时会使当前图形画面显得混乱，这时可以使用 AutoCAD 软件的【重画】与【重生成】功能清除这些临时标记。

在 AutoCAD 软件中，系统将在显示内存时更新屏幕，消除临时标记。使用【视图】下拉菜单【重画】命令（REDRAW），可以更新当前视口，使用【全部重画】命令（REDRAWLL），可以同时更新多个视口。

在 AutoCAD 软件中，控制这种临时标记是否可见的变量是"BLIPMODE"。当其值为"0"时，屏幕上不显示标记，此时无需再执行重画的操作；当其值为"1"时，在删除对象、修改系统设置时会留下临时标记。"BLIPMODE"既是系统变量又是命令。

命令行：BLIPMODE↵

输入模式 [开（ON）/ 关（OFF）] <关>：// 键入 ON ↵（打开标记显示）

3.2.4　图形的重生成

【重生成】与【重画】在本质上是不同的，利用【重生成】命令可以重新生成屏幕显示，此时系统从磁盘中调用当前图形的数据，比【重画】命令执行速度慢，更新屏幕花费时间较长。在 AutoCAD 软件中，某些操作只有在使用【重生成】命令后才生效，如改变填充模式等。如果一直使用某个命令修改编辑图形，但图形似乎看不出变化，此时可以使用【重生成】命令更新屏幕显示。

【重生成】命令有以下两种形式：使用【视图】|【重生成】命令（REGEN）可以更新当前视口；使用【视图】|【全部重生成】命令（REGENALL），可以同时更新多个视口。

在绘制圆形或弧线时，有时我们看到的图形不是光滑的，而是多边形，这是由于显示精度的系统变量"VIEWRES"值较小导致的。图形显示精度和显示速度是相互矛盾的，尤其是对于绘制大型的复杂图形或使用配置较低的计算机，如需捕捉屏幕图片或需要看到图像逼真的效果，可以将显示精度值设置得高一些。

用户可以在【工具】|【视图】|【显示】选项卡中修改【显示精度】。【显示精度】的有效取值范围为"1~20 000"，默认设置为 1000，该默认设置保存在图形中。用户可以通过调整【显示精度】的取值来观察图 3-8 中圆在不同显示精度下的显示效果。

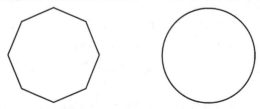

图 3-8　不同显示精度效果图

3.3　实体选择方式

在 AutoCAD 软件中绘图，编辑对象就必须借助于【修改】菜单中的图形编辑命令。在编辑对象时必须要先选择对象，才能对其进行编辑。

用户可以在【工具】|【选项】|【选择】选项卡中设置对象选择模式及拾取框的大小，见图 3-9 所示的对话框。

图 3-9　【选项】对话框

该对话框包括如下功能。

（1）【拾取框大小】

具体内容见 1.3 节、2.3 节。

（2）【选择预览】

①　【命令处于活动状态时】：执行编辑命令时，光标停留或经过某个对象会显示选择预览。

②　【未激活任何命令时】：在未执行任何命令的情况下，光标停留或经过某个对象时会显示选择预览。

③　【视觉效果设置】：单击该按钮，弹出选择预览时的【视觉效果设置】对话框，如图 3-10 所示。

（3）【视觉效果设置】

①【选择预览效果】。

a.【划】：用点划线显示将被选中的对象。

b.【加厚】：用粗实线显示将被选中的对象。

c.【两者都】：同时用点划线和粗实线来显示将被选中的对象。

②【高级选项】：单击该按钮，弹出【高级预览选项】对话框，如图 3-11 所示。

【高级预览选项】对话框的功能如下。

a.【选择预览过滤】：确定当选择预览时，是否排除锁定图层上的对象。

b.【排除】：选择在进行"选择预览"时，要排除的图形对象，包括外部参照、表格等。

③【区域选择效果】。

a.【指示选择区域】：设置是否用特定颜色来显示选择区域。

b.【窗口选择颜色】：当用【窗口】方式选择对象时，选择区域的颜色。

c.【交叉选择颜色】：当用"窗交"等交叉方式选择对象时，选择区域的颜色。

d.【选择区域不透明】：设置选择区域里图形对象的显示程度。该值越大，则选择区域的不透明度越大，很大时其中的对象将会被覆盖而无法显示。

图 3-10　【视觉效果设置】对话框　　　　图 3-11　【高级预览选项】
对话框

（4）【选择集模式】

① 【先选择后执行】：设置是否允许先选择对象再执行编辑命令，被选中时允许先选择后执行。

② 【用"Shift"键添加到选择集】：当选中此项时，最近选中的对象将取代原有选择对象；如果在选择对象时按住"Shift"键可使选择的对象加入到原有选择集。如果禁止该项，则选中某对象时，该对象自动加入选择集中。如果按住"Shift"键单击已选择对象，则可以从当前选择集中删除该对象，这一点和该项设置无关。

③ 【拖住并拖动】：该选项用于控制产生选择窗口。如选中该项，则在单击第一点后按住鼠标按钮不放并移到第二点，则自动形成一个窗口。如果该选项不被选中，在单击第一点后，移动鼠标到第二点并单击方可形成窗口。

④ 【隐含窗口】：如果选中该项，用户在绘图区单击鼠标，在未选中任何对象的情况下，自动将该点作为窗口的角点之一。

⑤【对象编组】：该设置决定对象是否可以编组。如选中该设置，则当选取组中的任何一个对象时，就是选择整个组。

⑥【关联填充】：该设置决定当选择了一个关联图案时，图案边界是否同时被选择。

3.3.1 直接点取

用户直接单击某图形对象，如果该对象"高亮"显示，则表示它已被选中。使用该方式可以选择一个对象，也可以逐个选择多个对象。

3.3.2 窗口方式

用户可以通过绘制一个矩形区域来选择对象，当指定了这个矩形窗口的两个对角点时，则所有部分位于这个矩形窗口内的对象将均被选中，不在该窗口内的或者只有部分在该窗口内的对象则不被选中。

在"选择对象："的提示下输入命令"WINDOW"，即可使用该选择方式。

3.3.3 交叉窗口方式

使用交叉窗口选择对象，与用窗口选择对象的方法类似，但全部位于窗口之内或者与窗口边界相交的对象都将被选中。用户在定义交叉窗口的矩形窗口时，以虚线方式显示矩形，这区别于窗口选择方法。

用户在"选择对象："的提示下输入命令"CROSSING"，即可使用该选择方式。

3.3.4 默认窗口方式

默认窗口方式是由【窗口】和【交叉窗口】组合而成的一个单独选项。用户从左上到右下点取拾取框的两角点，则执行【窗口】选项；从右下到左上点取拾取框的两角点，则执行【窗交】选项，这是选择对象的默认方式。

3.3.5 扣除模式和添加模式

在已经构造了选择集的情况下，用户在"选择对象："的提示后输入"R"并回车。此时，AutoCAD 软件转为扣除模式，命令行提示如下。

删除对象：（用户可以从原来的选择集中扣除一个或几个编辑对象）

在扣除模式下（删除对象：）在命令行中输入"A"并回车，命令行提示如下。

选择对象：（返回到了添加模式）。

图 3-12～图 3-14 将演示扣除模式和添加模式。

命令行：SELECT↵

选择对象：指定对角点：找到 4 个（窗口选择方式，如图 3-12 所示的 4 条直线）。

选择对象：指定对角点：找到 1 个，总计 5 个（窗交方式选择右侧弧线，如图 3-13 所示）。

选择对象：R↵（键入"R"，转入删除选择模式）。

删除对象：找到 1 个，删除 1 个，总计 4 个 9（直接点取选择，如图 3-14 所示）。

图 3-12　窗口选择方式　　　图 3-13　窗交选择方式　　　图 3-14　删除模式

3.4　设置绘图环境

应用 AutoCAD 软件绘制图形时，需要先定义符合要求的绘图环境，如设置绘图测量单位、绘图区域大小、图形界限、颜色、线型等。

3.4.1　设置绘图单位

在新建图形文件时，用户需要设置相应的绘图单位，如设定绘图精度、角度类型和方向等，以满足使用的要求。

打开【图形单位】对话框的方式如下。

① 下拉菜单：【格式】|【单位】。

② 命令行：UNITS。

执行该命令后，弹出【图形单位】对话框，如图 3-15 所示。

（1）【长度】

【长度】选项组用来指定当前测量单位及其精度。

图 3-15　【图形单位】对话框

① 【类型】下拉列表框中有 5 个选项，包括【建筑】、【小数】、【工程】、【分数】和【科学】，用于设置测量单位的当前格式。根据我国的制图标准可选择【小数】选项，【工程】、【建筑】格式采用英制单位。

② 【精度】下拉列表框用来设置线性测量值显示的小数位数或分数大小。

（2）【角度】

【角度】选项组用来指定当前角度格式和当前角度显示的精度。

① 【类型】下拉列表框中包含【百分度】、【度／分／秒】、【弧度】、【勘测单位】和【十进制度数】，用来设置当前的角度格式。我国制图规范采用的是【十进制度数】。

② 【精度】下拉列表框用来设置当前角度显示的精度。

③ 【顺时针】复选框用来确定角度的正方向。当用户选择该复选框时，表示角度的正方向为顺时针方向，反之，为逆时针方向。默认正方向为逆时针方向。

（3）【插入比例】

【插入比例】选项组用来控制插入到当前图形中的块和图形的测量单位。如果块或图形创建时使用的单位与该选项指定的单位不同，则在插入这些块或图形时，对其按比例缩放，插入比例是原块或图形使用的单位与目标图形使用的单位之比。如果插入块时不按指定单位缩放，则选择【无单位】选项。

（4）【输出样例】

单位设置完成后将显示当前设置下输出的单位样式。单击【启动】按钮，就完成了该文件图形单位的设定。

（5）【方向】

用来打开【方向控制】对话框以定义角度 0° 并指定测量角度的方向，如图 3-16 所示。在【基准角度】选项组中单击【东】（默认方向）、【南】、【西】、【北】或【其他】中的任何一个可以设置角度的零度方向。当选择【其他】单选按钮时，也可以通过输入值来指定角度。单击拾取角度按钮，可以在屏幕上拾取两点，并将其连线作为零度方向。只有选择【其他】单选按钮时，此选项才可用。

图 3-16 【方向控制】对话框

3.4.2 设置图形界限

图形界限是世界坐标系中的二维点，表示图形范围的左下基准线和右上基准线。图形界限限制显示栅格的图形范围，另外，还可以指定图形界限作为打印区域，应用到图纸的打印输出中。

选择【格式】下拉菜单【图形界限】命令，输入图形界限的左下角和右上角坐标，命令输入行提示如下。

命令：LIMITS↵

重新设置模型空间界限：

指定左下角点或"开（ON）/ 关（OFF）"<0.000 0 , 0.000 0>：（输入左下角位置坐标）

指定右上角点<420.000 0 , 297.000 0>：（输入右上角位置坐标）

这样，所设置的绘图面积为 420 mm×297 mm，相当于 A3 图纸的大小。

3.4.3 设置颜色

图3-17 【选择颜色】对话框

单击【格式】|【颜色】命令，打开【选择颜色】对话框，如图3-17所示。

选择颜色不仅可以直接在对应的颜色小方块上单击或双击，也可以在【颜色】文本框中键入英文单词或颜色的编号，在随后的小方块中即可显示相应的颜色。另外，可以设定"ByBlayer"或"ByBlock"。如果在绘图时直接设定了颜色，不论该图线在什么层上，都具有设定的颜色。如果设置为"随层"或"随块"，则图线的颜色随所处的图层颜色而变或随插入块中的图线颜色而变。

3.4.4 设置线型

单击【格式】|【线型】命令，打开【线型管理器】对话框，如图3-18所示。如果对话框列表中没有所需的线型，单击【加载】按钮，打开【加载或重载线型】对话框，如图3-19所示，从中选择绘制图形需要的线型，如虚线、中心线等。

图3-18 【线型管理器】对话框

图3-19 【加载或重载线型】对话框

3.4.5 设置线宽

选择【格式】下拉菜单【线宽】命令，打开【线宽设置】对话框，如图3-20所示。

该对话框中各选项意义如下。

① 【线宽】：拖动滑块可以选择列表中不同的线宽。

② 【列出单位】：选择线宽的单位为"毫米"或"英寸"。

图 3-20　【线宽设置】对话框

③【显示线宽】：控制绘制的图线是否按实际设置的宽度显示。单击状态栏的【线宽】按钮，也可以打开或关闭线宽的显示。

④【默认】：设定默认线宽的大小。

⑤【调整显示比例】：调整线宽显示比例。

⑥【当前线宽】：说明当前线宽设定值。

3.4.6　栅格和捕捉

栅格是点的矩阵，遍布于指定为图形界限的整个区域内。使用栅格类似于在图形下放置一张坐标纸，可以对齐对象并直观显示对象之间的距离。这些点的作用只是在绘图时提供一种参考，本身不是图形的组成部分，不会被输出和打印。栅格设置太密时，在屏幕上会显示不出来。

捕捉模式用于限制十字光标，使其按照用户定义的间距移动。捕捉模式有助于使用箭头键或定点设备来精确地定位点，可以设定捕捉点为栅格点。

通常采用如下方法设置栅格点。

① 下拉菜单：【工具】|【草图设置】。

② 状态栏：在状态栏右击【捕捉】按钮或【栅格】按钮，在【设置】快捷菜单中进行设置。

③ 命令行：DSETTINGS。

执行该命令后弹出【草图设置】对话框，如图 3-21 所示。【捕捉和栅格】选项卡中各选项意义如下。

① 【启用捕捉】：打开或关闭捕捉模式，也可以单击状态栏上的【捕捉】按钮，或按"F9"键。

② 【捕捉 x 轴间距】：指定 x 方向的捕捉间距。

③ 【捕捉 y 轴间距】：指定 y 方向的捕捉间距。

④ 【角度】：设定捕捉角度。在矩形捕捉模式下，x 和 y 方向始终为 90º。

⑤ 【x 基点】：指定栅格的 x 基准坐标点，默认为 0。

⑥ 【y 基点】：指定栅格的 y 基准坐标点，默认为 0。

图 3-21　【草图设置】对话框

⑦ 【极轴间距】：设定极轴捕捉时的增量间距。

⑧ 【启用栅格】：打开或关闭栅格点显示。也可以单击状态栏上的【栅格】按钮，或按"F7"键。

⑨ 【栅格 x 轴间距】：指定 x 轴方向的点间距。

⑩ 【栅格 y 轴间距】：指定 y 轴方向的点间距。

⑪ 【栅格捕捉】：设置栅格捕捉类型。

⑫ 【矩形捕捉】：x 和 y 成 90º 的捕捉模式。

⑬ 【等轴测捕捉】：设定成正等轴测捕捉模式。绘制轴测图时使用该模式。

⑭ 【极轴捕捉】：设定成极轴捕捉模式，选择该模式后，极轴间距有效。

图 3-22　【点样式】对话框

3.4.7　设置点样式

用户可以使用"点样式"对话框，如图 3-22 所示，可以修改点对象的大小和外观。改变点对象的大小及外观，将会影响所有在图形中已经绘制的点对象和将要绘制的点对象。

要显示【点样式】对话框，可以使用如下方法。

① 下拉菜单：【格式】|【点样式】。

② 命令行：DDPTYPE。

【思考与练习】

思考题

3-1　了解世界坐标系与用户坐标系的区别。

3-2　熟悉坐标的四种表示方法以及控制其显示模式的方法。

3-3　掌握绘图环境的设置方法。

上机操作

3-1　熟悉"ZOOM""PAN"命令的使用。

3-2　以样板文件"acadiso.dwt"开始创建一个新图形文件，对其绘图环境做如下设置。

绘图界限：将其设置为 A2 图幅（594×420）。

绘图单位：将长度单位类型设置为小数，精度为小数点后 2 位。

将角度单位类型设置为十进制度数，精度为小数点后 0 位，其余按默认。

保存图形：将图形以文件名"基本设置.dwg"保存。

3-3　打开 AutoCAD 软件自带的"Sample"文件下的子文件，熟练掌握视窗缩放和平移的方法。

3-4　打开 AutoCAD 软件自带的"Sample"文件下的子文件，练习图形实体的选取方式。

第4章　基本绘图命令

AutoCAD 软件中的绘图命令不仅可以绘制点、直线、圆、多边形等基本的二维图形，而且还可以绘制多线、圆环等高级图形对象。本章仅讲解基本的绘图命令。

4.1　点

点是精确绘图的辅助对象，可作为对象捕捉和相对偏移的节点。图形绘制完成后，再将这些点删除，或者冻结这些对象所在的图层。

根据绘图的要求，用户可以在屏幕上直接拾取或通过对象捕捉以确定特殊的点，也可以使用键盘输入该点的坐标。

绘制点时需预先设置点的样式，设置方法见 3.4.7。

4.1.1　绘制单点

使用单点命令可以在绘图窗口中一次绘制一个点。
调用该命令的方法如下。
① 下拉菜单：【绘图】|【点】|【单点】。
② 命令行：POINT 或 PO。
命令执行过程如下。

命令：POINT ↵
当前点模式：PDMODE=0　PDSIZE=0.000 0
指定点：（指定点的位置）

命令行中"PDMODE=0"和"PDSIZE=0.000 0"提示当前状态下所绘的点的模式和大小。

4.1.2　绘制多点

使用多点命令可以在绘图窗口中一次绘制多个点，直到按"Esc"键结束。
调用该命令的方法如下。
① 下拉菜单：【绘图】|【点】|【多点】。
② 工具栏：【绘图】| ▪ 按钮。
命令执行过程如下。

命令：POINT ↵

当前点模式：PDMODE=0　PDSIZE=0.000 0

指定点：（指定点的位置）

指定点：（继续给出一点或结束）

4.2　直线、射线与构造线

4.2.1　直线

4.2.1.1　LINE 命令

直线命令用于绘制一系列连续的直线段，每条直线段作为一个独立的图形对象处理。

调用该命令的方法如下。

① 下拉菜单：【绘图】|【直线】。

② 标准工具栏：【绘图】| ⁄ 按钮。

③ 命令行：LINE 或 L。

命令执行过程如下。

命令：LINE↵

指定第一点：（输入绝对坐标值或直接在屏幕上指定点）

指定下一点或［放弃（U）］：

指定下一点或［放弃（U）］：

指定下一点或［闭合（C）／放弃（U）］：

用户也可以用鼠标直接在屏幕上指定直线的端点，或用坐标指定二维线（2D）或三维线（3D），这样可以绘制一系列连续的直线段，但每条直线段都是一个独立的对象。按"Enter"键或从右键菜单中选择【确认】选项可以结束命令。

直线命令的功能选项如下。

（1）【放弃】

用于删除直线序列中最新绘制的线段，如多次输入"U"，按绘制次序的逆序逐个删除线段。

（2）【闭合】

用于在绘制一系列线段（两条或两条以上）之后，将一系列直线段首尾闭合。

提示：在 AutoCAD 软件的命令执行过程中，默认选项可直接执行；如要执行方括号中的其他选项，必须先输入相应的字母，回车后才转入相应命令的执行。

4.2.1.2　LINE 演示

图 4-1 演示了使用直线命令绘制多边形。通过此练习，用户可以熟悉直线命令的输入方式。操作过程如下。

命令：LINE↵

图 4-1 使用直线命令绘制多边形

指定第一点：100，100↵（输入绝对坐标值，给定右下角 1 点）指定下一点或［放弃（U）］：30↵（直接输入距离值。激活【正交】模式，将鼠标置于 1 点左边指示水平方向，在命令行中直接输入距离，给出第 2 点）

指定下一点或［放弃（U）］：20↵（将鼠标置于 2 点上方指示竖直方向，直接输入距离值，给出第 3 点）

指定下一点或［闭合（C）／放弃（U）］：@20＜30↵（输入相对极坐标值，给出第 4 点）

指定下一点或［闭合（C）／放弃（U）］：@15，-10↵（输入相对直角坐标值，给出第 5 点）

指定下一点或［闭合（C）／放弃（U）］：C↵（封闭图形，结束绘图）

4.2.2　射线

射线命令用于绘制一端固定，另一端无限延伸的直线。在 AutoCAD 软件中，射线主要用于绘制辅助线。

调用该命令的方法如下。

① 下拉菜单：【绘图】│【射线】。

② 标准工具栏：【绘图】│ ![按钮] 按钮。

③ 命令行：RAY。

命令执行过程如下。

命令：RAY↵

指定起点：（指定射线的固定端）

指定通过点：

指定射线的起点后，可在"指定通过点："提示下指定多个通过点来绘制以起点为端点的多条射线，直到按"Esc"键或"Enter"键退出为止。

4.2.3　构造线

构造线命令用于绘制两端可以无限延伸的直线，主要用于绘制辅助线。

调用该命令的方法如下。

① 下拉菜单：【绘图】│【构造线】。

② 标准工具栏：【绘图】│ ![按钮] 按钮。

③ 命令行：XLINE 或 XL。

命令执行过程如下。

　　命令：XLINE↵

　　指定点或［水平（H）/ 垂直（V）/ 角度（A）/ 二等分（B）/ 偏移（O）］：

　　（指定点或输入选项）

可以通过指定两点来定义构造线，但第一个点为构造线概念上的中点。可绘制多条构造线，直到按"Esc"键或"Enter"键退出为止。

构造线命令的功能选项如下。

① 【水平】：创建经过指定点（中点）的多条水平构造线。

② 【垂直】：创建经过指定点（中点）的多条竖直构造线。

③ 【角度】：创建与 x 轴成指定角度的构造线，也可以先选择参考直线，再创建与参考直线成一定角度的构造线。

④ 【二等分】：创建二等分指定角的构造线，需要先指定角的顶点、起点和端点。

⑤ 【偏移】：创建平行于指定基线的平行线，需要先指定偏移距离，选择基线，然后指明构造线位于基线的哪一侧。

4.3　圆

在 AutoCAD 软件中，可以通过指定圆心和半径或圆周上的点创建圆，也可以创建与对象相切的圆。

调用该命令的方法如下。

① 下拉菜单：【绘图】|【圆】。

② 工具栏：【绘图】| ⊙ 按钮。

③ 命令行：CIRCLE 或 C 并回车。

命令执行过程如下。

　　命令行：CIRCLE↵

　　指定圆的圆心或［三点（3P）/ 两点（2P）/ 相切、相切、半径（T）］：（指定圆心或选择其他绘圆的方式）

在下拉菜单"【绘图】|【圆】"中有六种绘制圆的方法，即【圆心、半径】、【圆心、直径】、【两点】、【三点】、【相切、相切、半径】及【相切、相切、相切】。下面将简要介绍各种绘图方法。

（1）【圆心、半径】

系统默认的画圆方法为指定圆的圆心和半径方式。命令执行过程如下。

　　命令行：CIRCLE↵

　　指定圆的圆心或［三点（3P）/ 两点（2P）/ 相切、相切、半径（T）］：（指

定圆心点）

指定圆的半径或［直径（D）］<当前>：（输入圆的半径值）

执行结果如图 4-2（a）所示。

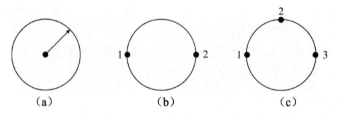

图 4-2　三种方法绘制圆

（a）圆心、半径绘圆；　（b）两点绘圆；　（c）三点绘圆

（2）【圆心、直径】

该方式通过指定圆的圆心和直径来绘制圆。命令执行过程如下。

命令行：CIRCLE↵

指定圆的圆心或［三点（3P）／两点（2P）／相切、相切、半径（T）］：（指定圆心点）

指定圆的半径或［直径（D）］<当前>：D↵（选择直径输入方式）

指定圆的直径<当前>：（输入圆的直径值）

（3）【两点】

该方式通过指定圆直径上的两个端点来绘制圆。命令执行过程如下。

命令行：CIRCLE↵

指定圆的圆心或［三点（3P）／两点（2P）／相切、相切、半径（T）］：2P↵（选择两点画圆方式）

指定圆直径的第一个端点：（指定点 1）

指定圆直径的第二个端点：（指定点 2）

执行结果如图 4-2（b）所示。

（4）【三点】

该方式通过指定圆周上的三个点来绘制圆。命令执行过程如下。

命令行：CIRCLE↵

指定圆的圆心或［三点（3P）／两点（2P）／相切、相切、半径（T）］：3P↵（选择三点画圆方式）

指定圆上的第一个点：（指定点 1）

指定圆上的第二个点：（指定点 2）

指定圆上的第三个点：（指定点 3）

执行结果如图 4-2（c）所示。

（5）【相切、相切、半径】

该方式绘制与两个对象相切并指定半径的圆，相切的对象可以是直线、圆弧、圆或其他曲线。命令执行过程如下。

命令行：CIRCLE↵

指定圆的圆心或［三点（3P）／两点（2P）／相切、相切、半径（T）］：

T↵（选择相切、相切、半径画圆方式）

指定对象与圆的第一个切点：（选择圆、圆弧或直线）

指定对象与圆的第二个切点：（选择圆、圆弧或直线）

指定圆的半径<当前>：（输入半径值）

执行结果如图 4-3 所示。

（6）【相切、相切、相切】

该方式绘制与三个对象相切的圆，并自动计算要创建的圆的半径和圆心坐标，相切的对象可以是直线、圆弧、圆或其他曲线。单击下拉菜单【绘图】|【圆】|【相切、相切、相切】绘制圆。命令执行过程如下。

指定圆的圆心或［三点（3P）／两点（2P）／相切、相切、半径（T）］：

3P 指定圆上的第一个点：TAN 到（自动选择三点相切画圆方式）

指定圆上的第一个点：TAN 到（捕捉的第一个相切对象）

指定圆上的第二个点：TAN 到（捕捉的第二个相切对象）

指定圆上的第三个点：TAN 到（捕捉的第三个相切对象）

执行结果如图 4-4 所示。

图 4-3　用相切、相切、半径方式绘圆　　图 4-4　用相切、相切、相切方式绘圆

4.4　圆弧

圆弧是圆的一部分，用户可以使用多种方式创建圆弧。

调用该命令的方法如下。

① 下拉菜单：【绘图】|【圆弧】。

② 标准工具栏：【绘图】|⌒按钮。

③ 命令行：ARC 或 A。

命令执行过程如下。

命令行：ARC↵

指定圆弧的起点或［圆心（C）］：（指定点或输入选项）

在菜单"【绘图】｜【圆弧】"中设有 11 种绘制圆弧的方法。由于圆弧命令的选项多而且复杂，通常用户无须将这些选项的组合都牢记，绘图时只要注意给定的条件和命令行的提示就可以实现圆弧的绘制。另外，在绘制圆弧时，除三点方法外，其他方法都是从起点到端点逆时针绘制圆弧，要注意角度的方向，逆时针为正，顺时针为负。下面仅详细讲解其中的几种方法，其他方法只做简单介绍。

（1）【三点】

通过指定圆弧上的三个点来绘制一条圆弧的方法。此时应指定圆弧的起点，通过的第 2 个点和端点，如图 4-5 所示。起点和端点的顺序可按顺时针或逆时针方向给定。命令执行过程如下。

命令行：ARC↵

指定圆弧的起点或［圆心（C）］：（指定圆弧的起点 *P*1）

指定圆弧的第二个点或［圆心（C）／端点（E）］：（指定圆弧的第二点 *P*2）

指定圆弧的端点：（指定圆弧的端点 *P*3）

（2）【起点、圆心、端点】

通过指定圆弧的起点，圆心和端点绘制圆弧。如图 4-6 所示，命令执行过程下。

命令行：ARC↵

指定圆弧的起点或［圆心（C）］：（指定圆弧的起点）

指定圆弧的第二个点或［圆心（C）／端点（E）］：C↵（选择指定圆弧的圆心方式）

指定圆弧的圆心：（指定圆弧的圆心）

指定圆弧的端点或［角度（A）／弦长（L）］：（指定圆弧的端点）

（3）【起点、圆心、角度】

如果在已有的图形中可以捕捉到圆弧的起点和圆心，并且已知圆弧的包含角度，

图 4-5　【三点】绘制圆弧　　　　图 4-6　【起点、圆心、端点】绘制圆弧

则可以通过指定圆弧的起点、圆心和包含角度的方法来绘制圆弧。如图 4-7 所示，执行过程如下。

命令：ARC↵

指定圆弧的起点或［圆心（C）］:（指定圆弧的起点）

指定圆弧的第二个点或［圆心（C）／端点（E）］：C↵（选择指定圆弧的圆心方式）

指定圆弧的圆心：（指定圆弧的圆心）

指定圆弧的端点或［角度（A）／弦长（L）］：A↵（选择指定圆弧的包含角度方式）

指定包含角度：（指定角度）

图 4-7　【起点、圆心、角度】绘制圆弧

（4）【起点、圆心、长度】

通过指定圆弧的起点、圆心和圆弧的弦长绘制圆弧。此时所输入的弦长值如果为负值，则该值的绝对值将作为对应整圆的空缺部分圆弧的弦长；另外，用户给定的弦长不得超过圆心到起点距离的两倍。

（5）【起点、端点、角度】

通过指定圆弧的起点、端点和所包含的角度绘制圆弧。

（6）【起点、端点、方向】

通过指定圆弧的起点、端点和起点的切线方向绘制圆弧，可以通过拖动鼠标的方式动态确定圆弧起点处切线方向与水平方向的夹角。

（7）【起点、端点、半径】

通过指定圆弧的起点、端点和圆弧的半径绘制圆弧。

（8）【圆心、起点、端点】

通过指定圆弧的圆心、起点和端点方式绘制圆弧。

（9）【圆心、起点、角度】

通过指定圆弧的圆心、起点和所包含的角度绘制圆弧。

（10）【圆心、起点、长度】

通过指定圆弧的圆心、起点和圆弧的弦长绘制圆弧。

（11）【继续】

当执行绘制圆弧命令，并在命令行"指定圆弧的起点或［圆心（C）］："提示下直接按"Enter"键，系统会以最后一次绘制的线段或圆弧中确定的最后一点作为新圆弧的起点，以最后所绘线段方向或圆弧端点处的切线方向作为新圆弧在起点处的切线方向，然后再指定新圆弧的端点即可确定该圆弧。

提示：在实际绘图过程中，很多圆弧不是通过绘制圆弧的方法绘制出来的，而是利用辅助圆修剪出来的。所以当创建圆弧的给定条件不足时，建议用户利用辅助圆，通过修剪或打断命令来创建圆弧。

4.5 矩形

4.5.1 RECTANG 命令

矩形最常用的几何图形之一，它是一个独立的对象。绘制的矩形可以设置倒角、圆角、标高、厚度和宽度。在默认情况下，可以通过指定矩形的两个对角点的方法来创建矩形。

调用该命令的方法如下。

① 下拉菜单：【绘图】|【矩形】命令。

② 工具栏：【绘图】| ▭ 按钮。

③ 命令行：RECTANG 或 REC。

命令执行过程如下。

命令：RECTANG↵

指定第一个角点或［倒角（C）／标高（E）／圆角（F）／厚度（T）／宽度（W）］：（指定第一个角点，可利用鼠标定点或坐标输入）

指定另一个角点或［面积（A）／尺寸（D）／旋转（R）］：（指定第二点）

命令行中第一行选项功能如下。

（1）【倒角】

绘制具有倒角的矩形，需设置矩形的两个倒角距离。当设定了倒角距离后，返回"指定第一个角点或［倒角（C）／标高（E）／圆角（F）／厚度（T）／宽度（W）］："提示，指定矩形的两个对角点，按当前的倒角距离生成矩形，如图 4-8（a）所示。

（2）【标高】

设定矩形所在的平面高度，默认矩形在 xOy 平面内，该选项一般用于三维绘图。

（3）【圆角】

绘制具有圆角的矩形，需要指定矩形的圆角半径。设定了圆角半径后，按系统提示指定矩形的两个对角点，即按当前的圆角半径生成矩形，如图 4-8（b）所示。

（4）【厚度】

设定矩形的绘图厚度，该选项一般用于三维绘图。

（5）【宽度】

设定矩形的线宽，如图 4-8（c）所示。

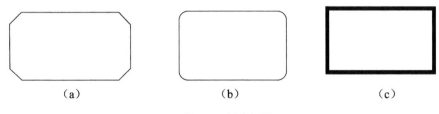

（a） （b） （c）

图 4-8 创建矩形

（a）带倒角的矩形； （b）带圆角的矩形； （c）带线宽的矩形

在默认情况下，选择所需的选项后，直接通过指定矩形的两个对角点来创建矩形。AutoCAD 软件也提供了通过指定矩形的面积及指定长度或宽度值来创建矩形，同样也可以绘制与 x 轴成一定角度的矩形。

命令行中第二行选项功能如下。

（1）【面积】

根据面积绘制矩形。命令执行过程如下。

    指定第一个角点或［倒角（C）／标高（E）／圆角（F）／厚度（T）／宽度（W）］：（给定第一点）

    指定另一个角点或［面积（A）／尺寸（D）／旋转（R）］：A↵（选择给定面积的方式绘制矩形）

    输入以当前单位计算的矩形面积<当前>：（指定矩形的面积）

    计算矩形标注时依据［长度（L）／宽度（W）］<长度>：L↵（选择按指定长度或宽度绘制矩形）

    输入矩形长度<当前>：（指定长度，按给定长度和面积绘制矩形）

（2）【尺寸】

根据矩形的长度和宽度绘制矩形。命令执行过程如下。

    指定第一个角点或［倒角（C）／标高（E）／圆角（F）／厚度（T）／宽度（W）］：（给定第一点）

    指定另一个角点或［面积（A）／尺寸（D）／旋转（R）］：D↵（选择按指定长度和宽度方式绘制矩形）

    指定矩形的长度<当前>：（指定矩形的长度）

    指定矩形的宽度<当前>：（指定矩形的宽度）

    指定另一个角点或［面积（A）／尺寸（D）／旋转（R）］：（给定另一角点相对第一角点的方向）

（3）【形状】

绘制与 x 轴成一定角度的矩形。命令执行过程如下。

指定第一个角点或［倒角（C）／标高（E）／圆角（F）／厚度（T）／宽度（W）］：（给定第一角点）

指定另一个角点或［面积（A）／尺寸（D）／旋转（R）］：R↵（选择按指定旋转角度绘制矩形）

指定旋转角度或［拾取点（P）］<当前>：（指定矩形的旋转角度）

指定另一个角点或［面积（A）／尺寸（D）／旋转（R）］：（给定另一角点）

4.5.2　RECTANG 命令演示

绘制如图 4-9 所示一个圆角半径为 20，与 x 轴成 30°，大小为 200 mm×150 mm 的矩形。操作过程如下。

命令：RECTANG↵

指定第一个角点或［倒角（C）／标高（E）／圆角（F）／厚度（T）／宽度（W）］：F↵（创建带圆角的矩形）

指定矩形的圆角半径<当前>：20↵

指定第一个角点或［倒角（C）／标高（E）／圆角（F）／厚度（T）／宽度（W）］：0，0↵（指定矩形第一个角点）

图 4-9　绘制带厚度的圆角矩形

指定另一个角点或［面积（A）／尺寸（D）／旋转（R）］：R↵（创建与 x 轴成一定角度的矩形）

指定旋转角度或［拾取点（P）］<当前>：30↵（指定矩形的旋转角度）

指定另一个角点或［面积（A）／尺寸（D）／旋转（R）］：D↵（选择按指定长、宽度方式绘制矩形）

指定矩形的长度<当前>：200↵（指定矩形的长度）

指定矩形的宽度<当前>：150↵（指定矩形的宽度）

指定另一个角点或［面积（A）／尺寸（D）／旋转（R）］：（移动光标以指定另一角点相对第一点的方向）

4.6　正多边形

利用 AutoCAD 软件提供的绘制正多边形命令，可以创建包含 3～1024 条等长边的闭合多段线，整个多边形是一个独立对象。用此命令可以很方便地绘制正方形、等边三角形、正八边形等图形。

调用该命令的方法如下。

① 下拉菜单:【绘图】|【多边形】。

② 工具栏:【绘图】| ⬠ 按钮。

③ 命令行:POLYGON 或 POL。

命令执行过程如下。

  命令:POLYGON↵

  输入边的数目<当前>:(指定多边形的边数)

  指定正多边形的中心点或 [边(E)]:(选择指定正多边形中心与边的距离
方式或指定边长方式)

在确定多边形边数的情况下,有以下两种绘制正多边形的方式。

(1)内接多边形和外切多边形

在这种绘制方式中,用户参照一个假想的圆,用内接于圆或外切于圆的方式绘制正多边形。内接就是正多边形在假想圆内,其所有的顶点都在假想圆上;外切就是正多边形在假想圆的外侧,其各边与假想圆相切。绘制内接或外切的正多边形如图 4-10 所示。

命令执行过程如下。

  命令:PLOYGON↵

  输入边的数目<当前>:(指定正多边形的边数)

  指定正多边形的中心点或 [边(E)]:(给定圆的中心点,选择指定多边形
的中心到边方式)

  输入选项 [内接于圆(I)/外切于圆(C)] <I>:(选择内接于圆或外切于
圆绘制正多边形方式)

  指定圆的半径:(指定与正多边形相切或相接的圆的半径)

(2)指定一条边的长度和位置绘制正多边形

这种绘制方式是根据一条已知边来创建正多边形,但需注意,指定边的起点和终点的顺序决定正多边形的位置。以正六边形为例,图 4-11 中的 P1 为正多边形边的起点,P2 为边的终点。

图 4-10 绘制内接或外切多边形   图 4-11 根据已知边绘制正多边形

命令执行过程如下。

命令：PLOYGON↵
输入边的数目<当前>：（指定正多边形的边数）
指定正多边形的中心点或［边（E）］：E↵（选择指定正多边形边长的方式）
指定边的第一个端点：（指定边的起点）
指定边的第二个端点：（指定边的终点）

4.7　椭圆

根据椭圆方程的定义，椭圆的形状由长、短轴决定。
调用该命令的方法如下。
① 下拉菜单：【绘图】│【椭圆】。
② 工具栏：【绘图】│ ⬭ 按钮。
③ 命令行：ELLIPSE 或 EL。
命令执行过程如下。

命令：ELLIPSE↵
指定椭圆的轴端点或［圆弧（A）／中心点（C）］：（选择采用何种方式绘
制椭圆）
在菜单"【绘图】│【椭圆】"中给出以下两种绘制椭圆的方法。

（1）通过椭圆中心绘制椭圆
指定中心点和给定一个轴端点以及另一个轴的半轴长度创建椭圆，如图 4-12（a）
所示。
命令执行过程如下。

命令：ELLIPSE↵
指定椭圆的轴端点或［圆弧（A）／中心点（C）］：C↵（选择采用中心点
方式绘制椭圆）
指定椭圆的中心点：（给定椭圆的中心点）
指定轴的端点：（给定一个轴端点）
指定另一条半轴长度或［旋转（R）］：（给定另一个半轴长度或选择指定绕
长轴旋转的角度）

（2）通过轴端点绘制椭圆
通过指定一个轴（主轴）的两个端点和另一个轴的半轴长度来绘制椭圆，如图
4-12（b）所示。
命令执行过程如下。

命令：ELLIPSE↵
指定椭圆的轴端点或［圆弧（A）／中心点（C）］：（给定一个轴的端点，

选择采用轴端点方式绘制椭圆）

指定轴的另一个端点：（给定轴的另一个端点）

指定另一条半轴长度或［旋转（R）］：（给定另一个半轴长度或选择指定绕长轴旋转的角度）

图 4-12　两种方法创建椭圆

（a）通过椭圆中心；　（b）通过轴端点

4.8　椭圆弧

调用绘制椭圆弧命令的方法如下。

① 下拉菜单：【绘图】|【椭圆】|【圆弧】。

② 工具栏：【绘图】| ⌒ 按钮。

③ 命令行：ELLIPSE 或 EL。

椭圆弧和椭圆的绘图命令虽然都是"ELLIPSE"命令，但命令行的提示不同。命令执行过程如下。

命令：ELLIPSE↵

指定椭圆的轴端点或［圆弧（A）/ 中心点（C）］：A↵（选择绘制椭圆弧）

指定椭圆弧的轴端点或［中心点（C）］：（选择采用何种方式绘制椭圆）

在此提示下的操作与前面介绍的绘制椭圆的过程完全相同，在确定椭圆的形状后，系统将提示如下。

指定起始角度或［参数（P）］：（指定椭圆弧起始角度或参数）

该提示中两个选项的意义如下。

（1）【指定起始角度】

通过给定椭圆弧的起始角度来确定椭圆弧。执行此操作，命令行将有如下提示。

指定终止角度或［参数（P）/ 包含角度（I）］：

① 【指定终止角度】：根据椭圆弧的终止角度确定椭圆弧的另一端点。

② 【参数】：通过参数确定椭圆弧另一个端点的位置。

③ 【包含角度】：根据椭圆弧的包含角度确定椭圆弧。

（2）【参数】

通过用户指定的参数确定椭圆弧。执行此操作，命令行将有如下提示。

指定起始参数或［角度（A）］：

① 【指定起始参数】：系统将使用公式 $P_n=c+a\times\cos（n）+b\times\sin（n）$ 来计算椭圆弧的起始角。其中，"n"是用户输入的参数，"c"是椭圆弧的半焦距，"a"和"b"分别是椭圆的长半轴和短半轴的轴长。

② 【角度】：参见前面介绍的使用角度确定椭圆弧的方式。

示例：使用椭圆命令，根据椭圆的起点和端点角度创建椭圆弧，如图 4-13 所示。

图 4-13   创建椭圆弧

命令执行过程如下。

命令：ELLIPSE↵

指定椭圆的轴端点或［圆弧（A）／中心点（C）］：A↵（指定绘制椭圆弧方式）

指定椭圆弧的轴端点或［中心点（C）］：   （指定椭圆轴的第一个端点 1）

指定轴的另一个端点：（指定椭圆轴的另一个端点 2）

指定另一条半轴长度或［旋转（R）］：（指定另一个半轴端点 3）

指定起始角度或［参数（P）］：（指定椭圆弧起点角度）

指定终止角度或［参数（P）／包含角度（I）］：（指定椭圆弧终点角度）

4.9   多段线

4.9.1   PLINE 命令

多段线是由许多首尾相连的直线段或圆弧段组成的一个独立对象，它可以提供单个直线所不具备的编辑功能。例如，它可以调整多段线的线宽和圆弧的曲率。

调用该命令的方法如下。

① 下拉菜单：【绘图】|【多段线】。

② 工具栏：【绘图】| ↵ 按钮。

③ 命令行：PLINE 或 PL。

命令执行过程如下。

命令：PLINE↵

指定起点：（指定多段线的起点）

当前线宽为 0.000 0 （默认上次执行"PLINE"命令设定的线宽值）

指定下一点或 ［圆弧（A）／半宽（H）／长度（L）／放弃（U）／宽度（W）］：

（1）创建仅包含直线段的多段线

创建仅包含直线段的多段线类似于创建直线，在输入下一点后，命令行提示如下。

指定下一点或 ［圆弧（A）／封闭（C）／半宽（H）／长度（L）／放弃（U）／宽度（W）］：

可以在命令行的默认提示下连续输入一系列端点，按"Enter"键或"C"结束，但创建的整个多段线为一个对象，如图 4-14 所示。各功能选项如下。

① 【圆弧（A）】：将绘制直线的方式切换到绘制圆弧的方式。

② 【封闭（C）】：当绘制两条以上的直线段后，此选项可以封闭多段线。

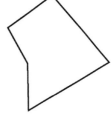

图 4-14 绘制多段线

③ 【半宽（H）】：设置多段线的半宽度，即多段线的宽度为输入值的两倍。

④ 【长度（L）】：沿着上一段直线方向或圆弧的切线方向绘制指定长度的多段线。

⑤ 【放弃（U）】：删除刚刚绘制的多段线，用于修改多段线绘制中出现的错误。

⑥ 【宽度（W）】：设置多段线的宽度，可以输入不同的起始宽度和终止宽度。

（2）创建具有宽度的多段线

AutoCAD 软件可以创建两端等宽度的直线段，也可以创建两端具有不等宽度的锥线段。指定多段线的起点后，选择指定宽度选项，输入直线段的起点宽度和端点宽度。要创建等宽度的直线段，在终点宽度提示下直接按"Enter"键；要创建锥状线段，需要在起点宽度和端点宽度分别输入不同的宽度值。最后指定线段的端点，并根据需要，继续绘制多段线。

（3）创建直线和圆弧组合的多段线

用户可以绘制由直线段和圆弧段组合的多段线。在选项中输入"A"可切换到【圆弧】模式，在绘制【圆弧】模式下输入"L"可以返回到【直线】模式。绘制圆弧段与绘制圆弧的命令相同。

4.9.2 PLINE 命令演示

4.9.2.1 绘制箭头

绘制如图 4-15 所示的箭头。

图 4-15   使用多段线命令绘制箭头

命令执行过程如下。

命令：PLINE↵

指定起点：（指定 P_1 点）

当前线宽为 0.000 0（命令行提示内容）

指定下一点或［圆弧（A）／半宽（H）／长度（L）／放弃（U）／宽度（W）］：W↵（选择指定线宽方式）

指定起点宽度<0.000 0>：1↵（指定起点的宽度值）

指定端点宽度<1.000 0>：↵（直接按【ENTER】键，终点宽度与起点相同）

指定下一点或［圆弧（A）／半宽（H）／长度（L）／放弃（U）／宽度（W）］：（指定 P_2 点）

指定下一点或［圆弧（A）／闭合（C）／半宽（H）／长度（L）／放弃（U）／宽度（W）］：W↵（选择指定线宽方式）

指定起点宽度<1.000 0>：5↵（指定起点宽度）

指定端点宽度<5.000 0>：0↵（指定终点宽度）

指定下一点或［圆弧（A）／闭合（C）／半宽（H）／长度（L）／放弃（U）／宽度（W）］：（指定 P_3 点）

指定下一点或［圆弧（A）／闭合（C）／半宽（H）／长度（L）／放弃（U）／宽度（W）］：↵（结束命令）

4.9.2.2   绘制浴盆

绘制如图 4-16 所示的浴盆。

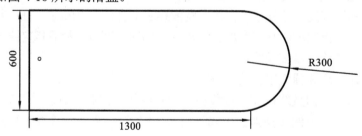

图 4-16   用多段线命令绘制浴盆

命令执行过程如下。

命令：PLINE↵

指定起点：（指定多段线的起点）

当前线宽为 0.000 0

指定下一点或［圆弧（A）／半宽（H）／长度（L）／放弃（U）／宽度（W）］：1300↵（打开【正交】模式，鼠标放于起点的右侧给出方向，直接输入直线长度）

指定下一点或［圆弧（A）／闭合（C）／半宽（H）／长度（L）／放弃（U）／宽度（W）］：A↵（选择切换到圆弧方式）

指定圆弧的端点或［角度（A）／圆心（CE）／闭合（CL）／方向（D）／半宽（H）／直线（L）／半径（R）／第二个点（S）／放弃（U）／宽度（W）］：600↵（鼠标放于直线端点的上方，直接输入距离）

指定圆弧的端点或［角度（A）／圆心（CE）／闭合（CL）／方向（D）／半宽（H）／直线（L）／半径（R）／第二个点（S）／放弃（U）／宽度（W）］：L↵（选择切换到直线方式）

指定下一点或［圆弧（A）／闭合（C）／半宽（H）／长度（L）／放弃（U）／宽度（W）］：1300↵（鼠标向左，输入距离）

指定下一点或［圆弧（A）／闭合（C）／半宽（H）／长度（L）／放弃（U）／宽度（W）］：C↵（选择闭合多段线，结束命令）

【思考与练习】

思考题

4-1 在 AutoCAD 软件中，直线、射线和构造线各有什么特点？

4-2 直线命令的何种功能选项用于在绘制一系列线段之后，能将一系列直线段首尾闭合？

4-3 AutoCAD 软件提供了哪几种绘制圆的方法？

上机操作

4-1 绘制如图 4-17 所示的模型，尝试使用绝对坐标和相对坐标，以及绘制必要的辅助线。

图 4-17 模型

续图 4-17

第5章　基本编辑命令

AutoCAD 软件提供了强大的图形编辑工具,可对用基本绘图命令绘制出的图形进行编辑和修改,从而绘制各种复杂的图形。本章介绍常用的基本编辑命令,包括对图形进行删除、复制、移动、变形和修改等操作。

编辑操作通常需要先启动编辑命令,然后选择要编辑的图形,根据程序的提示进行操作。对于大多数命令,前两个步骤也可以按相反顺序进行操作,即"先选择,后命令",但用户更习惯于"先命令,后选择"的方式。启动编辑命令的方式包括直接输入命令,或选择【修改】工具栏中的按钮(见图 5-1)或使用【修改】下拉菜单中的命令选项。

图 5-1　【修改】工具栏

5.1　删除图形

5.1.1　删除

用"ERASE"命令可以删除绘图过程中不需要的图形。

启动"ERASE"命令的方法如下。

① 下拉菜单:【修改】|【删除】命令。

② 工具栏:【修改】| ▨按钮。

③ 命令行:ERASE 或 E。

启动命令后,AutoCAD 软件的命令行提示如下。

命令:ERASE↵

选择对象:(选择要删除的对象)

选择对象:↵(按回车键结束选择,删除对象)

提示:也可按"Delete"键删除对象。

5.1.2　恢复删除

用"OOPS"命令可恢复最近一次"ERASE"命令删除的对象。在命令行提示符后输入"OOPS"并回车即可恢复。

提示："OOPS" 命令只能恢复最近一次 "ERASE" 命令所删除的对象。若已连续多次使用 "ERASE" 命令，要恢复前几次删除的对象只能使用 "UNDO" 命令。

5.2 复制图形

在绘图过程中，有许多图形对象都是相同的，差别仅在于相对位置的不同。AutoCAD 软件提供了复制、镜像、偏移和阵列命令，以便于用户有规律地复制图形。

5.2.1 复制

5.2.1.1 "COPY" 命令
用 "COPY" 命令可以将图形多次复制到指定位置。

启动 "COPY" 命令的方法如下。

① 下拉菜单：【修改】|【复制】。

② 工具栏：【修改】| 🖧 按钮。

③ 命令行：COPY 或 CO 或 CP。

启动命令后，AutoCAD 软件的命令行提示如下。

> 命令：COPY↵
>
> 选择对象：（选择要复制的对象）
>
> 选择对象：（按回车键结束选择）
>
> 指定基点或［位移（D）］＜位移＞：（指定基点或输入）

各选项含义如下。

（1）【基点】

需要复制的图形的参照点（即位移的起点），通过目标捕捉或输入坐标确定后，AutoCAD 软件继续提示如下。

> 指定第二个点或 ＜使用第一个点作为位移＞：指定位移的第二点（位移的终点），将按由基点到第二点指定的距离和方向复制对象；若按回车键将按坐标原点到基点的距离和方向复制对象）
>
> 指定第二个点或［退出（E）/ 放弃（U）］＜退出＞：（相对于基点，确定另一终点位置，可继续复制；若按回车键则结束命令）

（2）【位移】

输入矢量坐标，坐标值指定相对距离和方向。

AutoCAD 软件继续提示如下。

> 指定位移 ＜0.000 0, 0.000 0, 0.000 0＞：（指定位移后完成复制，命令结束）

5.2.1.2 "COPY" 命令演示
将图 5-2（a）中的圆做多重复制，结果如图 5-2（b）所示。操作步骤如下。

命令：COPY↵

选择对象：（选择图 5-2（a）中的圆）

选择对象：↵（按回车键结束选择）

指定基点或［位移（D）］<位移>：（捕捉圆心 *A*）

指定第二个点或 <使用第一个点作为位移>：（捕捉 *B* 点）

指定第二个点或［退出（E）/ 放弃（U）］<退出>：（捕捉 *C* 点）

指定第二个点或［退出（E）/ 放弃（U）］<退出>：↵ （按回车结束命令）

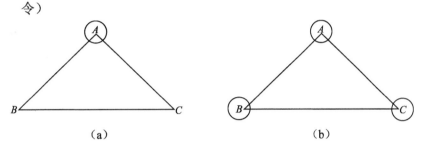

图 5-2　图形复制

（a）复制前；　（b）复制后

提示 1：若已知位移量，则基点可以任意确定，在指定位移终点时，采用相对坐标即可；否则需要选择图形的某些特征点（如圆心、端点、交点等）作为基点，这样有利于图形的定位。

提示 2："COPY"命令仅用于文档内部的复制。使用剪贴板则可以实现各应用程序之间的对象复制（剪贴板是 Windows 操作系统控制的内存中的临时存储区，它用来临时存放数据）。

5.2.2　镜像

5.2.2.1　"MIRROR"命令

用"MIRROR"命令可以将图形按指定的镜像线进行镜像，从而绘制出对称的图形。

启动该命令的方法如下。

① 下拉菜单：【修改】|【镜像】。

② 工具栏：【修改】| ⚠ 按钮。

③ 命令行：MIRROR 或 MI。

启动命令后，AutoCAD 软件的命令行提示如下。

命令：MIRROR

选择对象：（可用前述多种选择方法选择要镜像的对象）

选择对象：（按回车键结束选择）

指定镜像线的第一点：（指定镜像线的起点）

指定镜像线的第二点：（指定镜像线的终点并定义镜像线）

要删除源对象吗？［是（Y）/ 否（N）］<N>：（创建镜像图形同时是否删

除源图形）

5.2.2.2 "MIRROR"命令演示

将图5-3（a）中的三角形ABC镜像，结果如图5-3（b）所示。其操作步骤如下。

命令：MIRROR↵

选择对象：（选择图5-3（a）所有图形）

选择对象：↵（回车结束选择）

指定镜像线的第一点：（捕捉A点）

指定镜像线的第二点：（捕捉C点，以AC为镜像线）

要删除源对象吗？［是（Y）／否（N）］<N>：↵（回车不删除，结果如图5-3（b）所示）

若设置MIRRTEXT＝0，则同样操作，结果如图5-3（c）所示。

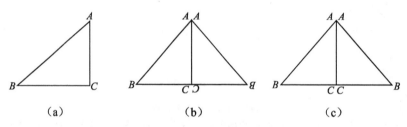

图5-3   图形镜像

（a）镜像前；（b）MIRRTEXT=1 时的镜像；（c）MIRRTEXT=0 时的镜像

提示1：镜像线是辅助线，可定义任一角度，镜像后并不存在。

提示2：镜像效果取决于系统变量MIRRTEXT。若该变量取值为1（缺省值），则文本做"完全镜像"；取值为0，则文本做"可读镜像"，仅仅是位置镜像，文本仍保持原方向。

5.2.3   偏移

5.2.3.1   "OFFSET"命令

用"OFFSET"命令可以对指定的线、圆、椭圆和弧等做同心偏移复制。偏移图形时需指定偏移的距离或通过指定点偏移。

启动该命令的方法如下。

① 下拉菜单：【修改】|【偏移】。

② 工具栏：【修改】| 🔳 按钮。

③ 命令行：OFFSET 或 O。

启动命令后，AutoCAD 软件的命令行提示如下。

命令：OFFSET↵

当前设置：删除源=否 图层=源 OFFSETGAPTYPE=0（显示当前设置）

指定偏移距离或［通过（T）／删除（E）／图层（L）］<16.000 0>：（指定偏移距离或选择其他选项）

各选项含义如下。

（1）【偏移距离】

该命令为默认选项，通过在绘图区拖引线或输入距离值（正数）指定偏移的距离后，AutoCAD 软件继续提示如下。

　　选择要偏移的对象，或［退出（E）／放弃（U）］<退出>：（选择要偏移的图形）

　　指定要偏移的那一侧上的点，或［退出（E）／多个（M）／放弃（U）］<退出>：（相对源图形指定偏移方向）

　　选择要偏移的对象，或［退出（E）／放弃（U）］<退出>：（可继续选取对象进行偏移或按回车键结束命令）

在上述操作中出现的选项意义如下。

① 【退出】：输入"E"可退出当前命令，也可以直接回车退出当前命令。

② 【多个】：输入"M"表示使用当前偏移距离重复进行偏移操作。

③ 【放弃】：输入"U"表示恢复前一个偏移。

（2）【通过】

利用指定通过点的方式进行偏移。

　　选择该选项后，AutoCAD 软件继续提示如下。

　　选择要偏移的对象，或［退出（E）／放弃（U）］<退出>：（选择要偏移的图形）

　　指定通过点或［退出（E）／多个（M）／放弃（U）］<退出>：（指定通过的点）

　　选择要偏移的对象，或［退出（E）／放弃（U）］<退出>：（可继续选取对象进行偏移或按回车键结束命令）

（3）【删除】

设置偏移后是否删除源对象。用户输入"E"表示删除源对象。

（4）【图层】

确定将偏移对象创建在当前图层上还是源对象所在的图层上。

5.2.3.2　"OFFSET"命令演示

将图 5-4（a）中的线段 *AB* 做距离偏移，结果如图 5-4（c）所示。

操作步骤如下。

　　命令：OFFSET↵

　　当前设置：删除源=否　图层=源　OFFSETGAPTYPE=0

　　指定偏移距离或［通过（T）／删除（E）／图层（L）］<16.000 0>：150↵

　　（输入偏移距离并回车）

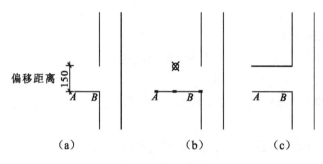

图 5-4　图形距离偏移

（a）偏移前；　（b）选择状态；　（c）偏移后

选择要偏移的对象，或［退出（E）／放弃（U）］<退出>：（单击图 5-4（a）线段 *AB*）

指定要偏移的那一侧上的点，或［退出（E）／多个（M）／放弃（U）］<退出>：（在线段 *AB* 上方拾取任一点，如图 5-4（b）所示，实现偏移）

选择要偏移的对象，或［退出（E）／放弃（U）］<退出>：↵（按回车键结束命令）

将图 5-5（a）中的线段"*AB*"做通过点偏移，结果如图 5-5（c）所示。

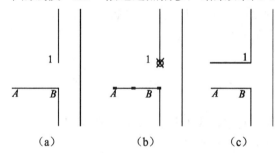

图 5-5　图形通过点偏移

（a）偏移前；　（b）选择状态；　（c）偏移后

操作步骤如下。

命令行：OFFSET↵

当前设置：删除源=否　图层=源　OFFSETGAPTYPE=0

指定偏移距离或［通过（T）／删除（E）／图层（L）］<16.000 0>：T↵（选择【通过】选项）

选择要偏移的对象，或［退出（E）／放弃（U）］<退出>：（单击图 5-5（a）线段 *AB*）

指定通过点或［退出（E）／多个（M）／放弃（U）］<退出>：（拾取点 1，如图 5-5（b）所示，实现偏移）

选择要偏移的对象，或［退出（E）／放弃（U）］<退出>：↵（按回车键

结束命令）

提示 1：只能以直接拾取方式选择要偏移的对象。

提示 2：不同的对象执行命令后有不同的结果。对圆弧的偏移，新旧圆弧有同样的包含角，但新圆弧的长度发生改变；对圆或椭圆的偏移，新旧圆或椭圆有同样的圆心，但新圆的半径或新椭圆的轴长发生改变；对线段、构造线、射线的偏移，实际上是平行复制；对多段线的偏移，是根据多段线的形状做对应的偏移。

提示 3：不能偏移文字、标注、三维面或三维体。

5.2.4　阵列

5.2.4.1　"ARRAY"命令

用"ARRAY"命令可以创建按指定方式排列的多个对象。使用【矩形阵列】选项可以将选定对象按指定的行数和列数成矩形排列；使用【环形阵列】选项可以将选择的对象按指定的圆心和数目排成环形。

启动该命令的方法如下。

① 下拉菜单：【修改】|【阵列】。

② 工具栏：【修改】| 按钮。

③ 命令行：ARRAY 或 AR。

启动命令后可以打开【阵列】对话框，如图 5-6 所示。

图 5-6　【阵列】对话框

（1）【选择对象】

该命令指定用于创建阵列的对象。单击【选择对象】按钮，对话框关闭，并自动切换到绘图区，选择要阵列的图形后回车，将再次切换回原对话框。

（2）【矩形阵列】

阵列后的图形呈矩形分布。各选项含义如下，如图 5-7 所示。

① 【行】、【列】：指定阵列中的行数和列数。用户可直接在文本框中输入数值。

② 【行偏移】、【列偏移】：指定行间距和列间距。用户可在文本框中直接输入数值；也可单击文本框右侧的【拾取两个偏移】按钮（🔳），在绘图区拖动一个矩形，其宽、长就分别是行间距和列间距；也可单击【拾取行偏移】、【拾取列偏移】按钮（🔳、🔳），用户可以在绘图区域指定两个点并使用这两个点之间的距离和方向来指定【行偏移】和【列偏移】中的值。

③ 【阵列角度】：通过输入值或使用鼠标指定两个点，从而指定旋转角度。

设置完成后，单击【预览】按钮以查看结果，系统将弹出如图5-8所示对话框，单击【接受】按钮表示完成阵列，单击【修改】按钮则返回对话框修改参数，或者单击【取消】按钮放弃该操作。如无需预览，可直接单击【阵列】对话框中的【确定】按钮完成操作。

图5-7　矩形阵列示意图　　　　图5-8　【接受／修改／取消】对话框

图5-9　环形阵列示意图

（3）【环形阵列】

图形复制后呈环形分布。各选项含义如下，如图5-9所示。

① 【中心点】：指定环形阵列的中心点。用户可以在【X】、【Y】文本框中输入环形阵列中心点的坐标值，也可以单击【拾取中心点】按钮捕捉中心点。

② 【方法】：指定用于定位环形阵列中的对象的方法和值。该下拉列表框中提供三种方法，项目总数和填充角度、项目总数和项目间的角度、填充角度和项目间的角度。可根据实际情况任选一种操作。

③ 【项目总数】：在文本框中输入组成环形阵列的图形数。

④ 【填充角度】：指定分布了全部图形的圆弧的夹角。该夹角是以阵列中心点与源对象基点之间的连线所成的角度。逆时针旋转为正，顺时针旋转为负，默认值

为 360°，不能为 0°。

⑤ 【项目间的角度】：指定两个相邻项目之间的夹角，即阵列中心点与任意两个相邻项目基点的连线所成的角度。其值只能是正值，默认为 90°。

⑥ 【复制时旋转项目】：选择这一项图形将相对中心点旋转，否则不旋转。

⑦ 【详细】：单击按钮，可在对话框扩展部分中设置图形的基点。选择【设为对象的默认值】，将使用对象的默认基点定位阵列；清除此选项，可手动设置基点，需要在文本框中输入坐标值。

提示：环形阵列的项目数中含有源对象本身。

AutoCAD 软件为每个对象都规定了唯一的一个参考点。

① 直线、轨迹线：取第一个端点为参考点。

② 圆、圆弧、椭圆、椭圆弧：取圆心为参考点。

③ 块、形：取插入点为参考点。

④ 文本：取文本定位基点为参考点。

设置完成后，可单击【预览】按钮查看结果。

5.2.4.2　"ARRAY"命令演示

（1）矩形阵列

将图 5-10（a）所示的沙发图形做矩形阵列，结果如图 5-10（b）所示。

操作步骤如下。

① 启动"ARRAY"命令，将弹出【阵列】对话框。

② 选择【矩形阵列】，选择图 5-10（a）所示的沙发为阵列对象，设置各参数，如图 5-11 所示。

③ 选择【确定】按钮接受设置。

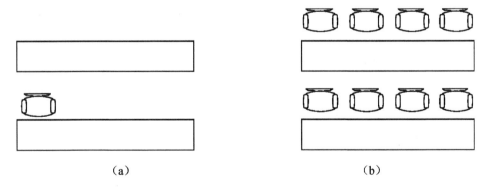

（a）　　　　　　　　　　　　　　　（b）

图 5-10　矩形阵列

（a）阵列前；　（b）阵列后

图 5-11　设置【阵列】对话框

（2）环形阵列

将图 5-12（a）所示的沙发图形做环形阵列，结果如图 5-12（b）所示。

其操作步骤如下。

① 启动"ARRAY"命令，将弹出【阵列】对话框。

② 选择【环形阵列】，选择图 5-12（a）所示的沙发为阵列对象，捕捉圆心为中心点，设置项目总数和填充角度，如图 5-13 所示。

③ 选择【确定】按钮接受设置。

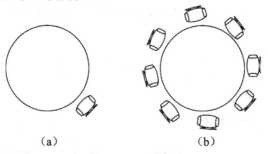

（a）　　　　　　　　　　　　　　（b）

图 5-12　环形阵列

（a）阵列前；　（b）阵列后

图 5-13　设置【阵列】对话框

5.3 移动图形

5.3.1 平移

用"MOVE"命令可以将指定的图形平移到其他位置而不改变图形的方向和大小。

启动该命令的方法如下。

① 下拉菜单:【修改】|【移动】命令。

② 工具栏:【修改】| ✛ 按钮。

③ 命令行:MOVE 或 M。

启动命令后,AutoCAD 软件的命令行提示如下。

> 命令:MOVE↵

> 选择对象:(可用前述多种方法选择要移动的对象)

> 选择对象:(按回车键结束选择)

> 指定基点或［位移（D）］<位移>:(指定位移基点或选择位移)

各选项含义如下所示。

（1）【基点】

需要移动的图形的参照点（位移的起点），通过目标捕捉或输入坐标确定后,AutoCAD 软件继续提示如下。

> 指定第二个点或 <使用第一个点作为位移>:(指定位移的第二点（位移的终点），将使用由基点及第二点指定的距离和方向移动对象; 若按回车键将按基点到坐标原点的距离和方向移动对象)

（2）【位移】

输入矢量坐标,坐标值指定相对距离和方向。AutoCAD 软件继续提示如下。

> 指定位移 <0.000 0, 0.000 0, 0.000 0>:(指定位移后完成移动，命令结束)

提示: 操作过程同"复制"命令，不同之处仅在于操作结果，即"平移"命令是将原选择对象移动到指定位置，而"复制"命令则将其副本放置在指定位置，而原选择对象并不发生任何变化。

5.3.2 旋转

5.3.2.1 "ROTATE"命令

用"ROTATE"命令可以将指定的图形按指定的角度绕基点进行旋转。

启动该命令的方法如下。

① 下拉菜单:【修改】|【旋转】。

② 工具栏:【修改】| ↻ 按钮。

③ 命令行：ROTATE 或 RO。

启动命令后，AutoCAD 软件的命令行提示如下。

　　命令：ROTATE↵

　　UCS 当前的正角方向：ANGDIR=逆时针　ANGBASE=0（显示当前设置）

　　选择对象：（选择要旋转的对象）

　　选择对象：（按回车键结束选择）

　　指定基点：（指定旋转的基点，即图形旋转时的参考点，图形将绕该点旋转）

　　指定旋转角度，或［复制（C）／参照（R）］<0>：（指定旋转的角度或选择其他选项）

各选项含义如下。

（1）【指定旋转角度】

该命令为默认选项，可在绘图区移动鼠标选定或输入旋转的绝对角度值，默认角度为正时按逆时针旋转，反之按顺时针旋转。

（2）【复制】

在旋转的基础上进行复制操作。

（3）【参照】

以相对参考角度的方式设置旋转角度，旋转角度为输入的新角度和参考角度之差。此方法可免去烦琐的计算。AutoCAD 软件继续提示如下。

　　指定参照角 <0>：指定第二点：（通过输入值或指定两点来指定参照角度）

　　指定新角度或［点（P）］<0>：（通过输入值或指定两点来指定新的角度）

5.3.2.2　"ROTATE" 命令演示

将图 5-14（a）中的矩形 ABCD 旋转，结果如图 5-14（b）所示。

其操作步骤如下。

　　命令：ROTATE↵

　　UCS 当前的正角方向：ANGDIR=逆时针　ANGBASE=0

　　选择对象：（／选择图 5-14（a）中的矩形 ABCD）

　　选择对象：↵（按回车键结束选择）

　　指定基点：（捕捉 A 点）

　　指定旋转角度，或［复制（C）／参照（R）］<0>：30↵（输入旋转角度并回车）

结果如图 5-14（b）所示。

　　命令：ROTATE（直接按回车键，再次启动 ROTATE 命令）

　　选择对象：（选择图 5-14（b）中的矩形 ABCD）

　　选择对象：↵（按回车键结束选择）

　　指定基点：（捕捉 A 点）

　　指定旋转角度，或［复制（C）／参照（R）］<0>：R ↵（选择【参照】选

项）
指定参照角 <0>：（捕捉 *A* 点）
指定第二点：（捕捉 *B* 点）
指定新角度或［点（P）］<0>：P ↵　（选择【点】选项）
指定第一点：（捕捉 *A* 点）
指定第二点：（捕捉 *E* 点）
结果如图 5-14（c）所示。

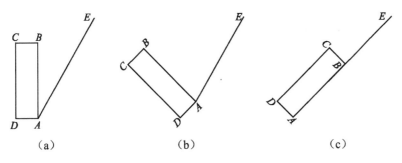

图 5-14　图形旋转

（a）旋转前；　（b）第一次旋转；　（c）第二次旋转

5.4　变形图形

AutoCAD 软件可对已经绘制的图形对象进行变形，从而改变对象的实际尺寸大小或基本形状。包括缩放、拉伸、拉长命令。

5.4.1　缩放

5.4.1.1　"SCALE"命令

用"SCALE"命令可以将指定图形以基点为中心进行等比例放大或缩小。

启动该命令的方法如下。

① 下拉菜单：【修改】|【缩放】。

② 工具栏：【修改】|按钮 ▣。

③ 命令行：SCALE 或 SC。

启动命令后，AutoCAD 软件的命令行提示如下。

命令：SCALE ↵
UCS 当前的正角方向：ANGDIR=逆时针　ANGBASE=0（显示当前设置）
选择对象：（选择要缩放的对象）
选择对象：（按回车键结束选择）

指定基点：（指定基点，即图形缩放时的参考点，图形将基于该点缩放）

指定比例因子或［复制（C）／参照（R）］<1.000 0>：（输入比例因子或选择其他选项）

各选项含义如下。

（1）【指定比例因子】

该命令为默认选项，可在绘图区移动鼠标选定或输入比例值，如比例因子是小于 1 的正数则缩小图形，反之则放大。

（2）【复制】

在缩放的基础上进行复制操作。

（3）【参照】

以相对比例方式设置比例，比例可根据新长度和参考长度的比值确定。AutoCAD 软件继续提示如下。

指定参照长度 <1.000 0>：指定第二点　（输入值（默认值为 1）或指定两点确定参照长度）

指定新的长度或［点（P）］<1.000 0>：（输入值或输入 P，指定两点确定新长度）

5.4.1.2　"SCALE" 命令演示

将图 5-15（a）中的圆 C_1 分别放大 2 倍和 4 倍，得到圆 C_2、C_3，结果如图 5-15（b）、图 5-15（c）所示。

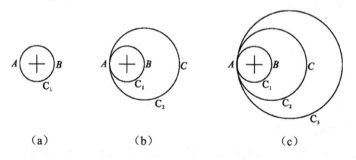

（a）　　　　　　　　（b）　　　　　　　　（c）

图 5-15　图形缩放

（a）缩放前；　　（b）2 倍缩放；　　（c）4 倍缩放

操作步骤如下。

命令：SCALE ↵

选择对象：找到 1 个（选择图 5-15（a）的圆 C_1）

选择对象：↵（回车结束选择）

指定基点：（捕捉圆 C_1 的象限点 *A*）

指定比例因子或［复制（C）／参照（R）］<0.800 0>：C↵　（输入 C，选择【复制】项）

指定比例因子或［复制（C）／参照（R）］<0.800 0>：2↵　（输入比例 2，得到圆 C_2，结果如图 5-15（b）所示）

命令：SCALE　（直接按回车键，再次启动 SCALE 命令）

选择对象：找到 1 个（选择图 5-15（b）的圆 C_1）

选择对象：↵（回车结束选择）

指定基点：（捕捉圆 C_1 的象限点 A）

指定比例因子或［复制（C）／参照（R）］<0.800 0>：C↵（输入 C，选择【复制】选项）

指定比例因子或［复制（C）／参照（R）］<2.000 0>：R↵（输入 R，选择【参照】选项）

指定参照长度 <1.000 0>：（捕捉 A 点）

指定第二点：（捕捉圆 C_1 的圆心）

指定新的长度或［点（P）］<1.000 0>：P↵（输入 P，选择【点】选项）

指定第一点：指定第二点：（分别捕捉 A 点和 C 点，得到圆 C_3，结果如图 5-15（c）所示）

提示：通常将图形的实际长度或某两个特殊点之间的长度定义为参照长度。

5.4.2　拉伸

5.4.2.1　"STRETCH" 命令

使用 "STRETCH" 命令可以重新定位选择范围内对象的节点，而其他节点保持不变，相连关系也不变，从而拉伸或压缩图形。若将对象全部选中，则该命令相当于平移命令。

启动该命令的方法如下。

① 下拉菜单：【修改】│【拉伸】。

② 工具栏：【修改】│ [N] 按钮。

③ 命令行：STRETCH 或 S 或 SC。

启动命令后，AutoCAD 软件的命令行提示如下。

命令：STRETCH ↵

以交叉窗口或交叉多边形选择要拉伸的对象（提示只能以此方式选择对象）

选择对象：（选择要拉伸的部分）

选择对象：（回车结束选择）

指定基点或［位移（D）］<位移>：（指定基点或选择【位移】选项）

各选项含义如下。

（1）【基点】

拉伸的参照点，通过目标捕捉或输入坐标确定后，AutoCAD 软件继续提示如下。

指定第二个点或 <使用第一个点作为位移>：（指定位移的第二点（位移的

终点），将使用由基点及第二点指定的距离和方向移动所选对象的节点；若按回车键将按坐标原点至基点的距离和方向移动）

（2）【位移】

输入矢量坐标，坐标值指定相对距离和方向。AutoCAD 软件继续提示如下。

指定位移 <0.000 0, 0.000 0, 0.000 0>：（指定位移后结束命令）

5.4.2.2 "STRETCH" 命令演示

将图 5-16（a）中的图形拉伸，结果如图 5-16（d）所示。其操作步骤如下。

命令行：STRETCH ↵

以交叉窗口或交叉多边形选择要拉伸的对象

选择对象：（从右往左拉出矩形窗口选定对象，如图 5-16（b）所示）

选择对象：↵（回车结束选择）

指定基点或 [位移（D）] <位移>：（如图 5-16（c）所示，在 C 处单击指定基点）

指定第二个点或 <使用第一个点作为位移>：（在 D 处单击指定第二个点，图形拉伸）。

拉伸的结果如图 5-16（d）所示。

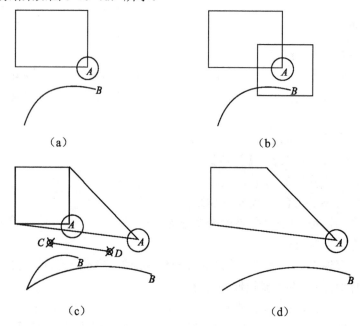

（a）　　　　　　　　　　（b）

（c）　　　　　　　　　　（d）

图 5-16　图形拉伸

（a）拉伸前；　（b）选择拉伸部分；　（c）指定基点；　（d）拉伸后

5.4.2.3 "STRETCH" 命令操作要领

拉伸时一定要使用交叉窗口或交叉多边形选择要拉伸的部分（包含节点），否则只做移动操作。

对于直线、圆弧、多段线、轨迹线和区域填充等对象，若整个图形均位于选择窗口内，则实现移动；若图形的一端在选择窗口内，另一端在选择窗口外，即对象与选择窗口边界相交，则有以下拉伸规则。

① 线：位于窗口外的端点不动，而位于窗口内的端点移动，直线由此改变。

② 圆弧：与直线类似，但在改变过程中，圆弧的弦高保持不变，同时由此来调整圆心的位置和圆弧起始、终止角的值。

③ 多段线：与直线或圆弧相似，但多段线两端的宽度、切线方向及曲线拟合信息均不改变。

④ 轨迹线、区域填充：窗口外端点不动，窗口内端点移动。

⑤ 其他对象：定义点若位于选择窗口内，则发生移动，否则，无任何改变。其中，圆、椭圆的定义点为圆心，形和块的定义点为插入点，文字和属性的定义点为字符串基线的左端点。

5.4.3　拉长

5.4.3.1　"LENGTHEN"命令

用"LENGTHEN"命令改变圆弧的角度或线的长度，包括直线、圆弧、非闭合多段线、椭圆弧和非闭合样条曲线。

启动命令的方法如下。

① 下拉菜单：【修改】|【拉长】。

② 命令行：LENGTHEN 或 LEN。

启动命令后，AutoCAD 软件的命令行提示如下。

> 命令：LENGTHEN ↵
> 选择对象或［增量（DE）/ 百分数（P）/ 全部（T）/ 动态（DY）］：（选择对象或选择其他选项）

各选项含义如下。

（1）【选择对象】

该命令为默认选项，显示所选对象的长度和包含角（如果对象有包含角）。

（2）【增量】

根据指定的增量修改对象的长度和弧的角度。由该增量从距离选择点最近的端点处开始修改。正值拉长对象，负值缩短对象。输入 DE 执行该选项，命令行继续提示如下。

> 输入长度增量或［角度（A）］<1 000.000 0>：（输入长度增量或选择【角度】选项）

命令行继续提示如下。

> 选择要修改的对象或［放弃（U）］：（选择要修改的对象，即在离拾取点近

的一端以增量方式修改或输入 U 来放弃上次操作）

选择要修改的对象或［放弃（U）］：（可重复进行多次修改，回车结束命令）

（3）【百分数】

以总长百分比的形式拉长对象。输入"P"执行该选项，命令行继续提示如下。

输入长度百分数 <100.000 0>：（输入百分比值，大于 100 表示拉长，小于 100 表示缩短）

选择要修改的对象或［放弃（U）］：（选择要修改的对象，即在离拾取点近的一端修改对象为原长度乘以指定的百分比）

选择要修改的对象或［放弃（U）］：（可重复进行多次修改，回车结束命令）

（4）【全部】

输入图形的新绝对长度。输入"T"执行该选项，命令行提示如下。

指定总长度或［角度（A）<360.000 0）>：（输入总长度或选择输入角度）

选择要修改的对象或［放弃（U）］：（选择要修改的对象，即在离拾取点近的一端达到总长）

（5）【动态】

打开动态拖动模式，通过拖动选定对象的其中一个端点来改变其长度，其他端点保持不变。输入"DY"执行该选项，命令行继续提示如下。

选择要修改的对象或［放弃（U）］：（选择要修改的对象）

指定新端点：（在绘图区通过拖动离拾取点近的一端的端点的位置来拉伸对象）

选择要修改的对象或［放弃（U）］：（可重复进行多次修改，回车结束命令）

图 5-17 表示【增量】、【百分数】、【全部】、【动态】四种拉长模式。

图 5-17　"拉长"命令的四种模式

(a)【增量】模式；　(b)【百分数】模式；　(c)【全部】模式；　(d)【动态】模式

5.4.3.2　"LENGTHEN"命令演示

将图 5-18（a）中的半径 *AB* 用百分比方式拉长一倍，结果如图 5-18（b）所示。

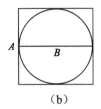

（a） （b）

图 5-18　图形拉长

（a）拉长前；　（b）拉长后

操作步骤如下。

命令行：LENGTHEN↵

选择对象或［增量（DE）／百分数（P）／全部（T）／动态（DY）］：P ↵

（选择【百分数】选项）

输入长度百分数 <120.000 0>：200（拉长一倍）

选择要修改的对象或［放弃（U）］：（选择图 5-18（a）中的半径 *AB*）

选择要修改的对象或［放弃（U）］：↵（回车结束命令，结果如图 5-18（b）

所示）

提示 1：使用命令时需选择一种拉长的方式（增量、百分数、全部、动态），输入相关参数后，选择对象即可拉长或缩短其长度。

提示 2：只能用直接拾取的方式选择对象。

5.5　修改图形

利用延伸、修剪、打断、分解、倒角和圆角命令可方便地对图形做局部修改。

5.5.1　延伸

5.5.1.1　"EXTEND"命令

用"EXTEND"命令可延伸直线、开放的二维和三维多段线、射线、圆弧和椭圆弧到其他图形指定的边界。

启动命令的方法如下。

① 下拉菜单：【修改】|【延伸】。

② 工具栏：【修改】| ⊣ 按钮。

③ 命令行：EXTEND 或 EX。

启动命令后，AutoCAD 的命令行提示如下。

命令行：EXTEND ↵

当前设置：投影=UCS，边=无

选择边界的边

选择对象或 <全部选择>：（选取边界的边）

选择对象：（也可继续选取，回车结束选择）

选择要延伸的对象，或按住"Shift"键选择要修剪的对象，或［栏选（F）／窗交（C）／投影（P）／边（E）／放弃（U）］：（选择要延伸的对象或选择其他选项）

各选项含义如下所示。

（1）【选择要延伸的对象，或按住"Shift"键选择要修剪的对象】

该命令为默认选项，选择要延伸的对象，离拾取点最近的一端被延伸；若延伸对象与边界边交叉，则按住"Shift"键选择要修剪的对象，将选定的对象修剪到最近的边界而不是将其延伸，同"修剪"命令。

（2）【栏选】

以栏选方式选择要延伸的对象。

（3）【窗交】

以窗交方式选择要延伸的对象。

（4）【投影】

确定延伸的空间。

输入"P"执行该选项，命令行继续提示如下。

输入投影选项［无（N）／UCS（U）／视图（V）］<UCS>：（选择【无】选项，按实际三维关系延伸；选择【UCS】选项，则在当前UCS的XY平面上延伸，此时可在XY平面上，按投影关系延伸三维空间中不相交的对象；选择【视图】选项，则在当前视图平面上延伸。）

（5）【边】

指定隐含边界延伸模式。

输入"E"执行该选项，命令行提示如下。

输入隐含边延伸模式［延伸（E）／不延伸（N）］<不延伸>：（选择【延伸】选项，若延伸边界没有与被延伸对象相交，则会假设将延伸边界延伸，然后进行延伸；选择【不延伸】选项，则按实际情况延伸，若延伸边与被延伸对象不相交，则不进行延伸。）

（6）【放弃】

撤销最近一次操作。

5.5.1.2　"EXTEND"命令演示

将图 5-19（a）所示图形延伸，结果如图 5-19（b）所示。

操作过程如下。

命令行：EXTEND ↵

当前设置：投影=UCS，边=无

选择边界的边

选择对象或 <全部选择>：（选择图 5-19（a）的直线 *AB* 为边界边）

选择对象：↵（回车结束选择）

选择要延伸的对象，或按住"Shift"键选择要修剪的对象，或［栏选（F）/窗交（C）/投影（P）/边（E）/放弃（U）］：（按住"Shift"键点选样条曲线 *CD* 做裁剪，分别点选其他图形做延伸，结果如图 5-19（b）所示）

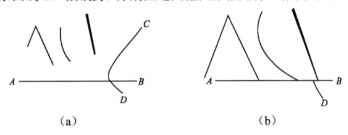

（a）　　　　　　　　　　　　（b）

图 5-19　图形延伸

（a）延伸前；　（b）延伸后

提示 1：使用命令时需选择边界（可多个），设置相关参数（栏选、窗交、投影、边），选择延伸对象（可多个）即可延伸。

提示 2：有效的边界对象包括二维多段线、三维多段线、圆弧、圆、椭圆、浮动视口、直线、射线、面域、样条曲线、文字和构造线，若对象有宽度，则延伸到其中心线处。

提示 3：有的边界自身也可同时作为被延伸对象。

提示 4：延伸宽度不一的对象（如多段线），会按原来的斜度继续延伸。最小值为 0 且不会出现负值，并且以宽度线的中心与边界相交延伸。

5.5.2　修剪

5.5.2.1　"TRIM"命令

用"TRIM"命令可实现以剪切边为边界，修剪被剪图形位于边界某一侧的部分。可修剪的图形有直线、开放的二维和三维多段线、射线、构造线、样条曲线、圆弧及椭圆弧。

启动命令的方法如下。

① 下拉菜单：【修改】|【修剪】。

② 工具栏：【修改】| ╌╱╌ 按钮。

③ 命令行：TRIM 或 TR。

启动命令后，AutoCAD 软件的命令行提示如下。

命令行：TRIM ↵

当前设置：投影=UCS，边=延伸

选择剪切边

选择对象或 <全部选择>：（选取剪切边）

选择对象：（也可继续选取，回车结束选择）

选择要修剪的对象，或按住"Shift"键选择要延伸的对象，或［栏选（F）

／窗交（C）／投影（P）／边（E）／删除（R）／放弃（U）]：（选择要修剪或延伸的对象或选择其他选项）

各选项含义如下。

（1）【选择要修剪的对象，或按住"Shift"键选择要延伸的对象】

该命令为默认选项，选择要修剪的对象，拾取点所在一侧被修剪；或按住"Shift"键选择要延伸的对象，将选定的对象延伸到修剪边界，同延伸命令。

（2）【栏选】

以栏选方式选择要修剪的对象。

（3）【窗交】

以窗交方式选择要修剪的对象。

（4）【投影】

确定延伸的空间。输入"P"执行该选项，命令行提示如下。

输入投影选项 [无（N）／UCS（U）／视图（V）] <UCS>：（选择【无】选项，按实际三维关系修剪；选择【UCS】选项，则在当前 UCS 的 XY 平面上修剪，此时可在 XY 平面上，按投影关系修剪三维空间中不相交的对象；选择【视图】选项，则在当前视图平面上修剪。）

（5）【边】

指定隐含边界修剪模式。输入"E"执行该选项，命令行提示如下。

输入隐含边延伸模式 [延伸（E）／不延伸（N）] <不延伸>：（选择【延伸】选项，若剪切边界没有与被剪切对象相交，则会假设将剪切边界延伸，然后进行修剪；选择【不延伸】选项，则按实际情况修剪，若剪切边与被剪切对象不相交，则不进行剪切。）

（6）【删除】

删除选定的对象。此选项提供了一种删除不需要的对象的简便方法，而无须退出"TRIM"命令。

（7）【放弃】

撤销最近一次操作。

5.5.2.2 "TRIM"命令演示

（1）选择 1 个对象作为剪切边

对图 5-20（a）所示图形进行修剪，结果如图 5-20（b）所示。

其命令如下。

命令行：TRIM ↵

当前设置：投影=UCS，边=延伸

选择剪切边

选择对象或 <全部选择>：（选择图 5-20（a）的直线 *AB* 为剪切边）

选择对象：↵（回车结束选择）

选择要修剪的对象，或按住"Shift"键选择要延伸的对象，或［栏选（F）／窗交（C）／投影（P）／边（E）／删除（R）／放弃（U）］：（按住"Shift"键点选直线 *CD* 做延伸，分别点选其他图形做修剪）

命令执行的结果如图 5-20（b）所示。

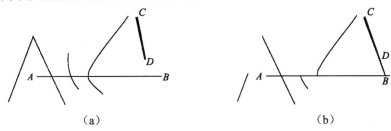

（a）　　　　　　　　　　　　　（b）

图 5-20　修剪

(a) 修剪前；　(b) 修剪后

（2）选择多个对象作为剪切边

修剪如图 5-21（a）所示的图形。

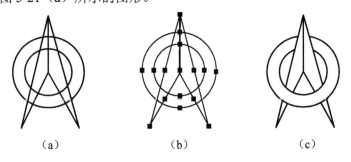

（a）　　　　　　　　　（b）　　　　　　　　　（c）

图 5-21　以多个对象作为剪切边的修剪

(a) 修剪前；　(b) 选择剪切边；　(c) 修剪后

其命令如下。

命令行：TRIM ↵

当前设置：投影=UCS，边=延伸

选择剪切边

选择对象或 <全部选择>：（选择如图 5-21（a）所示的所有图形为剪切边，结果如图 5-21（b）所示）

选择对象：↵（回车结束选择）

选择要修剪的对象，或按住 Shift 键选择要延伸的对象，或［栏选（F）／窗交（C）／投影（P）／边（E）／删除（R）／放弃（U）］：（分别点选要修剪部分做修剪）

结果如图 5-21（c）所示。

提示 1：使用命令时需选择修剪边界（可多个），设置相关参数（栏选、窗交、投影、边），选择修剪对象后（可多个）即可修剪。

提示 2：可作为剪切边的对象包括直线、弧、圆、椭圆、多段线、射线、构造线、样条曲线和区域填充。有的剪切边自身也可同时作为被修剪对象。

提示 3：带有宽度的多段线作为被剪切边时，剪切交点按中心线计算，并保留宽度信息，剪切边界与多段线的中心线垂直。

5.5.3 打断

5.5.3.1 "BREAK"命令

该命令可以将一个对象打断为两个对象，对象之间可以有间隙，也可以没有间隙。可打断的对象包括直线、圆弧、圆、多段线、椭圆、样条曲线、参照线和射线等。

启动命令的方法如下。

① 下拉菜单：【修改】|【打断】。

② 工具栏：【修改】| □ 按钮。

③ 命令行：BREAK 或 BR。

启动命令后，AutoCAD 软件的命令行提示如下。

命令：BREAK↵

选择对象：（选择要打断的对象）

指定第二个打断点或 [第一点（F）]：（指定第二个打断点或选择【第一点】选项）

各选项含义如下。

（1）【指定第二个打断点】

该命令为默认选项，以选择对象时的拾取点为打断的第一点，再指定第二个打断点（可通过鼠标点击或输入坐标），即可将两点之间的图形删除。

（2）【第一点（F）】

重新指定第一个打断点，并指定第二个打断点，输入 "F" 执行该选项，命令行继续提示如下。

指定第一个打断点：

指定第二个打断点：

打断的两种方式如图 5-22 所示。

图 5-22 打断的两种方式

提示 1：使用命令时需选择对象，选择打断的方式，并指定打断点即可。

提示 2：只能用直接拾取方式选择对象。

提示 3：对圆的打断，将沿逆时针方向删除第一打断点到第二打断点间的圆弧。

提示 4：在指定第二个打断点时若输入@，则将对象在第一打断点处一分为二。相当于"打断于点"命令，这是打断功能的特殊情况。在【修改】工具栏上单击【打断于点】按钮 □ 启动命令，选择对象后只需选择一点，对象将在此点处直接被打断。

5.5.3.2 "BREAK"命令演示

将图 5-23（a）中的圆打断，结果如图 5-23（b）所示。

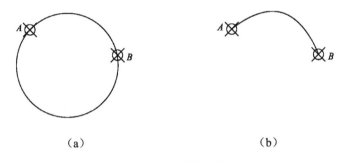

（a） （b）

图 5-23 图形打断

（a）打断前； （b）打断后

操作步骤如下。

命令行：BREAK↵

选择对象：（选择图 5-23（a）的圆）

指定第二个打断点 或 ［第一点（F）］：F↵（输入"F"，选择【第一点】选项）

指定第一个打断点：（拾取 A 点）

指定第二个打断点：（拾取 B 点，结果如图 5-23（b）所示）

5.5.4 分解

5.5.4.1 "EXPLODE"命令功能

用"EXPLODE"命令可将组合对象分解为其各部件对象。

启动命令的方法如下。

① 下拉菜单：【修改】【分解】。

② 工具栏：【修改】│ ▨ 按钮。

③ 命令行：EXPLODE 或 X。

启动命令后，AutoCAD 软件的命令行提示如下。

命令行：EXPLODE ↵

选择对象：（选择要分解的对象）

选择对象：（也可继续选取，回车结束选择）

5.5.4.2 "EXPLODE"命令演示

将图 5-24（a）中的图形分解，结果如图 5-24（c）所示。

其命令执行如下。

　　　命令行：EXPLODE↵

　　　选择对象：（选择图 5-24（a）中的图形，结果如图 5-24（b）所示）

　　　选择对象：↵（回车结束选择，图形分解，如图 5-24（c）所示）

（a）　　　　　　　　　（b）　　　　　　　　　（c）

图 5-24　图形分解

(a) 分解前；　(b) 分解前选择为一个对象；　(c) 分解后选择为多个对象

提示：分解的结果取决于组合对象的类型，可把多段线分解成一系列的直线与圆弧，把图块分解成组成该图块的各对象，把尺寸标注分解成线段、箭头和尺寸文字，把图案分解成组成该图案的各对象等。

5.5.5 　倒角

5.5.5.1 "CHAMFER"命令

用"CHAMFER"命令可在两个非平行的线状图形间绘制一个斜角。

启动命令的方法如下。

① 下拉菜单：【修改】|【倒角】。

② 工具栏：【修改】|　按钮。

③ 命令行：CHAMFER 或 CHA。

启动命令后，AutoCAD 软件的命令行提示如下。

　　　命令行：CHAMFER ↵

　　　（"修剪"模式）　当前倒角距离 1 = 0.000 0，距离 2 = 0.000 0（显示当前模式和倒角距离）

　　　选择第一条直线或［放弃（U）／多段线（P）／距离（D）／角度（A）／修剪（T）／方式（E）／多个（M）］：

各选项含义如下。

（1）【选择第一条直线】

该命令为默认选项，选择要倒角的第一条直线，命令行继续提示如下。

　　　选择第二条直线，或按住"Shift"键选择要应用角点的直线：（将两条线段在相交处按距离或角度进行倒角）

（2）【放弃】

取消最近一次操作。

（3）【多段线】

可对整个多段线倒角，在提示下选择多段线即可。

（4）【距离】

确定两个倒角距离。

输入"D"，执行该选项，命令行继续提示如下。

　　　指定第一个倒角距离 <30.000 0>：

　　　指定第二个倒角距离 <30.000 0>：

（5）【角度】

确定第一个倒角距离和角度。

输入"A"，执行该选项，命令行继续提示如下。

　　　指定第一条直线的倒角长度 <0.000 0>：

　　　指定第一条直线的倒角角度 <0>：

（6）【修剪】

确定倒角时是否对相应的对象进行修剪。

输入"T"，执行该选项，命令行继续提示如下。

　　　输入修剪模式选项［修剪（T）／不修剪（N）］<修剪>：（修剪：倒角后对
　　　倒角边进行修剪；不修剪：倒角后对倒角边不进行修剪）

（7）【方式】

确定倒角方式。

输入"E"，执行该选项，命令行继续提示如下。

　　　输入修剪方法［距离（D）／角度（A）］<角度>：（选择用哪种倒角方式）

（8）【多个】

该命令为多组对象的边倒角。将重复显示主提示和"选择第二个对象"提示，直到用户按回车键结束命令。

倒角的两种创建方式如图 5-25 所示，倒角的修剪模式如图 5-26 所示。

图 5-25　倒角的两种创建方式

(a)【距离】方式倒角；　　(b)【角度】方式倒角

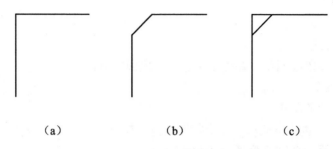

（a）   （b）   （c）

图 5-26   倒角的【修剪】模式

（a）倒角前；   （b）【修剪】模式下的倒角；   （c）【不修剪】模式下的倒角

5.5.5.2   "CHAMFER"命令演示

将图 5-27（a）中的矩形（二维多段线）倒角，结果如图 5-27（b）所示。

（a）   （b）

图 5-27   图形倒角

（a）倒角前；   （b）"修剪"倒角后

其操作步骤如下。

命令行：CHAMFER ↵

（"不修剪"模式） 当前倒角距离 1 = 70.000 0，距离 2 = 70.000 0

选择第一条直线或［放弃（U）／多段线（P）／距离（D）／角度（A）／修剪（T）／方式（E）／多个（M）］：A↵（选择【角度】选项）

指定第一条直线的倒角长度 <0.000 0>：50 ↵

指定第一条直线的倒角角度 <0>：60 ↵

选择第一条直线或［放弃（U）／多段线（P）／距离（D）／角度（A）／修剪（T）／方式（E）／多个（M）］：T↵（选择【修剪】选项）

输入修剪模式选项［修剪（T）／不修剪（N）］<不修剪>：T↵ （设为"修剪"模式）

选择第一条直线或［放弃（U）／多段线（P）／距离（D）／角度（A）／修剪（T）／方式（E）／多个（M）］：P↵

选择二维多段线：（选择图 5-27（a）的矩形）。

提示 1：操作过程为设置相关参数（距离、角度、修剪、方式、多个）后选择对象进行倒角。

提示 2：必须先启动命令，再选择要倒角的对象。当已启动该命令时，已选择的对象将自动取消选择状态。

提示 3：可进行倒角操作的对象包括直线、多段线、参照线、射线、矩形和正多边形等。

提示 4：在进行倒角操作时，设置的倒角距离或角度不能太大，否则无效。当两个倒角距离为 0 时，将使图形相交而不倒角。若两线平行或发散则不能进行倒角。

5.5.6　圆角

5.5.6.1　"FILLET"命令

用"FILLET"命令可在两图形间绘制一个圆角，即用一个指定半径的圆弧将两个图形相连。

启动命令的方法如下。

① 下拉菜单：【修改】|【圆角】。

② 工具栏：【修改】| ▢ 按钮。

③ 命令行：FILLET 或 F。

启动命令后，AutoCAD 软件的命令行提示如下。

> 命令行：FILLET ↵
>
> 当前设置：模式 = 修剪，半径 = 60.000 0
>
> 选择第一个对象或 [放弃（U）/ 多段线（P）/ 半径（R）/ 修剪（T）/ 多个（M）]：（选择第一个对象或选择其他选项）

各选项含义如下。

（1）【选择第一个对象】

该命令为默认选项，选择要圆角的两个对象中的第一个对象，命令行继续提示如下。

> 选择第二个对象，或按住"Shift"键选择要应用角点的对象：（选择第二个对象，将两个对象按半径进行倒圆角）

（2）【放弃】

取消最近一次操作。

（3）【多段线】

可对整个多段线倒圆角。在提示下选择多段线即可。

（4）【半径】

确定圆角半径。

（5）【修剪】

确定倒圆角时是否对相应的对象进行修剪。输入"T"，执行该选项，命令行继续提示如下。

> 输入修剪模式选项 [修剪（T）/ 不修剪（N）] <修剪>：（修剪表示倒角后对倒角的边进行修剪；不修剪表示倒角后对倒角的边不进行修剪）

（6）【多个】

该命令为多组对象的边倒圆角。将重复显示主提示和"选择第二个对象"提示，直到用户按回车键结束命令。

不同半径和修剪模式下的倒圆角如图5-28所示。

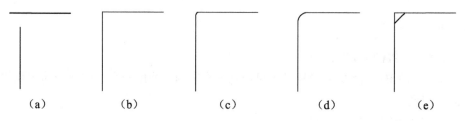

图5-28　不同半径和修剪模式下的倒圆角

（a）修剪前；　（b）R=0；　（c）R=30；　（d）R=60"修剪"；　（e）R=60"不修剪"

5.5.6.2　"FILLET"命令演示

将图5-29（a）中的图形倒圆角，结果如图5-29（c）所示。

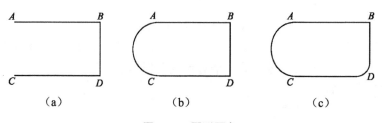

图5-29　图形圆角

（a）圆角前；　（b）AB和CD倒圆角；　（c）BD和CD倒圆角

其操作步骤如下。

命令行：FILLET↵

当前设置：模式 = 修剪，半径 = 60.000 0

选择第一个对象或［放弃（U）／多段线（P）／半径（R）／修剪（T）／多个（M）］：R↵（选择【半径】选项）

指定圆角半径 <60.000 0>：↵（回车采用当前设置半径）

选择第一个对象或［放弃（U）／多段线（P）／半径（R）／修剪（T）／多个（M）］：T↵（选择【修剪】选项）

输入修剪模式选项［修剪（T）／不修剪（N）］<修剪>：N↵（设为【不修剪】模式）

选择第一个对象或［放弃（U）／多段线（P）／半径（R）／修剪（T）／多个（M）］：M↵（选择【多个】选项）

选择第一个对象或［放弃（U）／多段线（P）／半径（R）／修剪（T）／多个（M）］：（选择图5-29（a）中的AB）

选择第二个对象，或按住"**Shift**"键选择要应用角点的对象：（选择图 5-29（a）中的 *CD*，结果如图 5-29（b）所示）

选择第一个对象或［放弃（U）／多段线（P）／半径（R）／修剪（T）／多个（M）］：（选择图 5-29（b）的 *BD*）

选择第二个对象，或按住 Shift 键选择要应用角点的对象：（选择图 5-29（b）的 *CD*，结果如图 5-29（c）所示）

选择第一个对象或［放弃（U）／多段线（P）／半径（R）／修剪（T）／多个（M）］↵（回车结束）

提示 1：必须先启动命令，再选择要圆角的对象。当启动该命令时，已选择的对象将自动取消选择状态。

提示 2：可以进行圆角处理的对象包括直线、多段线的直线段、样条曲线、构造线、射线、圆、圆弧和椭圆等。

提示 3：圆角半径决定了圆角弧度的大小，若半径为 0，将延伸或修剪两个对象使之形成一个直线角；若半径特别大，以至于在所选的两对象间容纳不下这么大的圆弧，则不能进行倒圆角。

提示 4：直线、构造线和射线平行时也可以倒圆角，不管新设置的圆角半径多大，都会自动将圆角半径定位为两条平行线间距的一半。

【思考与练习】

思考题

5-1 采用命令行输入方式时，本章所介绍的各基本编辑命令的全称和简化拼写是怎样的？

5-2 在 AutoCAD 软件中，应如何控制文字的镜像方向？

5-3 "矩形阵列"和"环形阵列"各自的特点有哪些？如何创建这两种阵列？

5-4 "CHAMFER"命令和"FILLET"命令之间有什么联系？

5-5 进行"BREAK"命令操作时，如何精确地在两个点之间断开线段？

5-6 "SCALE"和"ZOOM"命令有什么差别？

上机操作

5-1 绘制图 5-30 所示的图形。

图 5-30   联系图形

第6章 快速绘图方法

6.1 使用正交模式

　　"正交"模式是指限制绘制对象的方向为垂直或平行，即指定第一点后，第二点只能在第一点的平行方向或垂直方向。在大量绘制水平和垂直线的图形中，使用该模式能提高绘图效率，确保绘图精度。

　　"捕捉"和"栅格"的设置会影响正交模式的作用效果，如果在【捕捉】和【栅格】选项设置中使用了【角度】选项，正交模式就会有相应的旋转，不再是水平或垂直方向。

　　单击状态栏的【正交】按钮或者使用"F8"快捷键就可以控制正交模式的打开和关闭。

6.2 使用对象捕捉

　　使用"对象捕捉"功能可以迅速指定对象的精确位置，而不必输入坐标值。该功能可将指定点限制在现有对象的确切位置上，如中点或交点等。

6.2.1 临时捕捉方式

　　如果在运行某个命令时设置对象捕捉，则该命令结束时，捕捉也结束，这种方式称为临时捕捉。单击【对象捕捉】工具栏上的命令按钮可以进行临时捕捉。【对象捕捉】工具栏如图 6-1 所示。

图 6-1　【对象捕捉】工具栏

　　该工具栏上各按钮意义如下。

　　① 【临时追踪点】 ⊷：创建对象捕捉所使用的临时点。

　　② 【捕捉自】 ⌐：在命令中获取某个点相对于参照点的偏移。虽然不是对象捕捉模式之一，但往往和对象捕捉模式一起使用。

　　③ 【端点】 ✎：捕捉圆弧、椭圆弧、直线、多线、多段线、样条曲线、面域等对象的端点，如图 6-2 所示。

图 6-2   捕捉端点   图 6-3   捕捉中点

④ 【中点】 ：捕捉圆弧、椭圆、椭圆弧、直线、多线、多段线等对象的中点，如图 6-3 所示。

⑤ 【圆心】 ：捕捉圆弧、圆、椭圆或椭圆弧的圆心，如图 6-4 所示。

⑥ 【节点】 ：捕捉点对象、标注定义点或标注文字的起点，如图 6-5 所示。

图 6-4   捕捉圆心   图 6-5   捕捉节点

⑦ 【象限点】 ：捕捉圆弧、圆、椭圆或椭圆弧的象限点，如图 6-6 所示。

⑧ 【交点】 ：捕捉圆弧、圆、椭圆、椭圆弧、直线、多线、多线段、射线、面域、样条曲线的交点，如图 6-7 所示。

图 6-6   捕捉象限点   图 6-7   捕捉交点

⑨ 【延伸】 ：当光标经过对象的端点时，将显示临时延长线或圆弧，以便用户在延长线或圆弧上指定点。与【交点】或【外观交点】选项一起使用【延伸】选项，可以获得延伸交点，如图 6-8 所示。

⑩ 【插入点】 ：捕捉属性、块或文字的插入点。

⑪ 【垂足】 ：捕捉圆弧、圆、椭圆、椭圆弧、直线、多线、多线段等对象的垂足。当绘制的对象需要捕捉多个垂足时，将自动打开"递延垂足"捕捉模式。可以用直线、圆弧、圆、多线段、射线、多线或三维实体的边作为绘制垂直线的基础对象。当靶框经过"递延垂足"捕捉点时，将显示一个递延垂足的自动捕捉标记和工具栏提示，如图 6-9 所示。

图 6-8　捕捉延伸交点　　　　　　　　图 6-9　捕捉垂足

⑫ 【切向】 ：捕捉圆弧、圆、椭圆、椭圆弧等对象的切点。当正在绘图的对象需要捕捉多个切点时，将自动打开"递延切点"捕捉模式。例如，可以用"递延切点"模式来绘制与两条弧或两个圆相切的直线。当靶框经过"递延切点"捕捉点时，将显示标记和工具栏提示，如图 6-10 所示。

⑬ 【最近点】 ：捕捉圆弧、圆、椭圆、椭圆弧、直线、多线、点、多线段等对象的最近点。

⑭ 【外观交点】 ：捕捉不在同一平面内但看起来可能在当前视图中相交的两个对象的外观交点。

⑮ 【平行】 ：指定直线的第一个点后，选择【平行】对象捕捉，然后移动光标到要与之平行的对象上，随之将显示小的平行线符号，表示此对象已经选定。再移动光标，在接近与选定对象平行时，光标会自动跳到平行的位置上，即可获得该直线第二点所在的方向，如图 6-11 所示。

图 6-10　捕捉切点　　　　　　　　图 6-11　捕捉平行线

⑯ 【无】 ：不采用任何捕捉模式，用于临时覆盖捕捉模式。
⑰ 【捕捉设置】 ：单击该按钮，可在【草图设置】对话框中进行设置。

6.2.2　隐含捕捉方式

如果在运行绘图命令前设置一种捕捉方式，则该捕捉方式在绘图中一直有效，这种捕捉方式称为隐含捕捉。该捕捉形式可在【草图设置】|【对象捕捉】选项卡中进行设置，如图 6-12 所示。

6.2.2.1　【对象捕捉】选项卡功能

（1）【对象捕捉】
打开或关闭【对象捕捉】选项卡。
（2）启用【对象捕捉追踪】
打开或关闭【对象捕捉追踪】选项。【对象捕捉追踪】可以沿指定方向按指定角

图 6-12　**【对象捕捉】选项卡**

度或与其他对象的指定关系绘制对象。要使用【对象捕捉追踪】选项，必须打开一个或多个【对象捕捉】模式。

（3）【对象捕捉】模式

各项意义同【对象捕捉】工具栏，这里不再赘述。

（4）【全部选择】、【全部清除】

选择或者清除所有的对象捕捉模式。

提示：单击状态栏上的【对象捕捉】按钮或使用"F3"快捷键可以打开或关闭隐含的自动捕捉。

（5）【选项】

单击【选项】按钮可以对【自动捕捉】属性进行设置，如图 6-13 所示。【标记】选项可以控制十字光标移动到捕捉点上时所显示的几何符号；【磁吸】是指十字光标自动移动并锁定到最近的捕捉点上；【显示自动捕捉工具栏提示】是一个标签，用来描述捕捉到的点的名称；【显示自动捕捉靶框】用来控制自动捕捉靶框的显示；【自动捕捉标记颜色】复选框可指定自动捕捉标记的颜色。

图 6-13　**【草图】设置选项卡**

6.3 使用对象追踪

6.3.1 极轴追踪

利用极轴追踪可以在设定的极轴角度上，根据提示来精确地移动光标。极轴追踪提供了一种拾取特殊角度点的方法。

打开【草图设置】对话框，选择其中的【极轴跟踪】选项卡，可对【极轴跟踪】属性进行设置，如图 6-14 所示。

【极轴追踪】选项卡中各项意义如下。

图 6-14 【极轴追踪】选项卡

（1）【启用极轴追踪】

打开或关闭极轴追踪。也可以使用"F10"键或使用"AUTOSNAP"系统变量来打开或关闭极轴追踪。

（2）【极轴角设置】

用来设置极轴追踪的对齐角度。包含以下两种。

① 【增量角】：用来显示极轴追踪对齐路径的极轴角增量，可以输入任何角度，也可以从列表中选择常用角度。例如设置增量角为 30°，在绘制直线时，当光标在 30°附近时，系统能自动以虚线形式显示出增量角为 30°的直线并带有极轴距离及角度的说明，如图 6-15 所示。

图 6-15 【极轴追踪】示例

② 【附加角】：和增量角不同的是，在极轴追踪中会捕捉增量角及其整数倍

角度，并且捕捉附加角设定的角度，但是不一定捕捉附加角的整数倍角度。如设定了增量角为 45°，附加角为 30°，则自动捕捉的角度为 0°、45°、90°、135°、180°、225°、270°、315° 以及 30°，不会捕捉 60°、120°、240°、300°。即附加角度是绝对的，而非增量的。

（3）【角度列表】

在【角度列表】中，如果选定【附加角】，将列出可用的附加角度。单击【新建】按钮可添加新的角度，单击【删除】按钮可删除现有的角度。

（4）【极轴角测量】

此选项可设置测量极轴追踪对齐角度的基准。包括以下两个单选项。

① 【绝对】：根据当前用户坐标系（UCS）来确定极轴追踪角度。

② 【相对上一段】：根据上一个绘制线段来确定极轴追踪角度。

6.3.2　对象捕捉追踪

自动追踪可以使用户在绘图的过程中按指定的角度绘制对象，或绘制与其他对象有特殊关系的对象。当此模式处于打开状态时，临时的对齐虚线有助于用户精确地绘图。用户还可以通过一些设置来更改对齐路线以适合自己的需求，这样就可以达到精确绘图的目的。

对象捕捉追踪要配合对象捕捉才能使用，所以只有打开对象捕捉模式，才能使用对象捕捉追踪。执行命令时在对象捕捉点上暂停，即可从该点追踪。当移动光标时会出现追踪矢量，在该点再次暂停可停止追踪。

图 6-16　【对象捕捉追踪】示例图

例如，要捕捉图 6-16 所示矩形的中心，可以打开对象捕捉追踪，在输入点的提示下，首先将光标指向 *A* 点，出现中点提示后，再将光标移到 *B* 点，再次出现中点提示后，把光标向下移到中心位置附近，当图中出现追踪提示后单击，该点即为中心点。

【对象捕捉追踪设置】包括以下两个选项。

（1）【仅正交追踪】

当对象捕捉追踪打开时，仅显示已获得的对象捕捉点的正交（平行／垂直）追踪路径。

（2）【用所有极轴角设置追踪】

将极轴追踪设置应用于对象捕捉追踪。使用对象捕捉追踪时，光标将从获取的对象捕捉点起，沿极轴对齐角度进行追踪。

提示：单击状态栏上的【极轴】按钮和【对象追踪】按钮也可以打开或关闭极轴追踪和对象捕捉追踪。

6.4　动态输入

动态输入设置可以让用户直接在鼠标处快速启动命令、读取提示和输入值，而避免了把注意力分散到绘图区域外。用户可以在创建和编辑几何图形时动态查看标注值（如长度和角度），通过"Tab"键在这些值之间进行切换。

使用动态输入功能可以在工具栏提示中直接输入坐标值，而不必在命令行中输入。光标旁边显示的工具栏提示信息将随着光标的移动而动态更新。当某个命令处于活动状态时，用户可以在工具栏提示中输入数值，如图 6-17 所示。

图 6-17　使用【动态输入】绘制图形

AutoCAD 软件有两种动态输入：指针输入，用于输入坐标值；标注输入，用于输入距离和角度。

可以通过单击状态栏上的【DYN】按钮来打开或关闭【动态输入】，或使用"F12"快捷键进行切换。如要自定义动态输入，可以使用【草图设置】对话框，如图 6-18 所示。

图 6-18　动态输入设置

（1）【动态提示】

用户可以在工具栏提示中，而不是在命令行中输入命令并对提示做出响应。如果提示包含多个选项，可以按下箭头键查看这些选项，然后单击，选择一个选项。【动态提示】可以与【指针输入】和【标注输入】一起使用。

（2）【指针输入】

当用户打开【指针输入】后，在绘图区域中移动光标时，光标处将显示坐标值。用户要输入坐标时，直接在提示处输入数值并按"Tab"键，将焦点切换到下一个工具栏提示，然后输入下一个坐标值即可。在指定点时，第一个坐标是绝对坐标，第二个或下一个坐标是相对极坐标。如果需要输入绝对值，需要在第一个坐标值前加上前缀"#"。使用"RECTANG"命令时，第一个值为绝对坐标，而第二个值为相对笛卡尔坐标。

（3）【标注输入】

启用【标注输入】后，坐标输入字段会与正在创建或编辑的几何图形上的标注绑定，工具栏提示将显示距离和角度值。

要输入数值时，按"Tab"键移动到要修改的工具栏提示，然后输入距离或绝对角度。【标注输入】可以用来绘制直线、圆、圆弧等图形。

【思考与练习】

思考题

6-1   如何理解正交模式在土木工程专业绘图中的作用？

6-2   对象捕捉模式如何分类？

6-3   如何理解动态输入方式的优点？

上机练习

6-1   利用【正交模式】、【极轴追踪】和【对象捕捉】功能选项绘制如图 6-19 所示的图形。

图 6-19   练习 1

6-2   利用【极轴追踪】和【对象捕捉】功能选项绘制如图 6-20、图 6-21 所示的图形。

图 6-20 练习 2

图 6-21 练习 3

第7章 高级绘图命令

高级绘图命令是创建复杂工程图所必须掌握的基础，尤其是在绘制工程图中的墙体等对象时，多线命令体现出很强的高效性与快捷性。因此，灵活掌握高级绘图命令在绘制复杂工程图时具有非常重要的实际意义。

7.1 等分点

等分点命令与基本绘图中讲到的点都具有点的属性，但它们在使用上具有很大的不同。等分点命令包括定数等分和定距等分。

7.1.1 定数等分

定数等分是将选定对象按指定数目等分，所得各部分长度相等，并将等分点或图块标记在所选对象上。

启动命令的方式如下。

① 下拉菜单：【绘图】|【点】|【定数等分】。

② 命令行：DIVIDE 或者 DIV。

命令执行过程如下。

　　命令：DIVIDE ↵

　　选择要定数等分的对象：如图 7-1 所示的样条曲线

　　输入线段数目或 [块（B）]：

定数等分命令的功能选项如下。

（1）【输入线段数目】

用户可以输入 2～32 767 之间的任何数值作为线段数目，此处输入线段数目为"6"。命令执行的结果如图 7-1 所示。

提示 1：命令执行完毕后，用户可能看不到任何效果，原因是上图中已更改了默认的点的样式。

提示 2：通过查询图中各元素的特性，可以发现原有的样条曲线并没有被分解成若干个不同的对象。等分点仅仅起到标记位置和作为几何参考点的作用，并不会修改原有对象。

（2）【块】

沿选定对象等间距地放置块。

命令执行过程如下。

输入线段数目或［块（B）］：B ↵（输入选项【块】，沿选定对象等间距放置块）

输入要插入的块名：ARROW↵（图块名）

是否对齐块和对象？［是（Y）/ 否（N）］<Y>：

选项【是（Y）】的意义是指定插入块的 x 轴方向与定数等分对象在等分点相切或对齐；选项【否（N）】的意义是按其法线方向对齐块。

选择【是（Y）】，程序执行过程如下。

Y↵（选择【是（Y）】）

输入线段数目：6↵

命令执行的结果如图 7-2 所示。

选择【否（N）】的程序执行过程略，结果如图 7-3 所示。

提示：可以被等分的对象有很多，如直线、弧、圆、多段线、样条曲线等，但不能是图案填充、文字尺寸标注等对象。

图块：ARROW

图 7-2　定数等分——块标记（对齐）　　　图 7-3　定数等分——块标记（不对齐）

7.1.2　定距等分

定距等分是从选定对象的一端出发，按用户指定的距离，在该对象上等间距地标记出等分点或图块的命令。除最后一段之外，所得各部分长度相等。

启动命令的方式如下。

① 下拉菜单：【绘图】│【点】│【定距等分】。

② 命令行：MEASUREME 或者 ME。

命令执行过程如下。

命令：MEASURE↵

选择要定距等分的对象：（选择如图 7-4 所示的多段线）；

指定线段长度或［块（B）］：

定距等分命令各选项功能如下。

（1）【指定线段长度】

继续执行命令，过程如下。

指定线段长度或［块（B）］：500↵（线段长度为 500 mm）

选择时点击这一端

图 7-4　定距等分线段

该选项执行的结果如图 7-4 所示。

（2）【块】

命令：MEASURE↵

选择要定距等分的对象：（选择如图 7-4 所示的多段线）

指定线段长度或［块（B）］：B（选择【块】选项）

输入要插入的块名：（已有图块名）

是否对齐块和对象？［是（Y）／否（N）］<Y>

指定线段长度：指定第二点：（可用键盘输入等分距或在屏幕上点击一段距离）

用户可自行选择已有的图块来等分图 7-4 中的例子，对齐方式可参见定数等分。

定距等分由于定距大小的原因，会造成第一个等分段长度不足，因此决定从哪一端开始等分就变得非常重要。按照 AutoCAD 软件的规定，有以下几种情况。

① 非闭合图形：命令执行过程中点击选择该对象，从离该选择点最近的一端开始等分。

② 闭合图形（如矩形等）：从该图形初始顶点（绘制该图形的第一点）开始等分。

③ 圆形：与当前捕捉的旋转角的设置有关（见系统帮助）。该设置方法见菜单【格式】|【单位】|【方向】对话框。实际上，等分的起点和当前系统的 x 轴方向有很大关系，区别请参见图 7-5 所示。

（a）

（b）

图 7-5　圆的定距等分

（a）旋转角为 0° 时的起点；　（b）旋转角为 90° 时的起点

7.2　圆环与填充圆

圆环是由同圆心的两个圆形组成的，所以构成圆环的主要参数包括圆心、内直径、外直径。另外还包括一个重要的参数——填充模式。在以上参数的控制下，可以绘制出填充的圆环、非填充的圆环和填充圆。从本质上讲，圆环命令绘制的是带有宽度的闭合多段线。

命令输入方式如下。

① 下拉菜单：【绘图】|【圆环】。

② 工具栏：默认绘图工具栏中没有，用户可以自己定义。

③ 命令行：DONUT 或者 DO。

程序执行过程如下。

命令：DONUT 或 DO↵

指定圆环的内径 <0.500 0>：100（输入圆的直径）

指定圆环的外径 <1.000 0>：150（输入圆的外径）

指定圆环的中心点或 <退出>：（该命令可连续指定圆心生成多个圆环，直到单击右键或者回车结束）

执行该命令的结果如图 7-6（a）所示，该图处于填充模式。修改系统变量后，用户可以观察未填充的效果，如图 7-6（b）所示。

命令：FILL↵（使用该命令可以更改填充模式值，用户也可以在【工具】|【选项】|【显示】选项卡中，选择关闭【应用实体填充】复选框）

输入模式［开（ON）／关（OFF）］<开>：OFF↵（关闭填充）

命令：REGEN↵（正在重生成模型）

程序执行该命令的效果如图 7-6（b）所示。

（a）   （b）

图 7-6　圆环

（a）填充模式；　（b）未填充模式

提示 1：更改填充模式之后，并不能立刻看到效果，需要执行"REGEN"命令。该命令的执行还会影响到图案填充、多段线、矩形等命令的执行效果。

提示 2：圆环本质上是封闭的填充多段线。为了说明这一点，可选中圆环对象然后查询其"特性"，可以发现 AutoCAD 软件中并没有圆环对象，而是直接将其识别为多段线。

用户按如下方法试验，可以得到一种有趣的图形。执行圆环命令，将内直径与外直径设为相等，然后将所得图形与通过圆命令得到的图形进行比较（查询两者的特性，或对二者执行"EXPLODE"命令）。

7.3 多线

多线是由 1~16 条相互平行的直线组成的。其中每一条直线称为多线的一个元素。根据多线中每一个元素的偏移位置、线型、颜色的不同可以为多线定义多种样式。在多线绘制过程中，用户可以指定不同的对正方式、比例与样式，实现用户所要求的不同的绘图效果。

多线是一个功能非常强大的高级绘图命令。在建筑工程图的绘制过程中，灵活地使用多线命令可以达到事半功倍的效果，大大提高用户的工作效率。例如：建筑平面图中的内、外墙线和窗线，都可以通过定义不同的多线样式而一次绘制完成。本节主要介绍多线样式的定义以及多线的绘制命令。

7.3.1 定义多线样式

图 7-7 【多线样式】对话框

多线样式是一组描述多线组成元素属性的集合。这些属性包括上文中提到的元素、连接（joints）的可见性、封口、背景色等。

打开【多线样式】对话框的方法如下。

① 下拉菜单：【格式】|【多线样式】。

② 命令行：MLSTYLE。

执行上述操作后，程序将弹出【多线样式】对话框，如图 7-7 所示。设置【多线样式】的过程如下所述。

（1）【多线样式】

启动 AutoCAD 软件，系统预置的多线样式就会被加载。当前默认的多线样式为"STANDARD"。

该对话框各选项的意义如下。

① 【样式】：显示当前系统所有加载的多线样式。

② 【说明】：显示当前选定的多线样式的说明。

③ 【预览】：显示当前选定的多线样式的名称和图像。

④ 【置为当前】：将【样式】列表框中选定的多线样式置为当前。

⑤ 【新建】：点击该按钮将显示【创建新的多线样式】对话框，以创建新的多线样式。

⑥ 【修改】：点击该按钮将显示【修改多线样式】对话框，以修改选定的多线样式。

⑦ 【重命名】：重新命名当前选定的多线样式。

⑧ 【保存】：将多线样式保存或复制到多线库（扩展名为"MLN"）文件，如图 7-8 所示。

图 7-8 【保存多线样式】对话框

⑨ 【删除】：从【样式】列表中删除当前选定的多线样式。

⑩ 【加载】：显示【加载多线样式】对话框，用户可以从指定的"MLN"文件加载多线样式，如图 7-9 所示。在该对话框中，用户可以看到刚刚定义的多线库文件的名称，以及目前该文件所包含的多线样式。单击【文件】按钮可以选择其他多线库文件。

提示 1：尽量不要修改默认的"STANDARD"多线样式，用户可自行定义新的样式。

提示 2：不能编辑图形中正在使用的多线样式的元素及多线特性。

（2）【新建多线样式】

如图 7-10 所示，输入新的多线样式名，如"WINDOW"，将以当前已有的多线样式为基础来创建新的样式，默认样式为"STANDARD"。单击【继续】按钮，进入如图 7-11 所示的【创建多线样式】对话框。

图 7-9 【加载多线样式】对话框　　**图 7-10 【创建新的多线样式】对话框**

图 7-11 【创建多线样式】对话框

（3）【创建多线样式】

该对话框各选项的意义如下。

① 【元素】：偏移、颜色和线型的设置。偏移、颜色和线型是指样式中的每个元素由其相对于多线的中心、颜色及其线型定义。图 7-12 显示了不同偏移设置的效果。只有为除"STANDARD"以外的多线样式选择了颜色或线型后，此选项才可用。

② 【删除】：从多线样式中删除元素。

③ 【偏移】：为多线样式中的每个元素指定偏移值。

④ 【颜色】：显示并设置多线样式中元素的颜色。

⑤ 【线型】：显示并设置多线样式的线型。用户可以在【线型】中加载新的线型。

⑥ 【封口】：用于控制多线的起点和端点的封闭方式，有以下四种方式。

a. 直线：显示穿过多线每一端的直线段，如图 7-13 所示。

b. 外弧：显示多线最外端元素之间的圆弧。

c. 内弧：显示成对的内部元素之间的圆弧。如果元素个数为奇数，中心线将不被连接。例如，如果有 6 个元素，内弧连接元素 2 和 5、元素 3 和 4。如果有 7 个元素，内弧连接元素 2 和 6、元素 3 和 5，元素 4 不连接。如图 7-14 所示。

d. 角度：指定端点封口的角度。如图 7-15 所示，起点角度 45°，端点角度 45°。

⑦ 【显示连接】：控制每条多线段顶点处连接的显示，如图 7-16 所示。

⑧ 【填充】：控制多线的背景填充。

图 7-12　偏移颜色与线型　　　　　图 7-13　直线封口

图 7-14　内弧封口

图 7-15　角度封口　　　　　　　图 7-16　显示连接

7.3.2　绘制多线

启动该命令的方式如下。

① 下拉菜单:【绘图】|【多线】。

② 命令行:MLINE 或者 ML。

执行命令的过程如下。

命令:MLINE 或 ML↵

当前设置:对正 = 上,比例 = 20.00,样式 = WINDOW(显示当前控制变量的状态)

指定起点或 [对正(J)／比例(S)／样式(ST)]:

7.3.2.1　MLINE 命令中各选项功能介绍

（1）【对正】

该选项用于确定如何在指定的点之间绘制多线。

执行命令的过程如下。

指定起点或［对正（J）／比例（S）／样式（ST）］: j（输入选项【J】，确定多线的对正方式）

输入对正类型［上（T）／无（Z）／下（B）］<上>:（根据使用情况，选择合适的对应方式）

由程序可知，【对正】包括三种方式。

① 【上】：在光标下方绘制多线，因此在指定点处将会出现具有最大正偏移值的直线，如图 7-17 所示。

② 【无】：在"MLSTYLE"命令中，元素偏移值为"0.0"的位置，将作为多线绘制的起点，如图 7-18 所示。

③ 【下】：在光标上方绘制多线，因此在指定点处将出现具有最大负偏移值的直线，如图 7-19 所示。

提示：无论 0 偏移位置是否定义有直线元素，多线的起点都会从该点开始。

图 7-17　对正方式为"上"　　图 7-18　对正方式为"无"　　图 7-19　对正方式为"下"

（2）【比例】

该参数用于控制多线的全局宽度。

执行命令的过程如下。

指定起点或［对正（J）／比例（S）／样式（ST）］: S↵（输入选项【S】，确定多线的比例）

输入多线比例 <当前值>:（输入比例或按 Enter 键）

这个比例基于在多线样式定义中建立的宽度。当比例因子为 2 绘制多线时，其宽度是样式定义的宽度的两倍。负比例因子将翻转偏移线的次序，当从左至右绘制多线时，偏移最小的多线绘制在顶部。负比例因子的绝对值也会影响比例，如图 7-20 所示。

提示：负比例因子不会改变对正点的位置，比例因子为 0 将使多线变为单一的直线。

比例：20　　　　　　　　　　　　　　　　　　　　　　　　比例：-40
对正：下　　　　　　　　　　　　　　　　　　　　　　　　对正：下

图 7-20　比例对多线的影响

（3）【样式】

执行命令的过程如下。

指定起点或［对正（J）／比例（S）／样式（ST）］：ST↵（输入选项【ST】，
选择合适的多线样式）

输入多线样式名或［?］：（输入名称或输入?）

7.3.2.2　"MLINE" 命令演示

根据图 7-21 定义四种多线样式，分别用来表示该建筑图中的 24 墙、12 墙、窗
体、壁柜门，此处采用四线法绘制窗体，按 1：1 绘图。

绘图过程简述如下。

① 新建多线样式。具体设置见表 7-1，表中未提到的选项均取默认值。

图 7-21　建筑平面

表 7-1　多线样式定义汇总

样式名称	元素偏移	颜色线型	封口起点	封口端点	样式名称	元素偏移	颜色线型	封口起点	封口端点
Wall24	1.2 -1.2	Bylayer	Y	Y	Window	1.2 0.4 -0.4 -1.2	Bylayer	N	N
Wall12	0.6 -0.6	Bylayer	Y	Y	Door	0.25	Bylayer	N	N

② 绘制定位轴线。定位轴线①、②，长度为 4 500，定位轴线Ⓐ、Ⓑ，长度为 3 600。

（1）绘制 24 墙线与窗线

① 选择 "LINE"，并捕捉Ⓐ、①轴交点为起点，输入下一点坐标：@0，1 140。在此处，采用该直线作为辅助线。

② 选择 "MLINE"，样式为 "WALL24"，对正为无，比例为 100，捕捉辅助直线 "端点" 为多线起点，按图中标注的尺寸输入下一点的相对坐标（请读者自行完成），直至需要插入窗体的地方。

③ 选择多线命令，样式为 "WINDOW"，对正为无，比例为 100，捕捉上一次多线命令的终点为窗体的起点，输入下一点的相对坐标：@1 500，0。

④ 选择多线命令，样式为 "WALL24"，对正为无，比例为 100，捕捉上一次多线命令的终点为起点，输入下一点的相对坐标：@1 000，0，下一点坐标：@0，-900。

⑤ 按以上方法将余下的墙体和窗体绘制完成。

（2）绘制 12 墙和壁柜门

① 从靠近②轴的方向开始绘制 12 墙，对正为无，比例为 100，样式为 "WALL12"。

② 选择多线命令，样式为 DOOR，对正为无，比例为 100，捕捉 12 墙垛的中点为起点，输入下一点坐标：@0，-900。

③ 重复多线命令，比例改为 100，对正为无，捕捉上次多线的终点，完成余下的壁柜门。

④ 完成余下的 12 墙的绘制。

提示：学习图层与线型命令后，可更改定位轴线的图层、线型与颜色。这里使用默认的 "0" 图层，颜色、线型、线宽都采用 "ByLayer" 即可。

7.4   图案填充

在使用 AutoCAD 软件进行绘图的过程中，各种图形实体在材质、外观或表面的纹理与颜色上具有明显的区别。为了更好地表示这些区别，可以使用图案填充和渐变填充命令，在一封闭的区域内填充各种简单或复杂的图案，比如在建筑制图中表示混凝土的剖面、砖的剖面等。本节主要讲述图案填充命令的设置与使用。

在图案填充命令中，用户可以使用由当前线型创建的简单图案填充当前区域，或者使用实体图案填充，甚至可以根据用户自定义的图形进行填充。对于如何控制这些填充图案的比例、角度、原点位置，就需要了解图案填充的选项卡的设置。

7.4.1   调用【图案填充和渐变色】对话框

调用该命令的方法如下。

① 下拉菜单：【绘图】|【图案填充】。

② 工具栏:【绘图】| 🔨 按钮。

③ 命令行: HATCH 或 H。

执行【图案填充】命令后将弹出【图案填充和渐变色】对话框,如图 7-22 所示。

提示:"BHATCH"命令已和"HATCH"命令合并,但在 AutoCAD 软件中,两种命令均有效。

图 7-22　【图案填充和渐变色】对话框

7.4.2　【图案填充和渐变色】对话框功能

【图案填充和渐变色】对话框中各选项功能如下所述。

7.4.2.1　类型与图案

图案填充的类型包括预定义、用户定义和自定义三种。

(1)【预定义】类型

系统预先定义了填充图案的类型,在 AutoCAD 软件中, 这些图案均存储在" acad.pat "或"acadiso.pat"文件中。点击"图案"列表框旁边的按钮,弹出"填充图案选项版",如图 7-23 所示。系统为用户提供了实体填充及 50 多种行业标准填充图案,可用于区分对象的部件或表示对象的材质,还提供了符合 ISO 标准的 14 种填充图案。

图 7-23　【填充图案】选项板

（2）【用户定义】类型

使用当前线型为图案，填充指定区域。

（3）【自定义】类型

使用用户自定义的图案填充区域。该过程较为复杂，需要向"*.pat"文件中添加设置，感兴趣的用户请参阅"帮助"进行设置。

7.4.2.2　角度和比例

（1）【角度】

指定选定的填充图案和当前"UCS"坐标系的 x 轴的夹角。

（2）【比例】

放大或缩小预定义或自定义图案。在某些情况下，填充图案可能由于比例过小而无法看清填充图案，有时又由于填充区域过小，无法看到完整的或看不到填充图案。

（3）【双向】

对于用户定义的图案，将绘制第二组直线，这些直线与原来的直线成 90°，从而构成交叉线。

（4）【相对图纸空间】

相对于图纸空间单位缩放填充图案。使用此选项，可以很容易地完成以适合于布局的比例显示填充图案且该选项仅适用于布局。

（5）【间距】

用户可定义图案中的直线间距。使用"HATCH"命令将间距存储在"HPSPACE"系统变量中。

（6）【ISO 笔宽】

基于选定笔宽缩放 ISO 预定义图案。只有在【类型】列表中选择为【预定义】图案，并将【图案】设置为可用的 ISO 图案的一种，此选项才可用。

图 7-24 表示选择【填充图案类型】为"BRICK"，分别采用不同的角度、比例填充同一矩形，从而出现不同效果图的对比。

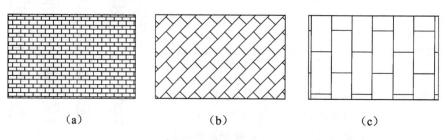

（a）　　　　　　　　　　（b）　　　　　　　　　　（c）

图 7-24　图案填充效果

（a）角度：0；比例：2；　（b）角度：45；比例：5；　（c）角度：90；比例：10

7.4.2.3 【图案填充和渐变色】图案填充原点

该选项用于控制填充图案生成的起始位置。某些图案填充需要与图案填充边界上的一点对齐。在默认情况下，所有图案填充原点都对应于当前的 UCS 原点。注意观察图 7-25（a），第一个填充实例中图案的起点并不在矩形的左下角。

 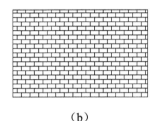

（a）　　　　　　　　　　　　　　　（b）

图 7-25　填充原点

（a）指定原点为矩形左下角；　（b）指定原点为矩形右上角

（1）【使用当前原点】

在默认情况下，原点设置为"0，0"。

（2）【指定的原点】

指定新的图案填充原点。如单击此选项，以下选项可用。

① 【单击以设置新原点】：直接用鼠标指定新的图案填充原点。

② 【默认为边界范围】：在图案填充的矩形范围内计算新原点，可以选择该范围的四个角点及其中心。

③ 【存储为默认原点】：将新图案填充原点的值存储在"HPORIGIN"系统变量中。

7.4.2.4 图案填充中的边界

图案填充的首要工作是确定填充边界。用户可以从以下多个方法中进行选择以指定图案填充的边界，并且可以随时添加或删除指定的边界。

（1）【添加：拾取点】

指定对象封闭区域中的点。根据围绕指定点构成封闭区域的现有对象确定边界。对话框将暂时关闭，系统将会提示用户拾取一个点，如图 7-26 所示。

  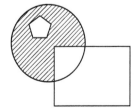

图 7-26　拾取内部点

命令行如下。

拾取内部点或 [选择对象（S）/ 删除边界（B）]：（在要进行图案填充的

区域内单击，或者指定选项、输入"U"或"UNDO"放弃上一个选择，或按回车键返回对话框）

（2）【添加：选择对象】

根据构成封闭区域的选定对象确定边界。对话框将暂时关闭，系统将会提示用户选择对象。

命令行如下。

选择对象或［拾取内部点（K）/删除边界（B）］：（选择定义图案填充或填充区域的对象，或者指定选项、输入"U"或"UNDO"放弃上一个选择，或按回车键返回对话框）

在该方式下，命令不会自动检测包含在内部的对象。例如图7-27中所示图形，在某个封闭的对象内部包含有文本等其他对象，如果希望填充图案围绕文本对象的周围填充，需要在选择时将文本一并选中，纳入到当前选择集中。

图 7-27   选择对象方式

（3）【删除边界】

从边界定义（当前的选择集）中可以删除以前添加的任何对象。单击【删除边界】选项时，对话框将暂时关闭，命令行将显示如下提示。

选择对象或［添加边界（A）］：（选择要从边界定义中删除的对象、指定选项或按回车键返回对话框）

该命令选项是一个双重选项，既可以删除也可以添加边界。选择对象：选择图案填充或填充的临时边界对象并将它们删除。添加边界：选择图案填充或填充的临时边界对象并添加它们。

（4）【查看选择集】

暂时关闭对话框，并使用当前的图案填充或填充设置显示当前定义的边界。如果未定义边界，则此选项不可用。

（5）【重新创建边界】

该选项在【填充编辑】命令中有效。

（6）【选项】

①　【关联】：用于控制填充图案和填充边界之间的关系。这种关系体现在当填充边界缩放时，填充图案是否能自动适应新的边界。

② 【创建独立的图案填充】：和【关联】选项相反，填充图案与边界相互独立，如图 7-28 所示的图形"SCALE"的差别。

图 7-28 关联选项的影响

(a) 原图；   (b) 非关联边界；   (c) 关联边界

(7)【绘图次序】

为图案填充或填充指定绘图次序。图案填充可以放在所有其他对象之后或所有其他对象之前，也可以放在图案填充边界之后或图案填充边界之前。

(8)【孤岛】

选择填充边界后，单击鼠标右键会跳出快捷菜单，如图 7-29 所示。其中，"孤岛"是指处于封闭边界内部的其他封闭边界。孤岛检测是控制系统是否对内部封闭边界进行探测，进而采取相应的填充操作。

【孤岛显示样式】共分为三种方式，这三种方式体现了 AutoCAD 软件对内部封闭区域的三种处理方法，如图 7-30 所示。

图 7-29 右键菜单   **图 7-30 孤岛显示样式**

(a) 普通方式；   (b) 外部方式；   (c) 忽略方式

① 【普通】：从最外部边界开始填充。当遇到内部孤岛时，它将停止填充，直到遇到更内层的孤岛后，才会再次开始填充。

② 【外部】：从外部边界向内填充。如果遇到内部孤岛，它将停止填充。此选项只对结构的最外层进行填充，而结构内部保留空白。

③ 【忽略】：忽略所有内部的对象，填充图案时将通过这些对象。

（9）【其他相关选项】

① 【继承特性】：该命令选项类似于一种格式刷，可以将一个填充区域中的填充方式直接作用于另外一个填充区域，使其完全继承原填充区域的所有特性。

② ◀ ▶：用于折叠图案填充对话框。

③ 【边界保留】：指定是否将边界保留为对象，并确定应用于这些对象的对象类型。对象类型可分为多段线和面域两种。

④ 【边界集】：确定填充边界时，系统要进行相应的边界分析，该选项用于定义这种边界分析的范围。在默认情况下，使用【添加：拾取点】选项定义边界时，命令将分析当前视口范围内的所有对象。通过重新定义边界集，可以忽略某些在定义边界时没有隐藏或删除的对象。对于大图形，因为命令检查的对象数减少了，重新定义边界集还可以加快生成边界的速度。

⑤ 【允许的间隙】：设置将对象用作图案填充边界时可以忽略的最大间隙。有些区域可不严格闭合，所能允许的间隙默认值为 0，此值指定对象必须封闭区域而没有间隙。按图形单位输入一个值（从 0～5 000），设置将对象用作图案填充边界时可以忽略的最大间隙。任何小于等于指定值的间隙都将被忽略，并将边界视为封闭。

在图案填充命令执行过程中，一些功能可以通过点击鼠标右键完成。

【思考与练习】

思考题

7-1　请列举等分点命令在绘制建筑施工图中的作用。

7-2　多线有哪些特点？如何创建多线？

7-3　如何进行图案填充？

上机操作

7-1　使用高级绘图命令绘制如图 7-31、图 7-32 所示的图例。

图 7-31　门窗图例

图 7-32　基础剖面图

提示：基础的图案填充采用如下规定。"砌体"部分填充图案为"ANSI31"，填充角度为 0°，比例自行调整；"防水层"部分填充图案为"ANSI31"，填充角度为 90°，比例自行调整；"混凝土"部分填充图案为"AR-CONC"，填充角度为 0°，比例自行调整；"基础底板"部分填充图案为"AR-CONC"，填充角度为 0°，比例自行调整。

第8章　高级编辑命令

本章主要讲述 AutoCAD 软件的多段线编辑、多线编辑、对象特性、夹点编辑、特性匹配以及填充编辑等命令，这些都属于高级编辑命令。与基本编辑命令相比，这些高级编辑命令能修改更为复杂的图形，功能也更加强大，同时命令本身选项众多，设置也比较复杂。

在第 7 章中我们向用户介绍了高级绘图命令，如多线、图案填充等。这些图形绘制后通常需要进行修改，因此掌握高级编辑命令具有重要的意义。

8.1　编辑多段线

用户可以编辑已有多段线的顶点、宽度、线型、曲线等参数特性，合并已有的多条线段，将直线、圆弧等对象转换成多段线进行编辑。

启动该命令的方式如下。

① 下拉菜单：【修改】|【对象】|【多段线】。

② 工具栏：【修改 II】| ◢按钮。如图 8-1 所示。

③ 命令行：PEDIT 或者 PE。

图 8-1　【修改 II】工具栏

命令执行过程如下。

命令：PEDIT↵

PEDIT 选择多段线或 [多条（M）]：（光标变成矩形，提示用户选择对象）

光标变为十字，提示用户选择对象。如果选定的对象不是多段线，程序将出现如下提示。

选定的对象不是多段线（程序提示）

是否将其转换为多段线? <Y>（如果用户选择的对象是直线、圆弧，系统将出现如下提示）

是否将其转换为多段线? <Y>（转换为多段线后，或用户已经选定一条多段线则提示下面的命令选项）

输入选项 [闭合（C）/ 合并（J）/ 宽度（W）/ 编辑顶点（E）/ 拟合（F）/ 样条曲线（S）/ 非曲线化（D）/ 线型生成（L）/ 放弃（U）]：

命令行中各选项的意义如下。

（1）【闭合/打开】

该选项是一个开关选项。当用户选择的是一条用封闭命令闭合的多段线时，提示选项为"打开"；相反如选择没有闭合的多段线，提示用户"闭合"。

当用户绘制的多段线是以直线段结束的，系统会同样以直线来闭合所选的多段线；如果是以曲线段结束的多段线，系统会以曲线来闭合多段线。

提示：多段线闭合与否，并不是看终点与起点是否重合，而是看此多段线是否使用闭合命令结束绘制。

（2）【合并】

在开放的多段线的尾端点添加直线、圆弧或已有的多段线。对于合并到多段线的对象，除非用户使用【多条】选项选择多个对象，否则要合并的对象的端点必须重合。

以图 8-2 所示的图形为例来说明【合并】选项的应用。

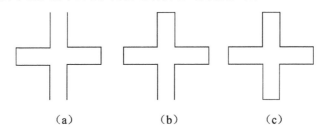

（a）　　　　　（b）　　　　　（c）

图 8-2　多段线合并

(a) 多段线；　(b) 合并多段线；　(c) 闭合多段线

命令：PEDIT 选择多段线或［多条（M）］：M↵（用户绘制两条多段线并分别选中）

选择对象：找到 1 个（程序提示）

选择对象：找到 1 个，总计 2 个（程序提示，程序将会统计所选择对象的数目和选择对象的方法，用户也可以采用"WINDOW"或者"CROSSING"的选择方式。）

选择对象：（选择结束后回车确定）

输入选项［闭合（C）/打开（O）/合并（J）/宽度（W）/拟合（F）/样条曲线（S）/非曲线化（D）/线型生成（L）/放弃（U）］：J↵（选择【合并】选项）

合并类型 = 延伸（当前模式，用户需要输入选项）

输入模糊距离或［合并类型（J）］<0.000 0>（如果确认采用当前模式，可以输入模糊距离并回车或者输入【合并类型】）

【合并类型】分为以下三种。

① 【延伸】：通过将线段延伸或剪切至最接近的端点来合并选定的多段线。

② 【添加】：通过在最接近的端点之间添加直线段来合并选定的多段线。

③ 【两者都】：如有可能，通过延伸或剪切来合并选定的多段线，否则，通过在最接近的端点之间添加直线段来合并选定的多段线。

在命令行中输入"J"并回车继续进行如下操作。

输入模糊距离或［合并类型（J）］<0.000 0> J↵

输入合并类型［延伸（E）／添加（A）／两者都（B）］<延伸>：A↵（选择【添加（A）】模式）

合并类型 = 增加线段（程序显示当前模式）

指定第二点：（此处采用点击或输入延伸的距离，程序要求点击输入第二点，也可以直接从键盘上输入距离）

多段线已增加6条线段（提示用户添加成功）

输入选项［闭合（C）／合并（J）／宽度（W）／编辑顶点（E）／拟合（F）／样条曲线（S）／非曲线化（D）／线型生成（L）／放弃（U）］：C↵（选择闭合命令可将已经合并的多段线闭合）

（3）【宽度】

为整个多段线指定新的统一宽度，包括起始线段宽度、终止线段宽度以及全局宽度。如果要修改其中某一段的宽度，可以使用【编辑顶点】选项中的"WIDTH"来修改线段的起点宽度和端点宽度。

（4）【拟合】

创建圆弧拟合多段线（由圆弧连接每对顶点构成平滑曲线）。曲线经过多段线的所有顶点并使用任何指定的切线方向，如图8-3所示。

（5）【样条曲线】

使用选定多段线的顶点作为近似B样条曲线的曲线控制点或控制框架。该曲线（称为样条曲线拟合多段线）将通过第一个和最后一个控制点，除非原多段线是闭合的，如图8-4所示。

样条曲线拟合多段线与用【拟合】选项绘制的曲线有很大差别。【拟合】构造是通过每个控制点的圆弧对，用户可以比较图8-3和图8-4中控制点的位置。

图8-3   多段线拟合

图8-4   样条曲线拟合多段线

（6）【非曲线化】

删除由拟合曲线或样条曲线插入的多余顶点，将各控制点之间的曲线用直线替

代。观察图 8-5，用户可以发现它是【样条曲线】和【拟合】的逆过程，各控制点
并没有变化。

图 8-5 多段线非曲线化

（7）【线型生成】

生成经过多段线顶点的连续图案线型（主要是指点划线、虚线等非实线线型）。
如图 8-6 所示，关闭此选项，将在每个顶点处以点划线开始和结束生成线型。打开
此选项，多段线将从起点到终点为范围生成线型。因此，某些转折点处可能不再是
实线的交点。

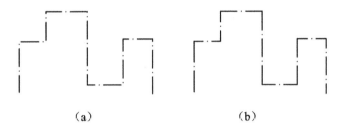

（a） （b）

图 8-6 多段线线型生成

（a）线型生成：ON； （b）线型生成：OFF

（8）【放弃】

撤销上一步的操作，并一直返回到多线编辑命令的开始状态。

（9）【编辑顶点】

【编辑顶点】是一组命令集，包含众多的选项。

输入选项［闭合（C）／合并（J）／宽度（W）／编辑顶点（E）／拟合
（F）／样条曲线（S）／非曲线化（D）／线型生成（L）／放弃（U）］：
E↵（选择编辑顶点 E）

输入顶点编辑选项（命令行中提示内容）［下一个（N）／上一个（P）／
打断（B）／插入（I）／移动（M）／重生成（R）／拉直（S）／切向（T）
／宽度（W）／退出（X）］<N>：（此时多段线第一个顶点上出现"×"
形）

① 【下一个／上一个】：【下一个】可将顶点标记"×"移动到下一个顶点。
即使多段线闭合，标记也不会从端点绕回到起点。【上一个】可将顶点标记"×"移
动到上一个顶点。即使多段线闭合，标记也不会从起点绕回到端点。

② 【打断（B）】：通过移动顶点标记，将删除任意相邻顶点间的任何线段和顶点。命令行如下。

> 输入顶点编辑选项［下一个（N）/上一个（P）/打断（B）/插入（I）/移动（M）/重生成（R）/拉直（S）/切向（T）/宽度（W）/退出（X）］<P>：B↵（输入【打断（B）选项】）
>
> 输入选项［下一个（N）/上一个（P）/执行（G）/退出（X）］<N>：N↵
>
> 输入选项［下一个（N）/上一个（P）/执行（G）/退出（X）］<N>：G↵
>
> 输入选项［下一个（N）/上一个（P）/执行（G）/退出（X）］<当前选项>：（输入选项或按"Enter"键）

如果指定的一个顶点在多段线的端点上，得到的将是一条被截断的多段线。如果指定的两个顶点都在多段线端点上，或者只指定了一个顶点并且也在端点上，则不能使用【打断】选项。

a. 【下一个/上一个】：将标记"×"移动到下一个或上一个顶点。

b. 【执行】：删除指定的两个顶点之间的任何线段和顶点，并返回【编辑顶点】模式。

c. 【退出】：退出【打断】选项并返回【编辑顶点】模式。

③ 【插入】：在当前标记的顶点之后，插入一个新的顶点。用户需要指定新顶点的位置。

④ 【移动】：移动当前标记的顶点，用户需要指定顶点的移动位置。

⑤ 【重生成】：重新生成当前的多段线，而不必重新生成整个图形。

⑥ 【拉直】：删除标记的两顶点间的一切线段和顶点，并用一条直线段代替。其命令的使用方式和【打断】命令的相似，如图 8-7 所示。

> 输入顶点编辑选项［下一个（N）/上一个（P）/打断（B）/插入（I）/移动（M）/重生成（R）/拉直（S）/切向（T）/宽度（W）/退出（X）］<N>：S↵
>
> 输入选项［下一个（N）/上一个（P）/执行（G）/退出（X）］<N>：N↵
>
> 输入选项［下一个（N）/上一个（P）/执行（G）/退出（X）］<N>：G↵

⑦ 【切向】：将切线方向附着到标记的顶点，以便用于以后的曲线拟合。计算机将显示以下提示。

> 指定顶点切向：指定点或输入角度（如图 8-8 所示，指定切向之后拟合所呈现的不同效果）

⑧ 【宽度】：修改标记顶点之后线段的起点宽度和端点宽度。命令行提示如下。

> 指定下一条线段的起点宽度 <当前值>：（指定点、输入值或按"Enter"键）

指定下一条线段的端点宽度 <起点宽度>:（指定点、输入值或按"Enter"键）

⑨【退出】：退出【编辑顶点】模式，返回多段线编辑的输入选项状态。

（a）　　　　（b）　　　　　　　　（a）　　　　（b）

　　图 8-7　多段线拉直　　　　　　　图 8-8　多段线之切向

（a）前两个顶点指定切向；　（b）未指定切向的拟合结果　　（a）拉直前；　（b）拉直后

8.2　编辑多线

多线编辑命令是根据对话框中预设的 12 种编辑方式来编辑指定的多线对象的。该命令可以控制多线之间相交的连接方式，增加或删除多线的顶点，控制多线的打断或结合。

该命令输入方式如下。

① 下拉菜单：【修改】|【对象】|【多线】。

② 命令行：MLEDIT。

用鼠标左键双击多线对象，也可以显示【多线编辑工具】对话框，如图 8-9 所示。

命令执行过程如下。

　　命令：MLEDIT↵

　　选择第一条多线：

　　选择第二条多线：

　　选择第一条多线或［放弃（U）］：

图 8-9　【多线编辑工具】对话框

多线编辑命令共包括 12 个子命令，按照相似的功能组成一列并规律地排列在对话框中。包括十字交叉工具、T 形交叉工具、角点与顶点编辑工具、剪切与合并工具。

（1）【十字交叉工具】

十字交叉工具命令共包括三种，表 8-1 总结了这些命令的执行方法和特点。其中，在多线样式定义中处于最外侧的多线元素，即正负偏移值最大的两个元素，称为外部元素，其他为内部元素。第一条与第二条多线分别代表用户在执行命令过程中点击选择多线的顺序，并无严格界定。表中"√"代表执行打断操作，"×"代表不执行打断操作。

表 8-1 十字交叉工具命令汇总

子 命 令	多 线 顺 序	外 部 元 素	内 部 元 素
十字闭合	第一条多线	√	√
	第二条多线	×	×
十字打开	第一条多线	√	√
	第二条多线	√	×
十字合并	第一条多线	√	×
	第二条多线	√	×

　　将图 8-10 中成十字交叉的两条多线，分别执行两次十字闭合命令，在执行过程中交换选择多线的顺序，观察其执行效果；用同样的方法，执行两次十字打开命令，执行过程中也要交换选择多线的顺序，如图 8-11 所示。将两次实验的结果和十字合并命令的效果进行比较。下面以十字闭合命令的执行效果为例来进行说明，如图 8-12 所示。

提示：十字合并命令中对内部与外部元素的区分，随着多线元素数量的奇偶数的变化而不同，用户可尝试由偶数个元素组成的多线，执行以上命令的效果。

图 8-10 十字闭合编辑命令   图 8-11 十字打开编辑命令

图 8-12 执行效果

（2）【T 形交叉工具】

　　T 形交叉工具命令共包括三种，表 8-2 总结了这些命令的执行方法和特点。表中"√"代表执行截断操作，"×"代表不执行截断操作。

表 8-2　T 形交叉工具命令汇总

子　命　令	多线顺序	外　部　元　素	内　部　元　素
T 形闭合	第一条多线	√	√
	第二条多线	×	×
T 形打开	第一条多线	√	√
	第二条多线	部分截断	×
T 形合并	第一条多线	√	部分截断
	第二条多线	部分截断	部分截断

提示：上表中内部元素和外部元素的区分，要在具体的例题中理解，并无严格的界定。

（3）【角点与顶点编辑工具】

角点结合工具与 T 形交叉工具有相似的功能，都可以截断部分多线。在使用中，请用户体会其不同效果，如图 8-13 和图 8-14 所示。

提示：点击选择多线时，应该将光标点击在需要保留的一侧。

图 8-13　角点结合工具

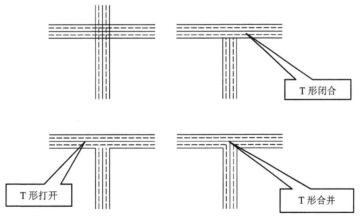

图 8-14　T 形交叉工具命令

顶点编辑工具包括添加顶点命令和删除顶点命令，分别为指定的多线完成添加和清除多个顶点的操作。如图 8-15 所示，选择多线编辑中的添加顶点子命令，用光

图 8-15　顶点编辑工具

标点击图中小方框所示的位置，单击右键确定。再次选择多线可以发现其增添了若干顶点，拖拽这些顶点可以改变多线的形状。

再次选择多线编辑中的删除顶点子命令，用光标点击图中已改变形状的多线的各顶点，单击右键确定。可以发现，多线又逐次恢复到原来的形状。

（4）【剪切与合并工具】

剪切工具又分为单个剪切和全部剪切。其功能是将指定多线的部分元素或者全部元素剪切到指定的长度，如图 8-16 所示。分别点击图中小方框所示的位置，可以剪切掉多线的部分元素，该剪切长度是由用户光标点击距离指定的。合并工具可以将执行剪切命令的多线元素重新结合起来，具体操作请用户自行尝试。

提示：请用户尝试执行该组命令后，判断多线是否沿剪切处变成了两条多线。

图 8-16　部分剪切命令

8.3　【特性】选项板

对象特性命令主要用于查询、修改图形中任何对象的当前特性。

启动【特性】选项板的方式如下。

① 下拉菜单：【修改】｜【特性】或【工具】｜【特性】。

② 工具栏：【标准】｜ 按钮。

③ 命令行：PROPERITIES。

④ 快捷菜单：选择对象后在绘图区域中单击鼠标右键弹出快捷菜单。

在 AutoCAD 软件中，每一个对象都有自己的特性。这些特性大致可以分为两类：一类是每个对象所具有的公共特性，另一类是专属于某个对象的特性。公共特性有 8 种，分别为颜色、图层、线型、线型比例、打印样式、线宽、超链接、厚度。圆的半径和面积、直线的长度和角度等属于专属特性。

执行命令后，将弹出如图 8-17 所示的【特性】对话框，包括如下内容。

（1）【对象类型】

该列表框表示当前的选择集，即所有被选择的对象。

（2）【切换 PICKADD 系统变量的值 ▣ 或 ▣】

"PICKADD"按钮打开时，选定对象（单独选择或通过窗口选择）都将添加到当前的选择集中；"PICKADD"按钮关闭时，选定对象将替换当前的选择集。

（3）【选择对象】

使用该选项，鼠标将变选择框，用户可以使用各种方式（点击、圈选）来完成选择操作。完成后单击右键，所选对象将出现在对象类型列表框中，选择集受"PICKADD"变量的影响。

（4）【快速选择】

使用该按钮可以创建过滤条件，根据这些条件可以实现某些特定的选择集。如图 8-18 所示的对话框。

（5）【自动隐藏及特性按钮】

自动隐藏按钮用来控制本对话框的显示方式，可以实现自动收起和弹出；特性按钮用于控制本对话框的一些行为和特征。

选择集不同，【特性】窗口中的特性内容也不同。选择一种特性后，底部说明区会有相应的解释。如果某特性呈现灰色，表明该特性处于不可更改状态。

用户可以通过键盘输入、点击选择列表框等方式完成操作。

图 8-17　【特性】对话框

图 8-18　【快速选择】对话框

8.4　夹点编辑

8.4.1　夹点编辑命令概述

从外观上看，夹点是一些带有填充色的小方框。当使用鼠标指定对象时，对象关键点上将出现夹点。点击、拖动夹点时可以直接而快速地编辑指定对象。因此，夹点也可以被称为图形对象的特殊控制点。

夹点设置可以见【工具】|【选项】|【选择】选项卡，如图 8-19 所示。

图 8-19　【夹点设置】对话框

按使用中的状态不同，夹点可分为三种：未选中状态、选中状态、悬停状态。图 8-20 所示为各种图形对象夹点未选中的状态。图形对象不同，夹点分布也不相同。点击夹点可将其激活，变为选中状态，如图 8-21 所示。如果将十字光标悬停在蓝色的夹点上，将出现第三种状态。

夹点提供了一种快速直接编辑图形对象的途径。如图 8-21 所示，在选中状态时

（a）　　　　　（b）　　　　　（c）

（d）　　　（e）　　　　　（f）

图 8-20　各种图形对象中的夹点

（a）直线；　（b）多段线；　（c）正多边形；

（d）样条曲线；　（e）块；　（f）文字

图 8-21　夹点的快捷菜单

单击右键，可以进行移动、镜像、旋转、缩放、拉伸、复制的操作。

命令行显示如下。

　　** 拉伸 **

指定拉伸点或［基点（B）/ 复制（C）/ 放弃（U）/ 退出（X）］：

在命令行所示的方式下按回车键或空格键可在各命令间切换。选择夹点之前，按住"Shift"键，可以一次选择多个夹点。

提示：命令选项"复制（C）"表示可完成多重操作。

8.4.2　使用夹点拉伸对象

操作过程如下。

① 选择要拉伸的对象，如图 8-22 中左侧的多线窗体。

② 在对象上选择基夹点。此时，命令行出现如下提示。

　　命令：

　　** 拉伸 **

　　指定拉伸点或［基点（B）/ 复制（C）/ 放弃（U）/ 退出（X）］：

③ 亮显选定夹点，并激活默认夹点模式【拉伸】。

④ 移动基夹点到指定的位置，完成拉伸操作，如图 8-22 中的窗体。

图 8-22　夹点拉伸命令

8.4.3　使用夹点复制对象

① 选择激活图 8-23（a）中矩形 *ABCD* 夹点。命令行提示如下。

　　命令：

　　** 拉伸 **

　　指定拉伸点或［基点（B）/ 复制（C）/ 放弃（U）/ 退出（X）］：

② 选择命令选项中的"复制（C）"，然后点击拖动基夹点至 1 点和 2 点。如图 8-23（b）所示。

③ 激活图 8-23（c）中矩形 *FBEG* 的夹点并托至 3 点。请用户自己完成。

（a）　　　　　　（b）　　　　　　（c）

图 8-23　多重拉伸实例

（a）选择并激活矩形 *ABCD* 的夹点；（b）复制到 1、2 点；（c）选择矩形 *FBEG* 的夹点

④ 选择命令选项中的"复制（C）"，然后点击拖动基夹点至（c）图中的 3 点。

8.4.4　使用夹点移动对象

如图 8-24 所示，移动对象的操作过程如下。

① 选择要移动的对象，在对象上单击选择基夹点。命令行提示如下。

　　** 移动 **

　　指定移动点或 ［基点（B）／ 复制（C）／ 放弃（U）／ 退出（X）］：

② 亮显选定夹点，并激活默认夹点模式"拉伸"。

③ 按回车键或空格键遍历夹点模式，直到显示夹点模式"移动"。

④ 用光标单击基夹点，使选定对象随夹点移动。

8.4.5　使用夹点旋转对象

如图 8-25 所示，操作过程如下。

① 选择要旋转的对象，在对象上通过单击选择基夹点。命令行提示如下。

　　** 旋转 **

　　指定旋转角度或 ［基点（B）／ 复制（C）／ 放弃（U）／ 参照（R）／ 退出（X）］：

② 激活选定夹点，并使命令模式切换到"旋转"。

③ 单击光标并移动，使选定对象绕基夹点旋转，或者输入旋转角度。

提示：激活直线的夹点后，直接输入角度值。

图 8-24　夹点的多重移动

图 8-25　夹点的多重旋转

8.4.6　使用夹点缩放对象

如图 8-26 所示，操作过程如下。

① 选择要缩放的对象，在对象上通过单击选择基夹点。

　**比例缩放 **

　指定旋转角度或［基点（B）／复制（C）／放弃（U）／参照（R）／退出（X）］：

② 激活选定夹点，并使命令模式切换到"比例缩放"。

③ 拖动光标或直接输入缩放比例值，缩放原有对象。

8.4.7　使用夹点镜像对象

如图 8-27 所示，操作过程如下。

① 选择要镜像的对象，在对象上通过单击选择基夹点。命令行提示如下。

　** 镜像 **

　指定第二点或［基点（B）／复制（C）／放弃（U）／退出（X）］：

② 激活选定夹点，并使命令模式切换到"镜像"。

③ 点击镜像线的第二点，形成原对象的镜像。

图 8-26　比例缩放　　　　　　图 8-27　夹点镜像

8.5　特性匹配

用户使用【特性匹配】命令，可以将一个对象的某些或所有特性复制给其他对象。可以复制的特性类型包括颜色、图层、线型、线型比例、线宽等。

启动命令的方式如下。

① 下拉菜单：【修改】|【特性匹配】。

② 工具栏：【标准】工具栏| ✎ 按钮。

③ 命令行：MATCHPROP 或 PAINTER。

操作过程如下。

　命令：MATCHPROP ↵

选择源对象：（选择要复制其特性的对象）

当前活动设置：颜色 图层 线型 线型比例 线宽 厚度 打印样式 文字 标注 填充图案 多段线 视口 表格（当前选定的特性匹配设置）

选择目标对象或［设置（S）］：（输入"S"或选择一个或多个要复制其特性的对象）

在默认情况下，所有可应用的特性都自动地从选定的第一个对象复制到其他对象。如果不希望复制特定的特性，请使用【设置】选项禁止复制该特性，如图 8-28所示。可以在执行该命令的过程中随时选择【设置】选项。

图 8-28 　【特性设置】对话框

8.6 编辑图案填充

当图案填充命令执行后，用户如果要修改其中的填充边界、填充图案、关联特性、填充原点等特性，就需要使用【编辑图案填充】命令。

启动该命令的方式如下。

① 下拉菜单：【修改】│【对象】│【图案填充】。

② 工具栏：【修改 II】│ 🔲 按钮。

③ 命令行：HATCHEDIT。

【编辑图案填充】的对话框和【图案填充】大致相同。可以编辑修改的选项包括【类型和颜色】、【角度与比例】、【图案填充原点】等内容。

【思考与练习】

思考题

8-1　如何修改多段线的宽度？

8-2　什么是夹点？如何理解夹点的三种状态？

8-3　使用夹点可以完成哪些操作？

上机操作

8-1　使用高级编辑命令绘制图 8-29 所示图形。

该楼梯平面图由以下几部分组成：定位轴线和定位轴线编号圆、多线绘制的墙体和窗体、多段线绘制的墙体粗实线和尺寸标注等。

基本操作过程如下。

① 绘制定位轴线和定位轴线编号圆。

② 分别定义两种多线样式，用于墙体和窗体的绘制，注意各元素的偏移值。

③ 绘制墙体和窗线。使用多线编辑命令，编辑 C 轴与②、③轴相交的墙体，选择【T 形打开】选项，注意多线选择的顺序。

④ 完成其他图形的绘制，楼梯的踏步宽为 300 mm。

图 8-29　练习

第9章　创建和管理图层

我们可以将"层"设想为若干张无厚度的透明胶片重叠在一起,这些胶片完全对齐,即同一坐标点相互对齐。每一层上的对象具有各自的颜色、线型和线宽,从而赋予该层上的对象相同的特性。如图9-1(a)所示的预埋件,我们可以将预埋件的轮廓线视为第一层胶片,将该层上的所有对象设在"OBJECT"图层,这些对象具有相同的颜色、线型以及线宽,如图9-1(b)所示。该预埋件上的所有标注设在"DIM"图层上,即赋予这些对象相同的颜色、线型和线宽。最后将图9-1(a)和图9-1(b)上的对象完全对齐并且覆盖在一起,就可以形成最终的图9-1(c)。

图 9-1　预埋件详图

9.1　图层的设置和修改

9.1.1　启动和关闭【图层特性管理器】对话框

【图层特性管理器】对话框用于创建和管理图层。用户可以在这里进行图层的添加、删除和重命名,并修改图层特性、添加说明等。

通常采用如下方式打开【图层特性管理器】对话框。

① 下拉菜单:【格式】|【图层】。

② 工具栏:【图层】| 按钮。

③ 命令行:LAYER 或者 LA。

【图层特性管理器】对话框包括两个面板:树状视图和列表视图。树状视图的功能是显示图层和过滤器的结构层次,列表视图则体现了图层过滤器的特性,如图 9-2 所示。完成图层的设置和修改后,用鼠标单击【确定】按钮就可以关闭该对话框。

（a）

（b）

图 9-2 创建图层

（a）新建图层－图层 1；　（b）新建图层并修改名称

9.1.2 创建图层

创建新图层的方法。

① 工具栏：【图层状态管理器】｜ 按钮。

② 快捷键方式：Alt+N。

完成上面的操作后，在对话框的列表视图区中将会增加一个亮显的"图层 1"，该图层继承"0"图层的属性，见图 9-2（a）。在创建图层中，光标一直在"名称"栏中闪烁，表示此时可以更改图层的名称。用户可以根据图形的特点来确定图层的名称，如命名为"CENT""WALL""WINDOWS"等名称就比较合适，如图 9-2（b）所示。

如果要创建多个图层，用户可以连续单击"新建图层"来添加图层，也可以连续敲击回车键以添加新图层。

9.1.3　改变图层属性

9.1.3.1　改变图层名称

用户可以随时更改图层的名称，更改图层名称的步骤如下。

① 在【图层特性管理器】对话框中单击欲修改的图层的名称后，按下"F2"键。

② 当该图层的名称"亮显"后，输入新名称。

③ 单击【应用】按钮确认修改的名称。

④ 单击【确定】按钮保存并关闭对话框。

提示：利用鼠标左键修改图层名称被更多的用户所接受。先单击一次欲修改图层的"图层名"，第二次单击"图层名"时将使图层名称"高亮"显示，并带有闪烁的光标，此时可以输入图层的新名称。

9.1.3.2　打开／关闭图层

单击【图层特性管理器】对话框中图层名后面的"灯泡"，图标 🔆 / 🔅 表示"打开"或"关闭"该图层。如灯泡为"黄色"，表示打开图层，绘图区将显示图层上的内容，用户可以编辑该图层上的内容；如灯泡为"灰色"，则表示关闭图层，该图层上的内容全部隐蔽。

如图 9-3（a）中的"IMPERIAL.dwg"文件。由于图形比较复杂，为了便于观察图形，用户可以在【图层特性管理器】对话框中将"TEXT"图层关闭，绘图窗口中的文字将不再显示，如图 9-3（b）所示。

（a）　　　　　　　　　　　　　　　　　（b）

图 9-3　打开／关闭图层

（a）"TEXT"图层处于打开状态；　（b）"TEXT"图层处于关闭状态

9.1.3.3 冻结／解冻图层

图标 ⬤ 和 ⬤ 分别表示图层的"冻结"和"解冻"。冻结的图层不可见，且不能被编辑和打印，当前层不能被冻结。"解冻"功能与"冻结"功能相反，它能使被冻结图层恢复正常。

用户可以在【图层特性管理器】对话框冻结"IMPERIAL.dwg"文件中"TEXT"图层，显示效果同图 9-3（b）所示。

提示：关闭和冻结图层有相同之处。不同之处是当图形重生成时，被冻结的图层不参与运算，由此减少复杂图形的重生成时间，加快视窗缩放、平移和其他操作。

9.1.3.4 锁定和解锁图层

图标 🔓 ／ 🔒 表示图层"解锁"和"锁定"。锁定图层时，图层上的内容仍旧可见，并且能够进行捕捉和添加新操作对象。锁定的层不能被编辑，但是可以打印。

9.1.3.5 指定图层的颜色

指定图层颜色的步骤如下。

① 在【图层特性管理器】对话框中单击欲修改的图层，然后单击该图层的【颜色】图标，程序将弹出【选择颜色】对话框，如图 9-4 所示。

② 在【选择颜色】对话框中选择需要的颜色后单击【确定】按钮保存修改。

③ 在【图层特性管理器】对话框中单击【确定】按钮，保存颜色设置并关闭对话框。

9.1.3.6 改变线型

在缺省情况下，图层的线型通常为连续实线（Continuous）。用户可以根据工程制图的规定，选择虚线、点画线、折断线、波浪线等线型，甚至可以自己定义线型。

改变线型的步骤如下。

① 在【图层特性管理器】对话框中单击欲修改的图层后，再单击图层的线型名称，如"Continuous"，将弹出如图 9-5 所示的对话框。

图 9-4 【选择颜色】对话框

图 9-5 【选择线型】对话框

② 在【选择线型】对话框里选择合适的线型，如果该对话框中没有所需的线型，单击【加载】按钮打开【加载或重载线型】对话框，如图9-6所示。

图9-6　【加载或重载线型】对话框

③ 在【加载或重载线型】对话框中选择合适的线型，单击【确定】按钮关闭该对话框。

④ 系统重新显示【选择线型】对话框，选择所加载的线型并单击【确定】按钮。

提示：标准线型库对虚线的间距、中心线的长划、短划和间隔已经事先设定。绘制施工图时，虚线、点划线往往不能正常显示，需要在【格式】|【线型】中修改比例。

9.1.3.7　改变线宽

从 AutoCAD2000 开始，用户就可以为各个图层上的线条设置实际线宽，从而使图形中的线条经过打印输出后仍旧可以保持固有的宽度。

图9-7　【线宽】对话框图

在【图层特性管理器】对话框中单击欲修改图层的线宽就可以打开如图 9-7 所示的对话框。用户可以在该对话框中选择所需的线宽。

对如图 9-8（a）和图 9-8（b）所示的"卫生间立面图"中的外轮廓线和内部设施设定图层，并分别指定 0.5 mm 和 0.25 mm 的线宽。图 9-8（a）所示的图形显示未见差别，这是因为状态栏中的【线宽】处于关闭状态，图 9-8（b）所示的图形为打开【线宽】按钮后的显示效果。

（a）　　　　　　　　　　　（b）

图 9-8　卫生间立面图

（a）【线宽】处于关闭状态；　　（b）【线宽】处于打开状态

9.1.3.8　控制打印

  🖨 和 🖨 按钮用来控制图层是否需要输出。打印机符号标志着该层要打印；打印机符号与红色圆圈加一斜杠的图标，表明该层不打印出图，但是该层上的对象仍旧能够正常显示。该按钮只对可见图层有效。如果某图层设为可打印但是处于冻结状态，则该图层不能打印。

提示："DEFPOINTS"为系统自动生成的特殊图层，只要标注尺寸就会生成且该图层不被打印。

9.1.4　创建当前图层

  到目前为止，我们已经学会创建新图层并修改图层属性。如果希望在某个图层上绘图，就需要设置当前图层。

  设置当前图层的方法如下。

  ① 在【图层特性管理器】对话框中进行操作。选中某个图层，然后点击【置为当前】按钮就可以将该图层置为当前或双击该图层也能够将该图层置为当前。

  ② 在【图层】快捷工具栏上进行操作。单击【图层】工具栏右侧的黑色三角将弹出下拉列表，选中所需的图层即可，如图 9-9 所示。

图 9-9　建立当前图层

9.1.5　支持图层的快捷菜单

  在【对象特性管理器】对话框中用鼠标右键单击列表视图区，将出现如图 9-10 所示的快捷菜单。右键菜单的功能强大，可以执行创建当前图层、新建图层、选择所有图层或清除所有图层以及其他操作。

图 9-10　在【对象特性管理器】对话框中使用右键快捷菜单

9.1.6　删除图层

用户可以在绘图过程中随时删除多余图层，删除步骤如下。

① 在【图层特性管理器】对话框中选择欲删除的图层。

② 用鼠标左键单击【删除图层】按钮，即可删除图层。

③ 单击【应用】按钮保存修改。

另外，在【图层特性管理器】对话框中选择欲删除的图层并按 "Delete" 键也可执行删除命令。

提示 1：已指定对象的图层不能删除，除非那些对象被重新指定给其他图层或者被删除。

提示 2：不能删除 "0" 图层、"DEFOINTS" 图层、依赖外部参照的图层和当前图层。

提示 3："PURGE" 命令也可以执行删除图层的功能。

9.2　特性编辑

AutoCAD 软件中还提供了多种方法来观察和修改对象特性。

9.2.1　【图层】菜单栏

如图 9-11 所示的【图层】工具栏不仅有【图层特性管理器】按钮，还有功能强大的编辑栏 、 （将对象的图层置为当前）按钮和 （上一个图层）按钮。

编辑栏具有图层的打开 / 关闭、在所有的视口冻结 / 解冻、在当前的视口冻结 / 解冻、锁定 / 解锁功能，还可以将选定的图层置为当前。这两种功能在实际绘图中非常方便，可以避免回到【图层特性管理器】对话框中进行操作。

9.2.1.1　修改对象的图层

绘图时经常出现所绘的对象位于错误的图层上，使用【图层】工具栏中的编辑框，可以非常方便地将包含一个或多个对象的图层修改为另一个图层。

操作步骤如下。

① 选中欲修改图层的对象，使该对象"亮显"，如图 9-12 所示选中尺寸标注部分。

图 9-11 【图层】工具栏　　　图 9-12 修改尺寸标注所在的图层

② 点击【图层】工具栏右侧的黑色角，下拉列表将显示所有图层，选中"DIM"图层，将这部分对象修改为"DIM"图层。

9.2.1.2 将对象的图层置为当前

绘图时需要设置十几个甚至几十个图层，这导致了在【图层】下拉列表中寻找某一特定图层就会非常麻烦，【将对象的图层置为当前】按钮可以解决这个问题。操作步骤如下。

① 单击【将对象的图层置为当前】按钮，光标则将变成拾取框模式。

② 用拾取框单击某个图形对象，则该对象所在的图层就被置为当前图层。

9.2.1.3 上一个图层

【上一个图层】按钮可以撤销对图层设置的改变。该按钮可以影响到开／关、冻结／解冻、锁定／解锁以及颜色、线型、线宽的设置，但是不会影响重命名的图层、被删除的图层或者添加的图层。

按下 🔘 按钮就可以启动【上一个图层】命令。

9.2.2 【对象特性】工具栏

【对象特性】工具栏包含图层的颜色控制、线型控制、线宽控制和打印样式控制等内容。在没有对象被选中的情况下，该工具栏列出的是当前图层的颜色、线型、线宽以及打印样式的特性，如图 9-13 所示。

图 9-13 【对象特性】工具栏

9.2.2.1 【颜色控制】列表

【颜色控制】列表可以查看选定对象的颜色、改变对象的颜色和设置当前颜色。【颜色控制】列表中列有"ByLayer"（随层）、"ByBlock"（随块）、七种标准颜色和四种最近刚使用过的非标准颜色，单击【选择颜色】选项访问【选择颜色】对话框。【颜色控制】列表如图 9-14（a）所示。

（a）   （b）   （c）

图9-14　【对象特性】工具栏

（a）【颜色控制】列表；　（b）【线型控制】列表；　（c）【线宽控制】列表

　　如果用户选用"ByLayer"选项，则新对象采用所在图层的指定颜色；如果选用"ByBlock"选项，则使用默认颜色（白色或黑色，取决于背景颜色）绘制所有新对象。

9.2.2.2　【线型控制】列表

　　【线型控制】列表可以查看对象的线型、改变对象的线型和设置当前的线型，点击【其他】选项可以访问【线型管理器】对话框。【线型控制】列表如图9-14（b）所示。通常，利用"acadiso.dwt"样板文件新建的文件，【线型控制】列表中列有"ByLayer"（随层）、"ByBlock"（随块）、"Continuous"（连续实线）以及"其他"控件。

9.2.2.3　【线宽控制】列表

　　【线宽控制】列表可以查看对象的线宽、修改当前对象的线宽、设置当前的线宽，【线宽控制】列表如图9-14（c）所示。【线宽控制】列表中包含有"ByLayer"（随层）、"ByBlock"（随块）、默认和可供选择的线宽。

9.2.2.4　【打印样式控制】列表

　　使用【打印样式控制】列表可设置对象的打印样式和当前的打印样式。有关打印样式的概念将在第18章进行阐述。

提示：一般情况下，AutoCAD软件中缺省设置对象为"ByLayer"的颜色、线型、线宽和打印样式。这种方式便于对图形进行组织和管理。

9.2.3　【特性】选项板

　　【特性】选项板可用于编辑已有对象的图层、颜色、线宽和打印样式以及一些几何特征。这里主要阐述如何利用【对象特性】选项板修改图层的属性。

9.2.3.1　【特性】选项板的启动

　　启动【特性】选项板，操作方法如下。

　　① 下拉菜单：【工具】|【特性】或者【修改】|【特性】。

　　② 工具栏：【标准】| ![按钮] 按钮。

　　③ 命令行：PROPERTIES。

　　工程中经常采用如下方式：选择要查看或修改特性的对象后，在绘图区域中单击鼠标右键，弹出快捷菜单并单击【特性】选项；双击欲修改的对象（文字对象除外），也可打开【特性】选项板。【对象特性】选项板界面如图9-15所示。

9.2.3.2 【特性】选项板的应用

【特性】选项板的功能非常强大，包括基本属性、几何属性、形式属性等功能。基本属性共包括6项，分别为【颜色】、【图层】、【线型】、【线型比例】、【线宽】、【厚度】等功能选项。这里简要介绍前四个选项的功能。

① 【颜色】：显示或者修改所选对象的颜色。单击该列表右侧将显示折叠列表，其默认设置为"ByLayer""ByBlock""7 种颜色"和"选择颜色"四部分内容，如图9-16所示。

图9-15 【对象特性】选项板　　图9-16 【颜色】下拉列表　　图9-17 【图层】下拉列表

② 【图层】：显示或者修改选定对象的图层。单击该列表右侧将显示折叠列表，显示当前图形中所有的图层，如图9-17所示。

③ 【线型】：显示或者修改选定对象的线型。单击该列表右侧将显示折叠列表，显示当前图形中所有的线型。

④ 【线型比例】：显示或者修改选定对象的线型比例因子。

利用【特性】选项板可以方便地修改对象的颜色、所在的图层、线型和线型比例。

使用【特性】选项板修改对象的方法如下：弹出【特性】选项板后，选择需要修改的对象，在【特性】选项板中选择需要修改的属性。用户可以在下拉列表中进行选择，也可以输入数进行修改。如【线型比例】部分，用户可以通过指定虚线、点划线等线型的线型比例来改变其显示效果。

9.3 设置当前线型比例

在实际绘图中，用户经常发现所设置的点划线、虚线等线型显示不符合自己的要求。这主要是因为用户不了解线型是如何定义的，并且不懂得如何调节线型的比例。

下面以图 9-18 所示的楼盖节点的三视图为例进行说明。从如图 9-19 所示的【图层对象管理器】对话框中可知，当前图形分别设置了"BEAM""CENT""COLUMN""DASH-B""DASH-C""SLAB"以及"0"图层，并且为"CENT"层指定的线型为点划线，为"DASH-B""DASH-C"指定的是虚线。

图 9-18　楼盖节点视图　　　　　　图 9-19　图层的设置

在模型空间内按照 1∶1 的比例绘制，并且轴线、梁、板、柱位于不同的图层上，但是图 9-18 所示的各线型却显示为连续实线。这是因为在 AutoCAD 软件中，如果采用虚线、点划线等线型时，需要调整线型比例因子，以控制线型的外观。

改变显示比例的步骤如下。

① 单击【格式】|【线型】，打开【线型管理器】对话框。

② 在【线型管理器】对话框中点击【显示细节】按钮，显示已经加载线型的详细信息。

③ 调整【全局比例因子】数值。

④ 单击【确定】按钮，线型的显示随之改变。

"全局比例因子"×"当前对象缩放比例"＝最终比例。适当调整"全局比例因子"和"当前对象缩放比例"将能正确显示图形的线型。将"全局比例因子"设为"10"，"当前对象缩放比例"不改变，如图 9-20（b）所示。

【全局比例因子】的值对新绘对象及已有对象的线型比例都会产生影响。【当前对象缩放比例】的值只对设置后所创建绘图对象的线型产生影响，而在这之前所绘对象线型的显示不会出现变化。因此，如果欲修改已经完成的图形，只能对【全局比例因子】编辑栏进行调整。

如图 9-21 所示的图为设置好【全局比例因子】后的显示效果。

提示：如对已绘制图形的线型比例进行修改，可从图 9-15 所示的【对象特性】、【线型比例】选项卡中进行修改。

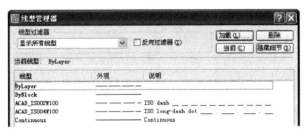

（a）

（b）

图 9-20 设置线型比例

（a）【线型管理器】对话框； （b）修改【全局比例因子】

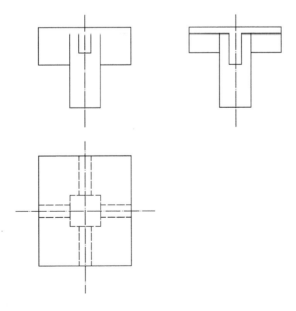

图 9-21 楼盖节点图

【思考与练习】

思考题

9-1　如何理解图层在组织和管理图形中的作用？

9-2　如何改变图层的属性？如何设置当前图层？

9-3　如何改变对象所在的图层？

9-4　如何在绘图窗口中观看线宽设置的效果？

上机操作

9-1　根据下表中的要求创建图层。

图　　层	颜　　色	线　　型	线　　宽
Object	白色	Continuous	Default
Hidden	42	Hidden	Default
Center	红色	ACAD_ISO04W100	0.03
Dim	绿色	Continuous	0.03
Section	青色	Continuous	0.05

9-2　练习图层属性的设置和修改。

图层的设置要求：设置三个图层，图层名自定，颜色自定，线型分别采用虚线、实线和点划线，线宽采用 0.03、0.05 和默认线宽，分别在三个图层上绘制如图 9-22 所示图形并进行如下练习。

① 打开/关闭【线宽】按钮，观察显示效果。

② 打开/关闭或者冻结/解冻某图层，观察显示效果。

③ 在【格式】|【线型】|【线型管理器】对话框中调整【全局比例因子】和【当前对象缩放比例】编辑栏中的数值，观察图形的显示。

④ 绘制如图 9-22 所示图形，将半径改为 5 400，调整【全局比例因子】编辑栏中的数值，观察显示效果。

图 9-22　图形

第 10 章　文字标注与表格

　　文字是工程图中不可缺少的一部分。完备且布局恰当的文字不仅能使图样更好地表现设计思想，同时也使图纸显得清晰整洁。

　　在 AutoCAD 软件中有两类文字对象，一类是由"DTEXT"命令创建的单行文字，常用于标注一些比较简短的文字项目，如标题栏信息、尺寸标注说明等；另一类是由"MTEXT"命令创建的多行文字，常用于标注带有段落格式的信息以及内容和形式比较复杂的文字。

　　AutoCAD 软件还具备创建及编辑表格的功能。

10.1　文字样式

10.1.1　【文字样式】对话框

　　在标注文字以前，应该首先定义文字样式，然后用定义好的文字样式进行文字标注。用户可以定义多个文字样式，不同格式的文字采用不同的文字样式标注。

　　启动命令方法如下。

　　① 下拉菜单：【格式】|【文字样式】。

　　② 工具栏：【文字】或【样式】| ![按钮] 按钮。

　　③ 命令行：STYLE 或者 ST。

　　启动上述命令将打开【文字样式】对话框，如图 10-1 所示。

图 10-1　【文字样式】对话框

【文字样式】对话框包括【样式名】、【字体】、【效果】和【预览】四个选项区。各部分功能解释如下。

（1）【样式名】

此选项用于样式的管理。各选项的含义如下。

① 【样式名】：在该下拉列表框中包括可使用的文字样式，可选择用于标注当前文字样式。

② 【新建】：单击该按钮，将弹出【新建文字样式】对话框，如图 10-2 所示，输入新建文字样式的名称并单击【确定】按钮，可创建新的文字样式，该文字样式将出现在【样式名】下拉列表框中。文件样式名可以定义成"标题栏""技术要求"等名称，以便于区分。

③ 【重命名】：在【样式名】列表框中选择欲重命名的样式，单击该按钮，用户可以在弹出的【重命名文字样式】对话框中进行修改，如图 10-3 所示。

④ 【删除】：在【样式名】列表框中选择欲删除的样式，单击该按钮将弹出如图 10-4 所示的【删除】对话框。

图 10-2 【新建文字样式】对话框　　　图 10-3 【重命名文字样式】对话框　　　图 10-4 【删除】对话框

（2）【字体】

此选项用于设置字体和高度。各选项的含义如下所示。

① 【shx 字体】：如取消对【使用大字体】选项的勾选，下拉列表框将显示所有字体的清单。带双 "T" 标志的字体是 Windows 系统提供的 "TrueType" 字体（*.ttf），包括常用的 "仿宋体""宋体""黑体" 等。其他字体是 AutoCAD 软件自带的字体（*.shx）。

② 【使用大字体】：专为亚洲国家设计的文字字体，其中 "gbcbig.shx" 字体是符合国家标准的工程汉字字体，包括一些常用的特殊符号，但不包括西文字体的定义，使用时可将其与 "gbenor.shx" 或 "gbeitc.shx" 字体配合使用。

③ 【字体样式】：取消对【使用大字体】选项的勾选，此时将会出现【字体样式】下拉列表，若所选的字体支持不同的样式，如斜体、粗体或者常规字体等，就可在下拉列表中选择一个。

④ 【高度】：用于设置字体高度，以图形单位确定字体的大小，默认字高为"0"。如采用默认字高，以后标注文字时，需再设高度，如果已设置字高，将按此高度标注文字，不再要求输入字高。

（3）【效果】

此选项用于设置文字的显示效果，包括【颠倒】、【反向】、【垂直】、【宽度比例】和【倾斜角度】。图 10-5 为文字不同的显示效果。

建筑制图　　建筑制图　　建筑制图　　　　建筑制图
峕珔制图　　图晴菜缭　　建筑制图 (1.5)　　建筑制图 (-30°)
　　　　　　　　　　　　建筑制图 (0.5)　　建筑制图 (30°)
（a）　　　　（b）　　　　　　（c）　　　　　（d）

图 10-5　文字效果

(a) 文字颠倒；　(b) 文字反向；　(c) 宽度比例；　(d) 倾斜角度

（4）【预览】

此选项用于查看所设样式的效果。在【预览】编辑框中输入文字后，单击【预览】按钮可观看设置效果。

10.1.2　创建文字样式

下面演示创建"建筑文字样式"，字体采用"宋体"，创建过程如下。

① 启动"STYLE"命令，弹出【文字样式】对话框。

② 单击【新建】按钮以创建文字样式，名称为"建筑文字样式"，单击【确定】按钮。

③ 在【文字样式】对话框中进行如下设置，如图 10-6 所示。

④ 在【预览】区输入"建筑标高"文字效果。

⑤ 单击【确定】按钮完成设置。

图 10-6　建筑文字样式

提示 1：只有定义了中文字库的字体才能进行中文标注，否则将出现一些"？"符号或者乱码。

提示 2：根据绘图的习惯和需要，定义最常用的几种文字样式，保存到图形样板文件中，使用时只需从中选择，无需重新设置。

提示 3：目前，在制定文字标注样式时，考虑到文字输出的方便和图面的美观，一些设计单位和绘图软件设置的文字样式中较少使用仿宋体，用户可以根据具体情况自行确定。

10.1.3　编辑文字样式

编辑已存在的文字样式同建立文字样式的方法相同。打开【文字样式】对话框，选择需要修改的样式后，直接修改各选项，点击【应用】按钮即可。

如果用户改变文字样式的字体，则当前图形中所有使用该样式的文字，其字体都随之改变；而改变高度只影响新建文字；改变宽度比例和倾斜角度，对单行文字来说将不影响已有文字，只影响新建文字。

10.2　标注文字

图 10-7　【文字】工具栏

AutoCAD 软件提供了两种创建文字的方法，即单行文字和多行文字。因为文字标注在绘图中使用十分频繁，AutoCAD 软件提供了【文字】工具栏供用户创建和编辑文字。【文字】工具栏如图 10-7 所示。

10.2.1　单行文字

可以创建一行或多行文字，按回车键可以结束每行输入。每行文字作为独立的对象。启动命令的方法如下。

① 下拉菜单：【绘图】|【文字】|【单行文字】。

② 工具栏：【文字】| **AI** 按钮。

③ 命令行：DTEXT 或 DT 或 TEXT。

启动命令后，AutoCAD 软件的命令行提示如下。

命令：DTEXT ↵

当前文字样式：STANDARD 当前文字高度：2.500 0（说明当前文字样式和文字高度）

指定文字的起点或［对正（J）／样式（S）］：（指定文字的起点或选择其他选项）

各选项含义如下所示。

（1）【指定文字的起点】

指定文字的起始位置。单击鼠标确定或输入起始位置后，AutoCAD 软件继续提示如下。

指定高度 <2.500 0>：（指定文字的高度）

提示：设备光标将从文字插入点到定点附着一条拖引线，可单击拾取键将文字高度设置为拖引线指定的长度或直接输入数值。

指定文字的旋转角度 <0>：（指定文字的旋转角度，即文字的排列方向相对于水平线的夹角）

用户在绘图区出现的插入点处输入文字，回车可换行输入，输入完毕两次回车即可结束该命令。

（2）【对正】

设置文字的定位方式。在命令行中输入"J"并回车表示选择该选项，AutoCAD软件继续提示如下。

［对齐（A）/调整（F）/中心（C）/中间（M）/右（R）/左上（TL）/
中上（TC）/右上（TR）/左中（ML）/正中（MC）/右中（MR）/
左下（BL）/中下（BC）/右下（BR）］：

各选项均用于文字的定位，确定文字位置时需采用 4 条定位线，分别为顶线、中线、基线和底线，其位置如图 10-8 所示。

图 10-8 文字标注定位线位置

各选项的含义如下所示。

① 【对齐】：通过指定基线端点来确定文字的高度和方向。

执行该选项，命令行提示如下。

　　指定文字基线的第 个端点：

　　指定文字基线的第二个端点：

在绘图区出现的插入点处输入文字，文字自动均匀分布于两点之间，倾斜角度服从于基线角度，根据两点之间的距离、字符数自动调节文字的高度，字符串越长，字符就越小。

② 【调整】：通过指定基线端点和文字的高度来确定文字的区域和方向。

执行该选项，命令行提示如下。

　　指定文字基线的第一个端点：（鼠标确定文字基线的第一个端点）

　　指定文字基线的第二个端点：（鼠标确定文字基线的第二个端点）

　　指定高度 <100.000 0>：（指定文字高度，或者回车采用 100.000）

用户可以在绘图区出现的插入点处输入文字，该选项保证文字高度定值。输入的字符串越长，每个字符就越窄；反之，字符就越宽。

③ 【中心】：通过指定基线的中点、高度、旋转角度定位文字。

执行该选项，命令行提示如下。

　　指定文字的中心点：（指定中心点）

指定高度 <10.000 0>：（指定文字高度，或者回车采用 10.000）

指定文字的旋转角度 <0>：（指定文字旋转角度，键盘输入更加方便）

用户在绘图区出现的插入点处输入文字即可，文字均匀分布于该中点的两侧。输入不同数量的字符，文字的高度、宽度比例保持不变，中心点也保持不变。

④ 【中间】：通过指定基线和高度的垂直中点、高度、旋转角度定位文字。执行该选项，命令行提示如下。

指定文字的中间点：（指定中间点）

指定高度 <50.000 0>：（指定文字高度，或者回车采用 50.000）

指定文字的旋转角度 <0>：（指定文字旋转角度，键盘输入更加方便）

用户在绘图区出现的插入点处输入文字即可。文字均匀分布于该中点的两侧，中间对齐的文字不保持在基线上。

⑤ 【右】：通过指定基线的终点、高度、旋转角度定位文字。执行该选项，命令行提示如下。

指定文字基线的右端点：

指定高度 <50.000 0>：

指定文字的旋转角度 <0>：

用户在绘图区出现的插入点处输入文字即可。文字分布于该点的左侧。

⑥ 【左上】：通过指定顶线的起点、高度、旋转角度定位文字。执行该选项，命令行提示如下。

指定文字的左上点：

指定高度 <50.000 0>：

指定文字的旋转角度 <0>：

⑦ 【中上】：通过指定顶线的中点、高度、旋转角度定位文字。

⑧ 【右上】：通过指定顶线的终点、高度、旋转角度定位文字。

⑨ 【左中】：通过指定中线的终点、高度、旋转角度定位文字。

⑩ 【正中】：通过指定中线的终点、高度、旋转角度定位文字。

⑪ 【右中】：通过指定中线的终点、高度、旋转角度定位文字。

⑫ 【左下】：通过指定底线的终点、高度、旋转角度定位文字。

⑬ 【中下】：通过指定底线的终点、高度、旋转角度定位文字。

⑭ 【右下】：通过指定底线的终点、高度、旋转角度定位文字。

文字的各个定位点如图 10-9 所示。

图 10-9　文字的各个定位点

（3）【样式】

设置文字所用样式。在命令行中输入"S"并回车表示选择该选项，AutoCAD 软件继续提示如下。

输入样式名或［?］<Standard>：

直接输入样式名，若输入"？"，则提示如下。

输入要列出的文字样式 <*>：（在此提示下回车，列出所有样式和当前样式，如图 10-10 所示）

图 10-10　文字窗口中显示所有的文字样式

10.2.2　特殊符号的输入

用户在输入单行文字时还可输入一些特殊符号，如直径符号"ϕ"，角度符号"°"和加、减符号"+""－"等。由于这些特殊符号不能从键盘上直接输入，因此，AutoCAD 软件提供了相应的控制符，以实现这些特殊符号的输入。常用特殊符号的控制符如表 10-1 所示。

控制符均由两个百分号（％％）及一个字符构成。直接输入控制符，控制符会临时出现在绘图区中，输完后控制符会自动转换为相应的特殊符号。

"％％O"和"％％U"是两个切换开关，在文字中第一次输入此符号时，表明打开上划线或下划线；第二次输入此符号，则关闭上划线或下划线。控制符所在的文字若被定义为"TrueType"字体，则可能无法显示相应的一些特殊符号，出现乱码或"？"。用户也可以使用 Windows 系统自带的字体动态键盘输入特殊符号。

表 10-1　常用特殊符号的控制符

控 制 符	功 能
%%O	打开或关闭上划线
%%U	打开或关闭下划线
%%D	表示角度符号（°）
%%P	表示正负公差符号（±）
%%C	表示直径符号（ϕ）
%%%	表示百分号（%）
%%nnn	表示 ASCⅡ码字符，其中 nnn 为十进制的 ASCⅡ码字符值

以图 10-11 为例创建单行文字样式。其操作步骤如下。

　　命令：DTEXT↵

　　当前文字样式：Standard　当前文字高度：0.000 0（当前模式）

　　指定文字的起点或［对正（J）／样式（S）］：S↵（选择【样式】选项）

　　输入样式名或［?］<Standard>：建筑文字样式↵（使用"建筑文字样式"）

　　当前文字样式：建筑文字样式　当前文字高度：25（说明当前文字样式和高度）

　　指定文字的起点或［对正（J）／样式（S）］：（在绘图区任意位置单击鼠标左键）

　　指定高度 <25>：（在绘图区拖引线指定高度）

　　指定文字的旋转角度 <0>：↵　（回车默认为不旋转）

这里演示了在"DTEXT"中字体上标、下标以及"±0.000"输入的过程。在绘图区出现的插入点处输入文字"%%O 中文版%%O AUTOCAD%%U 教程%%U"并回车换行，继续输入"本工程%%P0.000 相当于绝对标高 1.500 米"回车两次结束输入，结果如图 10-11 所示。

中文版 AutoCAD教程
本工程±0.000相当于绝对标高1.500米

图 10-11　带特殊符号的单行文字

10.2.3　多行文字

用户可创建任意数目的文字行或段落，其中每部分文字可设置不同的字体和大小，也可方便地添加特殊符号。

启动命令的方法如下。

① 下拉菜单：【绘图】|【文字】|【多行文字】。

② 工具栏：【文字】或【绘图】| A 按钮。

③ 命令行：MTEXT 或者 T 或者 MT。

10.2.3.1 MTEXT 命令行功能

启动命令后，AutoCAD 软件的命令行提示如下。

命令：MTEXT ↵

当前文字样式："建筑文字样式" 当前文字高度：100.000 0（当前文字样式和文字高度）

指定第一角点：（在绘图区单击左键拾取一点，然后拖曳鼠标，出现一个随鼠标变化的矩形方框，同时方框内出现一个箭头，如图 10-12 所示）

此时，AutoCAD 提示如下：

指定对角点或 ［高度（H）/ 对正（J）/ 行距（L）/ 旋转（R）/ 样式（S）/ 宽度（W）］：（指定矩形对角点或选择其他选项）

部分选项含义如下所示。

（1）【指定对角点】

用于确定文本框的另一对角点以形成矩形区域。指定对角点后，随之弹出多行文字编辑器，如图 10-13 所示，用户可在此输入内容。

图 10-12 矩形方框和箭头 **图 10-13 多行文字编辑器**

（2）【行距】

用于设置行间距，即相邻两行文字基线或底线之间的垂直距离。输入"L"执行该选项后，命令行提示如下。

输入行距类型 ［至少（A）/ 精确（E）］<至少（A）>：

输入行距的类型，【至少】选项表明将根据文本框的高度和宽度自动调整行间距，但保证实际行间距至少为用户所设行间距；【精确】选项将保证实际行间距等于用户所设置的初始行间距。

输入行距比例或行距 <1x>：（单行间距可输入 1x，两倍间距可输入 2x，以此类推；也可输入具体距离值，输入完后重新回到主提示）

（3）【宽度】

输入"W"执行该选项，通过键入和拖动图形中的点来指定文本框的宽度。

提示 1：多行文字对象的长度取决于文字量，而不是边框的长度。

提示 2：若输入的文字全是字符，且字符间无间隔，则字符串的宽度不服从文本框的宽度，若输入溢出了定义的边框，将用虚线来表示出定义的宽度和高度。即文字框的宽度事实上只对单词和文字起作用。

10.2.3.2 【文字格式】功能

当确定了标注文字框后，自动弹出如图 10-13 所示的多行文字编辑器，包括一个顶部带标尺的文本框和【文字格式】工具栏。用户可在该文本框的插入点处输入文字，利用【文字格式】工具栏进行格式设置。

【文字格式】工具栏部分功能在前面已经介绍过，这里仅介绍其他比较特殊的功能。

（1）【文字高度】

多行文字中可包含不同高度的字符，如图 10-14 所示。

（2）【粗体、斜体、下划线】

可为新输入或选定的文字设置或取消加粗、倾斜和下划线效果，如图 10-15 所示。

中文版 AutoCAD2006 实用教程　　　　中文版 *AutoCAD2006* 实用教程

图 10-14　不同文字高度的效果　　　图 10-15　加粗、倾斜和下划线效果

（3）【堆叠／非堆叠】

单击此按钮，若选定文字中包含堆叠字符（／、#、^），则可创建堆叠文字。堆叠字符左侧的文字将堆叠在字符右侧文字之上，3 种堆叠方式如图 10-16 所示。在输入包含堆叠字符的文字后回车或按空格键，将弹出【自动堆叠特性】对话框，可设置相关属性，如图 10-17 所示。上标：如 X5 则输入 X5^ 后选定 5^ 堆叠，下标 X5 则输入 X^5 后选定 ^5 堆叠即可。

非堆叠	堆叠
3^8	3 8
3/8	3 8
3#8	3/8

图 10-16　堆叠方式　　　　图 10-17　【自动堆叠特性】对话框

（4）【标尺】

此选项可控制是否显示标尺。

（5）【撤销、重做】

此选项可在编辑器中放弃或重做操作，包括对文字内容或文字格式所做的修改。

（6）【确定】

此选项可保存修改并关闭编辑器。若关闭编辑器而不保存修改，则按"Esc"键退出。

（7）【对正】

此选项可设置文字的各种对齐方式。

（8）【项目符号和列表】

此选项可使用编号、项目符号或大写字母创建列表。

（9）【插入字段】

此选项可从中选择要插入到文字中的字段。关闭该对话框后，字段的当前值将显示在文字中。

（10）【大写、小写】

此选项可将选定字符更改为大写或小写。

（11）【上划线】

此选项可设置或取消上划线。

（12）【符号】

此选项可弹出如图 10-18 所示的子菜单，选择常用符号或不间断空格将在光标位置处插入。若选择【其他】选项，将显示【字符映射表】对话框，如图 10-19 所示，其中包含了系统中每种可用字体的整个字符集。双击字符就可放入【复制字符】框中，关闭该对话框后，利用鼠标右键可"粘贴"到编辑器中。

（13）【追踪】

增大或减小字符间距。设置为 1.0 是常规间距，大于 1.0 可增大间距，小于 1.0 可减小间距。

（14）【选项】

单击按钮可显示【选项】菜单，控制【文字格式】工具栏的显示并提供其他编辑选项，如图 10-20 所示。

图 10-18　【符号】　　　图 10-19　【字符映射表】对话框　　　图 10-20　【选项】

　　　　　 子菜单　　　　　　　　　　　　　　　　　　　　　　　　　 对话框

10.2.3.3　创建文字样式示例

创建如图 10-21 所示的工程说明，标题为黑体，加下划线，字高 6 ，其他字体为宋体，字高 30。其具体操作步骤如下。

命令：MTEXT↵
当前文字样式："standard"
当前文字高度：120.000
指定第一角点：（在绘图区单击指定第一角点）
指定对角点或［高度（H）／对正（J）／行距（L）／旋转（R）／样式（S）／宽度（W）］：（拖动鼠标指定对角点）

在弹出的多行文字编辑器中，利用【文字格式】工具栏，选择样式为当前所建的"建筑文字样式"，文字高度为 30，在文本框中输入文字，再选定标题文字设置其字体为黑体、高度为 60 并设有下划线，单击"确定"按钮，结果如图 10-21 所示。

提示 1: 若发现文字出现乱码或出现"?"，多数情况下是由于文字样式所连接的字体不合适造成的，用户选择合适的字体即可。

提示 2: 单行文字创建的文本以行为单位，属性一致，使用灵活，常用于简短的文字标注。多行文字则功能强大，但使用起来稍烦琐。

提示 3: 利用"EXPLODE"命令可将多行文字转换为若干单行文字。

```
说明：
1. 混凝土强度等级为C20。
2. 钢筋混凝土保护层厚度：梁、柱25 mm、板15 mm。
3. TB1、TB2、TB3和平台板未注明者，分布筋均为∅6@250。
```

图 10-21　多行文字

10.3　编辑文字

10.3.1　基本编辑

启动编辑文字的方式如下。
① 下拉菜单：【修改】|【对象】|【文字】|【编辑】。
② 工具栏：【文字】| $\mathbb{N}$ 按钮。
③ 命令行：DDEDIT 或 ED。

用户也可以使用【特性】选项板编辑文字。实际操作中，最为简洁的操作方式是双击文字。

10.3.1.1　用"DDEDIT"编辑文字

启动命令后，AutoCAD 软件的命令行提示如下。

命令：DDEDIT ↵

选择注释对象或［放弃（U）］：（选取要编辑的对象，若选择的是单行文字，则可直接对其内容进行修改；若是多行文字，则弹出【多行文字编辑器】，在其中对内容及格式进行修改）

选择注释对象或［放弃（U）］：（可继续选取，回车结束命令）

10.3.1.2　修改文字比例和对正

在 AutoCAD 软件中，可以修改一个或多个文字对象、属性和属性定义（或其插入点）的比例，同时不修改对象的位置。其中，"SCALETEXT"命令可以缩放单、多行文字，"JUSTIFYTEXT"命令可以修改文字的对正方式。

启动该命令的方法如下。

① 下拉菜单：【修改】|【对象】|【文字】|【比例】或【对正】。

② 工具栏：【文字】|　、　按钮。

③ 命令行：SCALETEXT 或者 JUSTIFYTEXT。

10.3.2　PROPERTIES 编辑文字

同图形一样，用户也可使用【特性】选项板文字的内容及属性进行编辑。

启动该命令的方法如下。

① 下拉菜单：【修改】|【特性】。

② 工具栏：【标准】|　按钮。

③ 命令行：DDMODIFY 或 PROPERTIES。

选择要修改的文字，使用上述任一方式启动命令后，将弹出【特性】选项板。根据所选文字的类型不同，【特性】选项板的选项也有所不同。

用户可以在【特性】选项板中修改文字的颜色、图层、线型以及文字的内容、样式、对正方式等，使用非常方便。

10.3.3　其他常用操作

10.3.3.1　文字显示性能

如在图形中输入过多的文字，尤其包含"TrueType"字体和其他复杂格式字体时，将会使缩放、刷新等操作变慢，使用"QTEXT"命令控制文字的显示模式可加快图形重生成的过程。

用户可以在命令行输入"QTEXT"并回车进行修改，也可以在【工具】|【选项】|【显示】|【显示性能】复选框选择【仅显示文字边框（X）】。

以下演示命令行的输入方式。

命令：QTEXT↵

输入模式［开（ON）/ 关（OFF）］<关>：（输入控制文字显示）

完成上述操作后，用户还需单击【视图】|【重生成】命令，则每个文字对象和

属性对象都将仅显示文字对象周围的边框而不显示内容，如图 10-22 所示。

说明：
1. 混凝土强度等级为C20。
2. 钢筋混凝土保护层厚度：梁、柱25 mm、板15 mm。
3. TB1、TB2、TB3和平台板未注明者，分布筋均为 ϕ6@250。

（a）   （b）

图 10-22　快速显示文字

（a）文字显示处于"OFF"状态；　（b）文字显示处于"ON"状态

10.3.3.2　拼写检查

使用"SPELL"命令可用于检查图形中所有文字或单一文字的拼写错误，对于英文的拼写检查更为有效。

启动该命令的方式如下。

① 下拉菜单：【工具】|【拼写检查】。

② 命令行：SPELL。

10.3.3.3　查找与替换

使用"FIND"命令可在当前整个图形文件或指定区域内查找并替换所需要的文字。

启动该命令的方式如下。

① 下拉菜单：【编辑】|【查找】命令。

② 工具栏：【文字】| 按钮。

③ 命令行：FIND。

启动命令后，将弹出【查找和替换】对话框，用户可以完成字符串的查找和替换。

10.4　表格

AutoCAD 软件可以创建表格，表格的外观由表格样式控制，对于已生成的表格对象，用户可以很方便地对其形状进行修改或是编辑其中的文字信息。

10.4.1　创建表格样式

与创建文字前应先定义文字样式一样，在创建表格前，应先定义表格样式以控制表格外观，可使用默认表格样式"Standard"，或根据需要创建或编辑新样式。

10.4.1.1　表格样式功能

启动该命令的方法如下。

① 下拉菜单：【格式】|【表格样式】。

② 工具栏：【样式】工具栏| ![按钮图标] 按钮。

③ 命令行：TABLESTYLE。

启动命令后，弹出【表格样式】对话框，如图 10-23 所示。

图 10-23 **【表格样式】对话框**

【表格样式】对话框的默认样式为"Standard"。在【样式】列表框中显示所设置的表格样式，单击某个样式，将"高亮"显示，其效果显示在【预览】框中。【列出】列表框用于设置【样式】列表框中显示样式的范围，有【所有样式】和【当前样式】两个选项，单击右侧按钮可进行样式的管理。该对话框中各选项的功能如下。

（1）【置为当前】

将【样式】列表框中选定的样式置为当前，所有新建表格将采用此样式。

（2）【新建】

用于定义新的样式。单击按钮将弹出【创建新的表格样式】对话框，在该对话框中输入新建表格样式的名称并在【基础样式】下拉列表框中选择一种基础样式，则新样式将在该样式的基础上进行修改，单击【继续】按钮，将弹出【新建表格样式】对话框，如图 10-24 所示。

【新建表格样式】对话框包含了三个选项卡：【数据】、【列标题】和【标题】，可分别设置表格中数据、列标题和标题的样式。每个选项卡均有【单元特性】、【边框特性】、【基本】和【单元边距】四个选项区，主要选项含义如下。

① 【单元特性】：设置文字样式、高度、颜色、填充颜色及对齐方式。

② 【边框特性】：控制单元边界的外观，边框特性还包括栅格线的线宽和颜色。

③ 【基本】：用于更改表格方向。包括【向上】、【向下】两个选项，前者表示创建由下而上读取的表格，后者表示创建由上而下读取的表格。

④ 【单元边距】：用于控制单元边界和单元内容之间的间距。包括【水平】、【垂直】两个选项，前者表示设置单元中的文字或块与左右单元边界之间的距离，后者

表示设置单元中的文字或块与上下单元边界之间的距离。

设置完成后，单击【确定】按钮，返回【表格样式】对话框，完成表格样式的创建。

用户可以使用【修改】按钮修改已有的表格样式，使用【删除】按钮删除不合适的表格样式。

图 10-24　【新建表格样式】对话框

10. 4. 1. 2　创建"表格样式1"

新建"表格样式1"，数据和列标题的字体设置为楷体、字高为30、对齐方式为正中，标题的字高为60，其他设置为默认。其具体操作步骤如下。

① 启动"TABLESTYLE"命令，在弹出的【表格样式】对话框中单击【新建】按钮。

图 10-25　创建"表格样式1"

② 在【创建新的表格样式】对话框的【新样式】文字框中输入新样式名"表格样式1"，如图10-25所示，然后单击【继续】按钮。

③ 在【新建表格样式：表格样式1】对话框的【数据】选项卡中，单击【文字样式】下拉列表框，选择"表格文字"样式（在【文字样式】对话框中设置文字样式名为"表格文字"，所采用的字体为宋体，字体高度为0.000，宽高比例为0.7），在【文字高度】文字框中输入"30"，在【对齐】下拉列表框中选择【正中】选项。

④ 单击【列标题】和【标题】选项，在【文字样式】下拉列表框中选择"表格文字"样式，在【文字高度】文字框中分别输入"30""60"。

⑤ 单击【确定】按钮，返回【表格样式】对话框，如图10-26所示。

图 10-26 "表格样式 1"预览

⑥ 单击【关闭】按钮，关闭【表格样式】对话框，完成设置。

10.4.2 创建表格

上文已经设置好了"表格样式 1"，现在使用该样式创建表格。

启动该命令的方式如下。

① 下拉菜单：【绘图】|【表格】。

② 工具栏：【绘图】| ▦ 按钮。

③ 命令行：TABLE。

10.4.2.1 【插入表格】对话框

启动命令后，将弹出【插入表格】对话框，如图 10-27 所示。该对话框包含【表格样式设置】、【插入方式】、【列和行设置】三个选项区，各选项含义如下。

图 10-27 【插入表格】对话框

（1）【表格样式设置】

在【表格样式名称】下拉列表框中选择表格样式，或单击其右侧的按钮 ![按钮]，可创建新的表格样式。【文字高度】下面显示了当前表格样式的文字高度，在预览窗口中可显示预览效果。

（2）【插入方式】

【指定插入点】单选按钮要求在绘图区中的某点插入固定大小的表格，若选定【指定窗口】单选按钮要求在绘图区中通过拖动表格边框来创建任意大小的表格。

（3）【列和行设置】

可通过设置【列】、【列宽】、【数据行】、【行高】来调整表格的外观大小。设置完成，单击【确定】按钮。

10.4.2.2　创建表格——门窗表

使用前面建立的"表格样式1"，创建如图10-28所示的表格，具体操作步骤如下。

① 启动"TABLE"命令，弹出【插入表格】对话框，单击【表格样式名称】下拉列表框并选择"表格样式1"。"表格样式1"各参数的内容见10.4.2.1节中的内容介绍。

门窗表				
类型	编号	尺寸	数量	备注
窗	C1	1800×1800	5	
窗	C2	2100×2100	2	
门	M1	900×2000	5	

图10-28　门窗表

② 确定插入方式，选择【指定插入点】。

③ 在绘图区中指定插入点，弹出【多行文字编辑器】，此时，表格的最上面一行处于文字编辑状态。

④ 在表格中输入文字，如图10-29所示。回车或按下方向键进入下一单元，输入相应内容，最后单击【确定】按钮，完成创建。

⑤ 用户可以完成其余的操作。

图10-29　在单元中输入文字

10.4.3　编辑表格

已创建的表格同样需要编辑操作，如需改变单元内容，可在单元处直接双击进入编辑状态即可修改，若修改表格结构或做其他操作则可采用夹点或快捷菜单。

（1）夹点编辑表格

选择表格或单元后，在表格的四周、标题行、单元上将会显示若干个夹点，可拖动夹点改变行、列宽度。如将前面所建立的门窗表选定，如图 10-30 所示；向右拖动"尺寸"处的夹点将此列加宽，如图 10-31 所示。

门窗表				
类型	编号	尺寸	数量	备注
窗	C1	1800 × 1800	5	
窗	C2	2100 × 2100	2	
门	M1	900× 2000	5	

图 10-30　夹点显示

门窗表				
类型	编号	尺寸	数量	备注
窗	C1	1800×1800	5	
窗	C2	2100×2100	2	
门	M1	900×2000	5	

图 10-31　拖动夹点改变列宽

（2）快捷菜单

选定表格的不同部分，单击右键将弹出不同的快捷菜单。

① 单击网格线的功能：选定整个表格时，对表格进行操作。用户可以对表格进行剪切、复制、删除、移动、缩放、旋转等操作，也可均匀调整表格的行、列大小。

② 单击单元的功能：选择表格的某个单元时，用户可以对单元进行编辑，主要功能包括单元格的复制、剪切、单元对齐、单元边框处理、匹配单元处理、对行和列进行插入或者删除、插入块、插入公式、编辑单元文字以及合并单元等操作。图10-32 和图 10-33 分别为选择连续单元和合并单元的结果。

门窗表				
类型	编号	尺寸	数量	备注
窗	C1	1800 × 1800	5	
窗	C2	2100 × 2100	2	
门	M1	900× 2000	5	

图 10-32　选择连续单元

门窗表				
类型	编号	尺寸	数量	备注
窗	C1	1800×1800	5	
窗	C2	2100×2100	2	
门	M1	900×2000	5	

图 10-33　合并单元

③ 插入公式：可在选定的单元中输入公式进行计算。包括求和、均值、计数、单元和方程式命令选项。求和、均值、计数及单元命令分别可对选择单元范围中的值求和、求平均值及个数计数和引用。方程式则以等号（=）开始，它是一个由数值、单元格引用（地址）、函数或运算符组成的等式。单元格引用可以通过单元的列

字母和行号来表示，如 A6、B1、B2 等（在默认情况下，当选定表格单元进行编辑时，在位文字编辑器将显示列字母和行号，使用 TABLEINDICATOR 系统变量可以打开和关闭此显示）。运算符包括加号（+）、减号（−）、乘号（*）、除号（／）、指数运算符（∧）和括号（ ）。图 10-34、图 10-35、图 10-36 和图 10-37 分别表示新增一行、选定放置公式的单元、显示求和公式以及合计值的计算。

图 10-34　新增一行

图 10-35　选定放置公式的单元

图 10-36　显示求和公式

图 10-37　合计值

提示：选择多个单元时可选择在表格中按住鼠标左键拖动光标，将出现一个虚线矩形框，在该矩形框内以及矩形框相交的单元都将被选中；也可在单元内单击鼠标选择单元，再按住"Shift"键单击其他单元，则相邻区域内的单元都将被选中。

【思考与练习】

思考题

10-1　使用何种命令可以控制文字的显示模式？

10-2　创建文字时，如何表示圆的直径？

10-3　如何设置和改变当前文字样式？

10-4　在多行文字编辑器中，如要使超出文字编辑的行不自动换行，应该如何操作？

10-5　如何修改已经存在的文字对象的内容？

10-6　是否能对文字对象进行复制、镜像、旋转等操作？

上机操作

10-1　创建如图 10-38 所示的表格，并输入文字。具体要求如下。

建立文字样式"建筑文字样式"，该样式所设字体为仿宋，宽高比为 0.7，建立表格样式"建筑表格"，数据、列标题的字高分别设为 350、400，对齐方式设为正中。

类型	编号	洞口尺寸		数量	备注
		宽	高		
窗	C1	1800	2100	2	
	C2	1500	2100	3	
	C3	1800	1800	1	
门	M1	3300	3000	3	
	M2	4260	3000	2	
卷帘门	JLM	3060	3000	1	

图 10-38　创建的表格

10-2　完成如图 10-39 所示的工程说明，分别采用"TEXT"和"MTEXT"命令进行输入。字体样式为宋体，宽高比为 0.7，字体高度为 10。

说明：

1. 未注明的板通长钢筋均为 ϕ12@200，通长钢筋遇洞及升降板时段卡入梁墙内且须

满足受压锚压长度；

2. 未注明的板受力钢筋均为 ϕ12@200；

3. 虚线范围内应设置梅花状拉结筋，拉结筋大小为 ϕ8@400×400。

图 10-39　工程说明

第 11 章 尺 寸 标 注

尺寸标注描述了各图形对象的大小及相对位置关系,是实际生产中的重要依据。可以说一个没有尺寸标注的工程图是没有任何意义的。AutoCAD 软件提供了完善的尺寸标注和尺寸样式定义功能,可以满足建筑、机械等应用领域的要求。

本章将介绍如何设置尺寸标注样式,如何进行尺寸标注以及尺寸编辑的基本方法,并通过典型实例进行说明。

11.1 尺寸标注的基本知识

一个典型的尺寸标注通常由尺寸线、尺寸界线、尺寸文字、尺寸起止符号等要素组成,如图 11-1 所示。

11.1.1 尺寸标注的类型

中文版 AutoCAD 软件提供了一套完整的尺寸标注命令,集中在【标注】工具栏和【标注】下拉菜单中。图 11-2 为【标注】工具栏。

用户可以方便、高效地为各种对象沿各个方向创建标注,如图 11-3 所示。

图 11-1 尺寸标注的组成

图 11-2 【标注】工具栏

图 11-3 各种标注类型

基本的标注类型包括以下内容。

① 长度：用来标注对象的长度，包括线性标注、对齐标注、弧长标注。

② 径向：用来标注圆或圆弧的直径、半径尺寸，包括直径标注、半径标注和折弯标注。

③ 角度：标注角度尺寸，采用角度标注。

④ 坐标：标注指定点的坐标值，采用坐标标注。

⑤ 引线：带引线的文字，采用引线标注。

⑥ 其他：主要有连续标注、基线标注、快速标注、圆心标注和公差标注。

11.1.2 尺寸标注的步骤

尺寸标注的基本步骤如下。

① 创建图层。为尺寸标注建立一个独立的图层，使之与图形的其他信息分开，便于修改。

② 创建文字样式。为尺寸标注建立符合国家标准和行业标准的文字样式。

③ 创建标注样式。为尺寸标注建立符合国家标准和行业标准的标注样式。

④ 如选用标注命令对图形进行标注，需要借助对象捕捉等功能。

11.2 创建尺寸标注样式

尺寸样式控制着图形中尺寸标注的各个组成部分的格式和外观，在进行尺寸标注前应首先定义尺寸标注样式。

启动命令的方法如下。

① 下拉菜单：【格式】或【标注】|【标注样式】。

② 工具栏：【标注】工具栏| ◢ 按钮。

③ 命令行：DIMSTYLE、D、DST、DDIM 或 DIMSTY。

启动命令后，将弹出【标注样式管理器】对话框，如图 11-4 所示。

图 11-4 【标注样式管理器】对话框

11.2.1 　【标注样式管理器】对话框

【样式】列表框中显示所设置的标注样式，单击某个样式，将"高亮"显示，其效果显示在【预览】框中并在【说明】框中给出相应的说明。

【列出】列表框用于设置【样式】列表框中显示样式的范围，有【所有样式】和【当前样式】两个选项。

对话框的右侧按钮包括【置为当前】、【新建】、【修改】、【替代】、【比较】等，用户可以通过这些按钮进行样式的管理。这些按钮的功能介绍如下。

（1）【置为当前】

将【样式】列表框中选定的样式置为当前样式。当前的标注将采用此样式，直至被另外一种样式代替为止。

（2）【新建】

用于创建新的标注样式。单击该按钮将弹出【创建新的标注样式】对话框和【标注样式管理】对话框，用户通过这两个对话框可以新建标注样式。

（3）【修改】

用于修改已经存在的样式。在【样式】列表框中选择要修改的样式后，单击该按钮将弹出【修改标注样式】对话框，其组成同【新建标注样式】对话框。

（4）【替代】

单击该选项按钮将弹出【替代当前样式】对话框，可设置当前标注样式的临时替代样式。替代样式将作为未保存的更改结果，显示在【样式】列表中的标注样式下，不需要时可单击右键，在弹出的快捷菜单中执行删除命令。

（5）【比较】

单击该按钮将弹出【比较标注样式】对话框。该对话框用于两个标注样式间的比较或列出一种标注样式的所有特性。

单击【关闭】按钮将关闭【标注样式管理器】对话框，完成标注样式的设置。

11.2.2 　【创建新的标注样式】对话框

11.2.2.1 　创建新标注样式的步骤

创建新的标注样式的基本步骤如下。

图 11-5 　【创建新的标注样式】对话框

① 在【标注样式管理】对话框中单击【新建】按钮，程序将弹出【创建新的标注样式】对话框，如图 11-5 所示。

② 在【新样式名】编辑栏框中输入新建标注样式的名称。在【基础样式】下拉列表框中选择一种基础样式，新样式将在该样式的基础

上进行修改。在【用于】下拉列表框中可以指定使用新标注样式的范围，默认设置为【所有标注】，也可选择特定的标注类型，此时将创建基础样式的子样式。

③ 单击【继续】按钮，弹出【新建标注样式】对话框，如图 11-6 所示，用户可根据相关规定设置参数。

图 11-6 【新建标注样式】对话框

④ 单击【确定】按钮，返回【标注样式管理器】对话框，创建完毕。

下文详细阐述【新建标注样式】对话框中各选项的意义。

11. 2. 2. 2 【直线】

用于设置尺寸线、尺寸界线的外观，包括颜色、线型、线宽和位置等，可在预览区显示设置的效果，如图 11-6 所示。

（1）【尺寸线】

用于设置尺寸线的特性。

① 【颜色】、【线型】、【线宽】：分别用于设置尺寸线的颜色、线型和宽度。

② 【超出标记】：当尺寸线的箭头采用倾斜、建筑标记、小点或无标记等样式时，可以设置尺寸线超出尺寸界限的长度，其效果对比如图 11-7 所示。

③ 【基线间距】：当进行基线尺寸标注时，可以设置平行尺寸线之间的距离，其效果对比如图 11-8 所示。

④ 【隐藏】：选中【尺寸线 1】或【尺寸线 2】复选框，可以隐藏第一段或第二段尺寸线及其相应的起止符号，其效果对比如图 11-9 所示。

图 11-7   超出标记   图 11-8   基线间距

（2）【尺寸界线】

用于控制尺寸界线的外观。

①【颜色】、【尺寸界线1】、【尺寸界线2】、【线宽】下拉列表：用于设置尺寸界线的颜色、线型和线宽。

②【超出尺寸线】：用于设置尺寸界线超出尺寸线的长度，对比效果如图11-10所示。

图 11-9   隐藏尺寸线   图 11-10   超出尺寸线

③【起点偏移量】：用于设置尺寸界线的起点与标注定义点的距离，对比效果如图11-11所示。

④【隐藏】：选中【尺寸界线1】或【尺寸界线2】复选框，可以隐藏尺寸界线，其效果对比如图11-12所示。

图 11-11   起点偏移量   图 11-12   隐藏尺寸界线

11.2.2.3   【符号和箭头】

用于设置箭头、圆心标记、弧长符号及半径标注折弯的角度等，可在预览区显示设置效果，如图11-13所示。

（1）【箭头】

用于设置尺寸线和引线箭头的类型及大小等。用户可以从下拉列表中选择箭头样式，并在【箭头大小】数值框中设置大小，也可自定义箭头。

图 11-13 【符号和箭头】标签

提示：如果选择【用户箭头】选项，则弹出如图 11-14 所示的【选择自定义箭头块】对话框，在【从图形块中选择】下拉列表框中输入当前图形中已有的图块名，单击【确定】按钮，将以该图块作为尺寸线的箭头样式，此时图块的插入基点与尺寸线的端点重合。

（2）【圆心标记】

用于选择单选按钮设置圆心标记的类型和大小。选【无】表示"不标记"；选【标记】则表示可对圆或圆弧加圆心标记；选【直线】则表示可对圆或圆弧绘制中心线。标记效果如图 11-15 所示。

（3）【弧长符号】

用于控制弧长标注中圆弧符号的显示。若圆弧或圆的圆心位于图形边界之外，用户可以使用折弯标注其半径。

图 11-14 【选择自定义箭头块】对话框

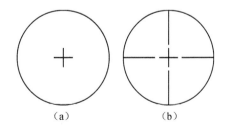

图 11-15 圆心标记类型

（a）选择【标记】；（b）选择【直线】

11. 2. 2. 4 【文字】

用于设置标注文字的外观、位置及对齐方式，如图 11-16 所示。

图 11-16　【文字】选项卡

（1）【文字外观】

用于设置文字的样式、颜色、高度等。

① 【文字样式】：选择用于标注的文字样式，也可单击右侧按钮 ▦ 设置文字样式。

② 【文字颜色】：用于选择文字颜色，默认为"ByBlock"。

③ 【填充颜色】：用于设置标注中文字背景的颜色。

④ 【文字高度】：用于设置文字的高度。

提示：若在【文字样式】对话框中定义了文字的高度，则该高度将替代此处设置的文字高度。建议用户在【文字样式】中设高度为 0，如在此处设置文字高度，调整字高更为方便。

⑤ 【分数高度比例】：设置相对于标注文字的分数比例。仅当在【主单位】选项卡中选择【分数】作为"单位格式"时，此选项才可用。

图 11-17　尺寸文字加框

⑥ 【绘制文字边框】：选择此选项将在标注文字周围绘制一个边框，加框后的效果如图 11-17 所示。

（2）【文字位置】

用于控制标注文字的位置。

① 【垂直】：设置文字相对于尺寸线在垂直方向上的位置，其中包括【置中】、【上方】、【外部】、【JIS（日本工业标准）】四个选项，效果如图 11-18所示。

图 11-18　文字【垂直】位置

②　【水平】：设置文字相对于尺寸线、尺寸界线在水平方向上的位置，其中包括【置中】、【第一条尺寸界线】、【第二条尺寸界线】、【第一条尺寸界线上方】、【第二条尺寸界线上方】四个选项，效果如图 11-19 所示。

图 11-19　文字【水平】位置

③　【从尺寸线偏移】：设置标注文字与尺寸线之间的距离，若文字位于尺寸线之间，则表示断开处尺寸线端点与文字间的距离，效果如图 11-20 所示。

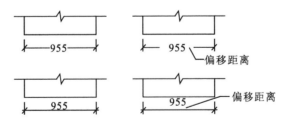

图 11-20　偏移距离

④　【文字对齐】：控制标注文字放在尺寸界线外或里时的方向。其中，【水平】表示水平放置文字。【与尺寸线对齐】表示文字与尺寸线对齐。【ISO 标准】表示当文字在尺寸界线内时，文字与尺寸线对齐；当文字在尺寸界线外时，文字水平排列。效果如图 11-21 所示。

图 11-21　文字对齐

11.2.2.5　【调整】

用于设置标注文字、箭头、引线和尺寸线的位置，如图 11-22 所示。

图 11-22　【调整】选项卡

（1）【调整选项】

控制位于尺寸界线之间可用空间的文字和箭头的位置，即如果尺寸线之间没有足够的空间同时放置文字和箭头时，有一项将从尺寸界线之间移出。对比效果如图 11-23 所示。

图 11-23　调整选项

（2）【文字位置】

设置当文字不在默认位置时的位置，其中包括【垂直】、【水平】和【从尺寸线偏移】三个选项。对比效果如图 11-24 所示。

图 11-24 文字位置

（a）尺寸线旁线；（b）尺寸线上方，带引线；（c）尺寸线上方，不带引线

① 【垂直】：用于控制标注文字相对尺寸线的垂直位置，包括【居中】、【上方】、【外部】和【JIS】选项。

a.【居中】：将标注文字放在尺寸线的两部分中间。

b.【上方】：将标注文字放在尺寸线上方。从尺寸线到文字的最低基线的距离就是当前的文字间距。

c.【外部】：将标注文字放在尺寸线上远离第一个定义点的一边。

d.【JIS】：按照日本工业标准（JIS）放置标注文字。

② 【水平】：用于控制标注文字在尺寸线上，相对于尺寸界线的水平位置和设置当前文字间距。

a.【居中】：将标注文字沿尺寸线放在两条尺寸界线的中间。

b.【第一条尺寸界线】：沿尺寸线与第一条尺寸界线左对正。

c.【第二条尺寸界线】：沿尺寸线与第二条尺寸界线右对正。

d.【第一条尺寸界线上方】：沿第一条尺寸界线放置标注文字或将标注文字放在第一条尺寸界线之上。

e.【第二条尺寸界线上方】：沿第二条尺寸界线放置标注文字或将标注文字放在第二条尺寸界线之上。

③ 【从尺寸线偏移】：用于设置当前文字间距（当尺寸线断开以容纳标注文字时，标注文字周围的距离）。

（3）【标注特征比例】

设置全局标注比例值或图纸空间比例。

① 【使用全局比例】：对全部尺寸标注设置缩放比例，这些设置指定了大小、距离或间距，包括文字和箭头大小，但不改变尺寸的测量值。

② 【将标注缩放到布局】：根据当前模型空间视口和图纸空间之间的比例，确定比例因子，如图 11-25 所示。

（4）【优化】

对标注文字和尺寸线进行细微调整。默认选项为【在尺寸界线之间绘制尺寸线】。

用户可以选择【手动放置文字】选项，对比效果如图 11-26 所示。

图 11-25　全局比例　　　　　　　　图 11-26　不绘制尺寸线

11.2.2.6　【主单位】

用于设置主标注单位的格式和精度，并设置标注文字的前缀和后缀，如图 11-27 所示。

图 11-27　【主单位】选项卡

（1）【线性标注】

设置线性标注的格式和精度。

①　【单位格式】：设置除角度之外的所有标注类型的当前单位格式。

②　【精度】：显示和设置标注文字中的小数位数。按照我国的规范规定，此处选择【小数】选项。

图 11-28　测量单位比例

（2）【测量单位比例】

设置线性测量尺寸的缩放比例，实际标注值为测量值与该比例的乘积，如图 11-28 所示。若选中【仅应用到布局标注】，则设置该比例关系仅应用到布局。

（3）【消零】

设置是否显示尺寸标注中的前导和后续零。

（4）【角度标注】

设置角度标注的单位、精度及是否消除【前导】和【后续】零。

（5）【换算单位】

用于指定标注测量值中换算单位的显示并设置其格式和精度，如图 11-29 所示。

图 11-29   【换算单位】选项卡

选中【显示换算单位】选项，AutoCAD 软件标注中将显示标注的换算单位，可设置换算单位的格式、精度、舍入、前后缀和消零，与设置主单位方法相同。在【位置】编辑栏可设置换算单位的位置，包括【主值后】和【主值下】两种方式，效果如图 11-30 所示。

图 11-30   设置【换算单位】的位置

（6）【公差】

该标签用于控制标注文字中公差的格式及显示。

11.2.3 修改标注样式

如果对创建的标注样式不满意，用户可以修改标注样式，在【标注样式管理器】对话框中单击【修改】按钮，将打开【修改标注样式】对话框，用户可以修改有关选项。

11.2.4 创建符合国家标准的尺寸标注样式

如前所述建立"建筑文字样式"，与该样式相连的字体选择为"simplex.shx"，字体的宽高比为 0.7，高度为 0。基本过程如下。

① 启动 "DIMSTYLE" 命令，在弹出的【标注样式管理器】对话框中单击【新建】按钮。

② 在【创建新标注样式】对话框中输入新样式名：建筑尺寸标注。在【基础样式】列表框中选择【ISO−25】选项，在【用于】列表框中选择【所有标注】。

③ 单击【继续】按钮，在弹出的【新建标注样式】对话框各选项卡中设置标注样式的具体参数。

④ 【直线】：【超出尺寸线】和【起点偏移量】分别输入 1.8 和 2。

⑤ 【符号和箭头】：【箭头】选项的【第一项】下拉列表中选择 "建筑标记"，【箭头大小】文本框中输入 1.3。

⑥ 【文字】：【文字样式】选择在前面已定义了的 "建筑文字样式"，【文字高度】设为 1.8，【从尺寸线偏移】文本框中输入 0.8。具体解释见下文提示 2。

⑦ 【调整】：该选项卡的使用与否与图形输出以及前面的设置有关。此处所讲述的标注是对实际图形进行标注。所以，可以在【使用全局比例】中输入绘图比例的倒数（具体数值由绘图比例决定，如绘图比例为 1∶50，则输入 50）。具体解释见下文提示 3。

⑧ 【主单位】：【单位格式】选择 "小数"，【精度】选择 "0"，【比例因子】的取值和出图方法有关。具体解释见下文提示 3。

⑨ 单击【确定】按钮返回【标注样式管理器】对话框。

⑩ 单击【置为当前】按钮使新样式成为当前样式。

⑪ 单击【关闭】按钮完成创建。

提示 1：标注样式的改变将影响到所有使用该样式的标注的位置及外观。

提示 2：为尺寸标注定义文字高度时，可在【文字样式中】对话框中设置，也可在【标注样式管理器】中确定。如同时定义，则以文字样式中定义的高度为准。建议在【文字样式】对话框中定义字体的高度为 0，通过【标注样式管理器】|【文字外观】|【文字高度】来定义高度。在该选项卡中修改字高后，已创建的标注的字高随之改变。

提示 3：假设按照 1∶1 绘图，然后使用 "SCALE" 命令将图形按照 1∶100 的比例缩小，如何设置上述参数？此时【调整】选项卡【全局比例因子】编辑栏中参数设为 1；在【主单位】选项卡【比例因子】编辑栏中设置参数为 100。

11.3 进行尺寸标注

AutoCAD 软件为用户提供了多种尺寸标注命令，可用于标注各种尺寸。所有的尺寸标注命令都位于【标注】下拉菜单和【标注】工具栏中。下面将阐述常用的几种标注类型。

11.3.1 长度标注

线性标注、对齐标注、弧长标注都可以用于标注图形中两点间的长度，可以是端点、交点、圆弧弦线端点或任意两点。

11.3.1.1 线性标注

若标注直线和两点间的距离，可创建水平、垂直和旋转标注。创建时可修改文字内容、文字角度或尺寸线的角度。

启动命令的方式如下。

① 下拉菜单：【标注】|【线性】命令。

② 工具栏：【标注】工具栏|□ 按钮。

启动命令后，AutoCAD 软件的命令行提示如下。

命令：DIMLINEAR ↵

指定第一条尺寸界线原点或 <选择对象>：（指定第一条尺寸界线起点）

提示：用户也可以按回车键选择要标注的对象，程序自动把所选择对象的两端点作为两尺寸界线的起点。

指定第二条尺寸界线原点：（指定第二条尺寸界线起点）

指定尺寸线位置或［多行文字（M）/ 文字（T）/ 角度（A）/ 水平（H）/ 垂直（V）/ 旋转（R）］：

（1）各选项功能

① 【指定尺寸线位置】：在绘图区单击指定一点从而确定尺寸线的位置后，程序将自动测量长度值并将其标出。

② 【多行文字】：显示多行文字编辑器，用来编辑标注文字。尖括号（<>）表示缺省的测量长度。

③ 【文字】：在命令行自定义标注文字。输入"T"执行选项后，AutoCAD 软件提示如下。

输入标注文字 <863.12>：（输入标注文字或回车接受生成的测量值，用尖括号（<>）表示生成的测量值，然后返回主提示）

④ 【角度】：修改标注文字的角度。输入"A"执行选项后，AutoCAD 软件提示如下。

指定标注文字的角度：（输入文字的旋转角度，然后返回主提示）

⑤ 【水平】：创建水平线性标注。输入"H"执行选项后，AutoCAD 软件提示如下。

指定尺寸线位置或［多行文字（M）/ 文字（T）/ 角度（A）］：（指定点或选择其他选项）

⑥ 【垂直】：创建垂直线性标注。操作同水平线性标注。

⑦ 【旋转】：创建旋转线性标注。输入"R"执行选项后，AutoCAD 软件提示

如下。

　　　　指定尺寸线的角度 <0>：（指定角度，然后返回主提示）

图 11-31　线性标注

　　　　　　　（2）线性标注演示

　　　　　　对如图 11-31 所示的浴缸进行尺寸标注。操作过程如下。

　　　　　命令：DIMLINEAR ↵

　　　　　指定第一条尺寸界线原点或 <选择对象>：（捕捉 *A* 点）

　　　　　指定第二条尺寸界线原点：（捕捉 *B* 点）

　　　　　指定尺寸线位置或［多行文字（M）／文字（T）／角度（A）／水平（H）／垂直（V）／旋转（R）］：（向下拖动鼠标光标将尺寸线放置在适当位置，单击完成操作）

　　　　　命令：DIMLINEAR　↵（回车再次启动 DIMLINEAR 命令）

　　　　　指定第一条尺寸界线原点或 <选择对象>：（捕捉 *C* 点）

　　　　　指定第二条尺寸界线原点：（捕捉 *B* 点）

　　　　　指定尺寸线位置或［多行文字（M）／文字（T）／角度（A）／水平（H）／垂直（V）／旋转（R）］：（向右拖动鼠标光标将尺寸线放置在适当位置，单击完成操作）

11.3.1.2　对齐标注

　　创建与指定位置或对象平行的标注，此标注可以对任意两点对齐进行标注。

　　启动命令的方式如下。

　　① 下拉菜单：【标注】|【对齐】命令。

　　② 工具栏：【标注】| ↘ 按钮。

　　启动命令后，AutoCAD 软件的命令行提示如下。

　　　　命令：DIMALIGNED ↵

　　　　指定第一条尺寸界线原点或 <选择对象>：（指定第一条尺寸界线起点或按回车键选择要标注的对象，自动确定两尺寸界线的起始点）

　　　　指定第二条尺寸界线原点：（指定第二条尺寸界线起点）

　　　　指定尺寸线位置或［多行文字（M）／文字（T）／角度（A）］：（拖动鼠标指定尺寸线位置后单击）

　　各选项含义参见 11.3.1.1 节中（1）各选项功能的介绍。

11.3.1.3　弧长标注

　　创建圆弧或多段线弧线段长度标注。

　　弧长标注如图 11-32 所示。

图 11-32　弧长标注

提示：在默认情况下，弧长标注在标注文字的上方或前方，此时将显示一个圆弧符号（也称为"帽子"或"盖子"），以区别线性标注和角度标注。

11.3.2 径向标注

11.3.2.1 半径标注

用于圆弧或圆半径的标注，并显示半径符号"R"。

启动命令的方式如下。

① 下拉菜单：【标注】|【半径】命令。

② 工具栏：【标注】工具栏| ◎ 按钮。

启动命令后，AutoCAD 软件的命令行提示如下。

命令：DIMRADIUS ↵

选择圆弧或圆：（选择要标注的圆弧或圆）

标注文字 = 113.62 （所标注的圆
弧或圆的半径实测值）

指定尺寸线位置或［多行文字（M）
／文字（T）／角度（A）]：（指定
尺寸线位置标注或选择选项编辑文
字的内容或角度）

半径标注如图 11-33 所示。

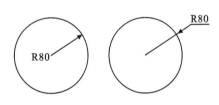

图 11-33 半径标注

11.3.2.2 直径标注

用于圆弧或圆的直径的标注，并显示直径符号"ϕ"。

启动命令的方式如下。

下拉菜单：【标注】|【直径】。

工具栏：【标注】| ◎ 按钮。

启动命令后，AutoCAD 软件的命令行提示如下。

命令：DIMDIAMETER ↵

选择圆弧或圆：（选择要标注的圆弧或圆）

标注文字 = 113.62 （所标注的圆弧或圆的直径实测值）

指定尺寸线位置或［多行文字（M）／文字（T）／角度（A）]（ 指定尺
寸线位置标注或选择选项编辑文字的
内容或角度）

直径标注如图 11-34 所示。

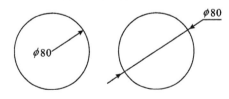

图 11-34 直径标注

11.3.2.3 折弯标注

当圆弧或圆的圆心位于图形边界
之外时，可以使用折弯标注其半径，

也称为"缩放的半径标注"。

该命令的特别之处在于需要指定折弯位置和折弯的横向角度，用户可以在【标注样式管理器】中调整后者的数值。折弯标注如图 11-35 所示。

图 11-35　折弯标注

11.3.3　角度标注

用来标注圆弧、圆上某段弧的圆心角、两直线夹角或三点之间的角度。

启动命令的方式如下。

① 下拉菜单：【标注】|【角度】。

② 工具栏：【标注】工具栏| △ 按钮。

启动命令后，AutoCAD 软件的命令行提示如下。

命令：DIMANGULAR ↵

选择圆弧、圆、直线或 <指定顶点>：（选择要标注的圆弧、圆、直线或回车选择 3 顶点）

① 若选择圆弧，则命令行继续提示如下。

指定标注弧线位置或 ［多行文字（M）／文字（T）／角度（A）］：（确定标注线的位置进行标注或选择选项编辑文字的内容或角度）

② 若选择圆上一点后，将标注圆上某段弧的圆心角，命令行继续提示如下。

指定角的第二个端点：（选取圆上另外一点）

指定标注弧线位置或 ［多行文字（M）／文字（T）／角度（A）］：（确定标注线的位置进行标注或选择选项编辑文字的内容或角度）

③ 若选择一条直线后，命令行继续提示如下。

选择第二条直线：（选取与第一条直线相交的直线）

指定标注弧线位置或 ［多行文字（M）／文字（T）／角度（A）］：（确定标注线的位置进行标注或选择选项编辑文字的内容或角度）

④ 若直接回车后，执行默认选项，命令行继续提示如下。

指定角的顶点：（指定一点作为角的顶点）

指定角的第一个端点：（指定一点作为角的第一个端点）

指定角的第二个端点：（指定一点作为角的第二个端点）

指定标注弧线位置或 ［多行文字（M）／文字（T）／角度（A）］：（确定标注线的位置进行标注或选择选项编辑文字的内容或角度）

对圆弧、圆、直线和三点的角度标注操作如图 11-36 所示。

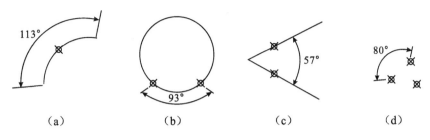

图 11-36   角度标注示意图

(a) 弧的夹角； (b) 圆上弧的夹角； (c) 直线间的夹角； (d) 三点的夹角

11.3.4   坐标标注

沿引线显示指定点的在当前 UCS 下的 x 或 y 绝对坐标。不管当前标注样式定义的文字方向如何，坐标标注的文字总是与坐标引线对齐。

启动命令的方式如下。

① 下拉菜单：【标注】|【坐标】。

② 工具栏：【标注】工具栏| ⚟ 按钮。

启动命令后，AutoCAD 软件的命令行提示如下。

> 命令：DIMORDINATE ↵
> 指定点坐标：（确定要标注的点）
> 指定引线端点或 [X 基准（X）／Y 基准（Y）／多行文字（M）／文字（T）／角度（A)]：

上述命令行中各选项的意义如下。

(1)【指定引线端点】

确定引线端点，若标注点和引线端点的 x 坐标之差大于两点的 y 坐标之差，则生成 x 坐标，否则生成 y 坐标。

(2)【X 基准】

标注 x 坐标。输入 x 执行选项后，AutoCAD 软件提示如下。

> 指定引线端点或 [X 基准（X）／Y 基准（Y）／多行文字（M）／文字（T）／角度（A)]：（指定引线端点标注 x 坐标或选择选项编辑文字内容或角度)

(3)【Y 基准】

标注 y 坐标，操作同 x 基准。

如图 11-37 所示坐标标注的过程如下。

> 命令：DIMORDINATE
> 指定点坐标：（捕捉圆心 A 点）
> 指定引线端点或 [X 基准（X）／Y 基准（Y）／多行文字（M）／文字（T）／角度（A)]：（向下

图 11-37   坐标标注

移动鼠标，在 B 点处单击，指定引线端点，建立 x 标注）

命令：DIMORDINATE（再次启动 DIMORDINATE 命令）

指定点坐标：（捕捉圆心 A 点）

指定引线端点或 [X 基准（X）/ Y 基准（Y）/ 多行文字（M）/ 文字（T）/ 角度（A）]：（向左移动鼠标，指定引线端点，建立 Y 标注）

提示 1：指定引线端点时，若相对于标注点上下移动鼠标，则标注点的 x 坐标；若相对于标注点左右移动鼠标，则标注点的 y 坐标。

提示 2：如果需要直线坐标引线，则需打开正交模式。

11. 3. 5　圆心标记

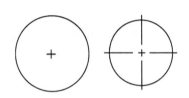

图 11-38　圆心标记图

对圆或圆弧绘制圆心标记或中心线。

启动命令的方式如下。

① 下拉菜单：【标注】|【圆心标记】。

② 工具栏：在【标注】工具栏上| ⊙ 按钮。

启动命令后，AutoCAD 软件的命令行提示如下。

命令：DIMCENTER ↵

选择圆弧或圆：（选择要标注的圆弧或圆）

圆心标记如图 11-38 所示。

11. 3. 6　引线标注

创建带有一个或多个引线的文字，标注一些注释、说明等内容。

启动命令的方式如下。

① 下拉菜单：【标注】|【引线】。

② 工具栏：在【标注】工具栏|按钮 ❦。

启动命令后，AutoCAD 软件的命令行提示如下。

命令：QLEADER ↵

指定第一个引线点或 [设置（S）] <设置>：（指定第一个引线点或选择"设置"选项设置引线格式，输入"S"或者回车，将弹出如图 11-39 所示的【引线设置】对话框）

11. 3. 6. 1　【引线设置】对话框

该对话框中包括【注释】、【引线和箭头】和【附着】三个选项卡。

（1）【注释】选项卡

设置引线注释类型，选择的类型将改变 QLEADER 引线注释提示，如图 11-39 所示。

① 【注释类型】：设置注释类型非常重要，因为注释类型不同，输入注释前给出的提示也不同。

a. 【多行文字】：用于引线标注多行文字。

图 11-39 【引线设置】对话框

 b.【复制对象】：用于有效标注复制文字、图块或公差等对象。

 c.【块参照】：引线标注图块。

 d.【无】：创建无注释的引线。

 ②【多行文字】：设置多行文字选项，只有选定了【多行文字】注释类型时，该选项才可用。其中【提示输入宽度】提示指定多行文字注释的宽度；【始终左对齐】指定无论引线位置在何处，多行文字注释都应靠左对齐；【文字边框】则给多行文字加边框。

 ③【重复使用注释】：确定是否重复使用注释。其中【无】表示不重复使用引线注释；【重复使用下一个】表示重复使用为后续引线创建的下一个注释；【重复使用当前】表示重复使用当前注释。

（2）【引线和箭头】

用于设置引线和箭头格式，如图 11-40 所示。

 ①【引线】：选择引线是直线还是样条曲线。

 ②【点数】：设置引线端点数（设为要创建的引线段数目＋1）或无限制。提示输入引线注释之前，将提示指定这些点。

 ③【箭头】：设置引线起始点处的箭头样式。

 ④【角度约束】：对第一段和第二段引线设置角度约束。

（3）【附着】

设置引线和多行文字注释的附着位置，如图 11-41 所示。

只有在【注释】选项卡上选定【多行文字】选项时，此选项卡才可用。

 ①【多行文字附着】：设置引线和多行文字注释的附着位置。

 a.【第一行顶部】：将引线附着到多行文字的第一行顶部。

 b.【第一行中间】：将引线附着到多行文字的第一行中间。

 c.【多行文字中间】：将引线附着到多行文字的中间。

 d.【最后一行中间】：将引线附着到多行文字的最后一行中间。

 e.【最后一行底部】：将引线附着到多行文字的最后一行底部。

图 11-40　【引线和箭头】选项卡　　　　图 11-41　【附着】选项卡

②【最后一行加下划线】：给多行文字的最后一行加下划线。

设置完成后单击【确定】按钮。

11.3.6.2　引线标注命令行选项

单击【确定】按钮将退出【引线设置】对话框，继续进行引线标注。

指定第一个引线点或［设置（S）］<设置>：（指定第一个引线点）

指定下一点：（指定引线的下一个端点）

指定下一点：（继续确定引线的端点，端点数在【引线设置】对话框中预设，若设为无限制，则回车结束指定点操作）

根据在【引线设置】对话框中确定的注释类型而给出不同的提示。

（1）【多行文字】

注释类型为【多行文字】时，AutoCAD 软件提示如下。

指定文字宽度 <0>：（确定文字宽度，可在【引线设置】对话框中设置是否显示此提示）

输入注释文字的第一行 <多行文字（M）>：（输入第一行文字）

输入注释文字的下一行：（继续输入下一行文字，回车结束输入）

（2）【复制对象】

注释类型为【复制对象】时，AutoCAD 软件提示如下。

选择要复制的对象：（选择文字对象、块参照或公差对象）

（3）【公差】

注释类型为"公差"时，AutoCAD 软件将弹出【形位公差】对话框，确定标注内容。

（4）【块参照】

注释类型为"块参照"时，AutoCAD 软件提示如下。

输入块名或［?］：（输入图块的名称）

指定插入点或［基点（B）／比例（S）／X／Y／Z／旋转（R）／预览比例（PS）／PX／PY／PZ／预览旋转（PR）］：（指定块插入点或输入选项）

（5）【无】

注释类型为"无"时，AutoCAD 软件将会在画出引线后结束命令。

11.3.6.3 引线标注对象

标注薄板厚度，如图 11-42 所示。其操作步骤如下。

① 输入"QLEADER"命令进入【引线标注】选项。

② 输入"S"，进入【引线设置】对话框。命令行提示如下。

  命令：QLEADER ↵

  指定第一个引线点或 [设置（S）] <设置>：S↵

③ 在【注释】选项卡选择【注释类型】为【多行文字】，并且在【多行文字选项】选项组中取消【提示输入宽度】。

④ 在【引线和箭头】选项卡中选择【引线】为直线，【箭头】选择为无，【点数】为"2"，【角度】为任意。

⑤ 选择【附着】选项卡中【最后一行加下划线】，单击【确定】按钮退出设置。命令行提示如下。

  指定第一个引线点或 [设置（S）] <设置>：（在图形内任意拾取一点 A，作为引线的起点）

图 11-42 引线标注

  指定下一点：（拾取 B 点，作为引线的终点）

  输入注释文字的第一行 <多行文字（M）>：↵ （回车，在多行文字编辑器中输入"Δ 10"）

提示：创建引线标注时，若文字或引线的位置不合适，可利用关键点编辑方式进行调整。当拖动文字关键点时，引线将随之移动；当拖动引线关键点时，文字将保持不动。

11.3.7 连续标注和快速标注

11.3.7.1 连续标注

从上一个标注或选定标注的第二条尺寸界线处创建线性标注、角度标注或坐标标注。

启动命令的方式如下。

① 下拉菜单：【标注】|【连续】。

② 工具栏：【标注】| ⌗ 按钮。

启动命令后，AutoCAD 软件的命令行提示如下。

  命令：DIMCONTINUE

若当前任务中未创建任何标注，将提示用户选择线性标注、坐标标注或角度标注，以用作基线标注的基准，命令行提示如下。

  选择连续标注：

否则，程序将跳过此提示，并使用上次在当前任务中创建的标注对象。若基准标注是线性标注或角度标注，将显示下列提示。

  指定第二条尺寸界线原点或 [放弃（U）/ 选择（S）] <选择>：

各选项的意义如下。

（1）【指定第二条尺寸界线原点】

使用连续标注（上一标注）的第二条尺寸界线原点作为当前标注的第一条尺寸界线原点，并指定第二条尺寸界线原点。AutoCAD软件将反复出现如下提示。

> 指定第二条尺寸界线原点或［放弃（U）/选择（S）］<选择>：（继续连续标注，直到按"Esc"键或回车键两次退出为止）

（2）【放弃】

撤销上一连续尺寸标注，再重新选择进行标注。

（3）【选择】

AutoCAD软件提示选择线性标注、坐标标注或角度标注作为连续标注。选择连续标注之后，将再次显示"指定第二条尺寸界线原点"或"指定点坐标"提示。

若基准标注是坐标标注，将显示下列提示。

> 指定点坐标或［放弃（U）/选择（S）］<选择>：（将基准标注的端点作为连续标注的端点，指定下一个点坐标或选择选项）

11.3.7.2 快速标注

快速创建或编辑一系列的基线标注、连续标注、并列标注、坐标标注、半径和直径标注。

启动命令的方法如下。

① 下拉菜单：【标注】|【快速标注】。

② 工具栏：【标注】| 按钮。

启动命令后，AutoCAD软件的命令行提示如下。

> 命令：QDIM ↵
>
> 关联标注优先级 = 端点
>
> 选择要标注的几何图形：（选择要标注的对象）
>
> 选择要标注的几何图形：（可继续选择，回车结束）
>
> 指定尺寸线位置或［连续（C）/并列（S）/基线（B）/坐标（O）/半径（R）/直径（D）/基准点（P）/编辑（E）/设置（T）］<连续>：

各选项的意义如下。

① 【指定尺寸线位置】：指定当前标注方式下的尺寸线位置。

② 【连续】：默认标注方式，创建一系列连续标注。

③ 【并列】：创建一系列并列标注。

④ 【基线】：创建一系列基线标注。

⑤ 【坐标】：创建一系列坐标标注。

⑥ 【半径】：创建一系列半径标注。

⑦ 【直径】：创建一系列直线标注。

⑧ 【基准点】：为基线标注和坐标标注设置新的基准点。输入"P"执行选项后，程序提示如下。

选择新的基准点：（选择新的基准点后返回到上一提示）

⑨ 【编辑】：编辑一系列标注。输入 "E" 执行选项后，继续提示如下。

指定要删除的标注点或［添加（A）／退出（X）］<退出>：（标注点，图形端点，以 "叉" 显示，可删除、添加，退出返回到上一提示）

⑩ 【设置】：为指定尺寸界线原点设置默认捕捉对象。输入 "T" 执行选项后，继续提示如下。

关联标注优先级［端点（E）／交点（I）］<端点>：（设置捕捉对象，并返回到上一提示）

提示：快速标注允许用户一次标注一系列相邻或相近对象的同一类尺寸，大大加快了标注过程，建议尽量使用，以提高效率。

11.4 编辑标注

11.4.1 DDETIT

尺寸作为文字的一种，用户可以使用 "DDETIT" 命令来单独修改尺寸文字。启动命令的方法如下。

① 下拉菜单：【修改】|【对象】|【文字】|【编辑】。

② 工具栏：【文字】| ⒜ 按钮。

③ 命令行：DDETIT 或 ED。

启动命令后，AutoCAD 软件的命令行提示如下。

命令：DDETIT ↵

选择注释对象或［放弃（U）］：（选取要编辑的标注文字，此时会打开【多行文字编辑器】，用户可以从中编辑文字或删除自动测量值，单击【确定】按钮完成编辑并退出【多行文字编辑器】，效果对比如图 11-43 所示）

程序继续提示如下。

选择注释对象或［放弃（U）］：（用户可继续选取进行修改，回车则结束该命令）

| 1022 | 1544 | 长1022 |

（a） （b） （c）

图 11-43 修改文字内容

（a）实际测量值； （b）重新输入； （c）添加内容

11.4.2　DIMEDIT

该命令可以编辑标注对象上的标注文字和尺寸界线。

启动命令的方法如下。

① 下拉菜单：【标注】|【编辑标注】。

② 工具栏：【标注】| 按钮。

③ 命令行：DIMEDIT 或 DED 或 DIMED。

启动命令后，AutoCAD 软件的命令行提示如下。

　　命令：DIMEDIT

　　输入标注编辑类型［默认（H）／新建（N）／旋转（R）／倾斜（O）］
　　<默认>：（选择选项或按回车键）

各选项的意义如下。

① 【默认】：将标注文字按标注样式定义的缺省位置、方向重新放置。

② 【新建】：使用【多行文字编辑器】重新输入标注文字。

③ 【旋转】：以指定角度旋转标注文字，效果对比如图 11-44 所示。

④ 【倾斜】：调整线性标注尺寸界线的倾斜角度，效果对比如图 11-45 所示。

图 11-44　"旋转"效果对比　　　　　图 11-45　"倾斜"效果对比

11.4.3　DIMTEDIT

该命令可以编辑尺寸，标注文字的位置和角度。

启动命令的方法如下。

① 下拉菜单：【标注】|【编辑标注文字】。

② 工具栏：【标注】工具栏| 按钮。

③ 命令行：DIMTEDIT 或者 DIMTED。

启动命令后，AutoCAD 软件的命令行提示如下。

　　命令：DIMTEDIT

　　选择标注：（选择要编辑的标注）

　　指定标注文字的新位置或［左（L）／右（R）／中心（C）／默认（H）
　　／角度（A）］：（指定点或选择选项）

各选项意义如下。

（1）【指定标注文字的新位置】

拖曳时，动态更新标注文字的位置。

（2）【左】、【右】、【中心】

沿尺寸线左、右或中心对正标注文字。其中【左】、【右】选项只适用于线性、直径和半径标注，效果对比如图 11-46 所示。

（3）【默认】

将标注文字移回标注样式设置的默认位置。

（4）【角度】

以指定角度旋转标注文字。同"DIMEDIT"命令中的【旋转】选项。

11.4.4 DIMOVERRIDE

可重新设置所选定的尺寸标注的系统变量，从而修改尺寸标注，但不影响当前标注样式的设置。

启动命令的方式如下。

① 下拉菜单：【标注】|【替代】命令。

② 命令行：DIMOVERRIDE 或 DOV 或 DIMOVER。

启动命令后，AutoCAD 软件的命令行提示如下。

命令：DIMOVERRIDE ↵

输入要替代的标注变量名或［清除替代（C）］：DIMDSEP↵（输入要重新设置的变量名或选择【清除替代】选项，例如：输入"DIMDSEP"变量改变其小数分隔符）

输入标注变量的新值 <.>:,（输入变量的新值，例如：当前为"."，此处输入"?"）

输入要替代的标注变量名：（可继续设置变量，回车结束）

选择对象：找到 1 个（程序提示选择要修改的标注）

选择对象：（继续选择，回车结束）

对比效果如图 11-47 所示。

图 11-46 对齐方式图　　　　　图 11-47 改分隔符图

11.4.5 DIMSTYLE

可以使某个已标注的尺寸按当前标注样式进行更新。

启动该命令的方法如下。

① 对话框：【新建标注样式】|【修改标注样式】|【替代当前样式】。

② 命令行：DIMSTYLE。

AutoCAD 软件的命令行提示如下。

命令：DIMSTYLE ↵

当前标注样式：ISO—25

输入标注样式选项［保存（S）／恢复（R）／状态（ST）／变量（V）／应用（A）／?] <恢复>:

命令行中各选项功能如下。

① 【保存】：可将当前尺寸系统变量的设置作为一种标注样式进行命名保存，输入"S"执行选项后，AutoCAD 软件提示如下。

输入新标注样式名或［?]:（输入新标注样式名或输入"?"后查看已命名的尺寸标注样式）

② 【恢复】：可将已有的某一尺寸标注样式恢复为当前样式，输入"R"执行选项后，AutoCAD 软件继续提示如下。

输入标注样式名［?] 或 <选择标注>:

③ 【状态】：查看当前各尺寸系统变量的状态。选择该选项后，系统将会切换到文本窗口，以显示各尺寸系统变量及当前设置。

④ 【变量】：可列出指定样式，指定对象的全部或部分系统变量及设置。

⑤ 【应用】：根据当前样式设置，对指定标注进行更新。也可单击下拉菜单的【标注】|【更新】命令或【标注】工具栏的【标注更新】选项按钮实现。

11.4.6　使用【特性】选项板

和图形、文字、表格一样，也可使用【特性】选项板编辑尺寸标注的内容及其相关参数。

启动【特性】选项板的方法如下。

① 下拉菜单:【工具】|【特性】。

② 工具栏:【标准】|【特性】。

③ 命令行：PROPERTIES。

在实际操作中，更常用的方法是单击鼠标右键，在弹出的快捷菜单上单击【特性】选项，或者双击大多数对象也可以打开该选项板。

选择要编辑的尺寸标注，在打开的【特性】对话框中对尺寸的直线和箭头、内容文字、文字样式、文字大小等都可以根据需要进行调整。

11.4.7　使用夹点

夹点编辑方式非常适合于移动尺寸线和标注文字。当选择标注后，通过激活并拖动尺寸线两端或标注文字所在处的夹点调整尺寸的位置。例如选定尺寸标注，并激活文字所在处的夹点，向上拖动光标以调整尺寸位置，如图 11-48 所示。

图 11-48　拖动夹点调整尺寸位置

11.4.8 使用右键快捷菜单

选择标注后单击右键，在弹出的快捷菜单中选择命令也可对所选标注进行编辑。包括移动标注文字的位置、修改精度、修改所用的标注样式和翻转箭头，如图 11-49 所示。

图 11-49 使用右键快捷菜单

11.5 尺寸标注的关联性

尺寸关联是指所标注的尺寸与被标注对象的关联关系。若标注的尺寸值是按自动测量值标注的且尺寸关联，那么改变被标注对象的大小后，相应的标注尺寸也将发生改变，即尺寸界线、尺寸线的位置都将改变到相应的新位置，尺寸值也变成新的测量值。反之，若改变尺寸界线的起始点位置，尺寸值将不发生相应的变化。默认新建尺寸标注采用尺寸关联模式。

11.5.1 修改【关联标注】

用户可以在【工具】|【选项】的【用户系统配置】选项卡中修改【关联标注】的模式。在【关联标注】中激活【使新标注与对象关联】选项，可设置其为尺寸关联模式，否则为非尺寸关联模式，这将对以后的尺寸标注产生影响。

也可以直接从命令行输入"DIMASSOC"并回车，则命令行提示如下。

输入 DIMASSOC 的新值 <0>：（输入 DIMASSOC 的值设置关联模式。值为 0 代表分解尺寸模式，即标注尺寸后，将组成尺寸标注的对象分解成单个对象，不再是一个整体；值为 1 代表非关联尺寸模式；值为 2 代表关联尺寸模式）

11.5.2 重新关联尺寸标注

可将标注与其他选定对象进行重新关联。

启动该命令的方式如下。

① 下拉菜单：【标注】|【重新关联标注】。

② 命令行：DIMREASSOCIATE。

启动该命令后，AutoCAD 提示如下：

命令：DIMREASSOCIATE ↵

选择要重新关联的标注

选择对象：（选择要重新关联的标注，如选择图 11-50（a）中的线段 *AB* 的标注）

选择对象：（可继续选择，回车结束）

指定第一个尺寸界线原点或［选择对象（S）］<下一个>：（指定对象捕捉位置或回车默认，如捕捉图 11-50（a）中的 C 点）

指定第二个尺寸界线原点 <下一个>：（指定对象捕捉位置或回车默认，如捕捉图 11-50（a）中的 D 点，线段 AB 的标注重新关联线段 CD，结果如图 11-50（b）所示）

（a）　　　　　　　　　　　　　　（b）

图 11-50　重新关联尺寸标注

（a）重新关联前；　（b）重新关联后

【思考与练习】

思考题

11-1　如何灵活调整尺寸标注中文字的高度？

11-2　如何理解【新建标注样式】|【调整】|【使用全局比例】和【主单位】|【比例因子】编辑栏的差别？

11-3　在编辑尺寸中，【多行文字编辑器】中自动出现的尖括号"< >"表示什么？

11-4　在连续标注中，如何选择特定的尺寸界线作为基准线？

11-5　快速标注的作用是什么？如何理解其各个选项的含义？

11-6　什么是尺寸标注的关联性？

上机操作

11-1　绘制并标注如图 11-51 所示的图形，比例尺为 1∶1，基本要求如下：

新建标注样式名为"模型标注"，箭头选用"建筑标记"，设置文字样式为"DIMTEXT"，文字高为"0"，文字的宽高比为"0.7"，选用字体为"simplex.shx"，在【文字】选项卡中设定文字高度为自定，【调整】选项卡中设"使用全局比例"为"1"，【主单位】选项卡中设"单位格式"为"小数"，精度为"0"，"比例因子"设为"1"，尺寸标注其余参数自定。

11-2　绘制如图 11-51 所示图形，参数改变如下：【调整】选项卡中设"使用全局比例"为"10"，其余各部分设置请用户自定。

图 11-51 图例

11-3 根据图形特点创建尺寸标注样式，绘制并标注如图 11-52 所示图形，比例尺为 1：1。

11-4 如果图 11-52 在 A4 图框内，比例尺为 1：50，尺寸样式如何定义，请用户思考。

图 11-52 图例

第 12 章　块 与 属 性

12.1　块的创建、使用和存储

在设计绘图时经常会遇到一些重复出现的图形及符号（如建筑设计中的门窗、楼梯等），如果用户每次都要绘制这类图形，不仅会造成大量的重复工作，而且存储这些图形需要较大的磁盘空间。为此，AutoCAD 软件提出了"图块"的概念，把一组图形对象组合成"图块"进行保存，并可方便地调用，这不仅可以加快绘图速度，也可保证图面的统一。

12.1.1　块的创建

启动该命令的方式如下。

下拉菜单：【绘图】|【块】|【创建】。

工具栏：【绘图】|　按钮。

命令行：BLOCK 或 BMAKE。

例如，要将如图 12-1 所示的图形定义为块，用户选择上述任意方法后，系统将弹出如图 12-2 所示的【块定义】对话框，创建结果如图 12-3 所示。该对话框主要由以下 6 部分组成。

图 12-1　标题栏

（1）【名称】

用户可在该编辑框中输入块名称。单击右侧的三角符号 则显示图形中所有块的名称。从【名称】下拉列表中选择块名后，会出现预览图像。如果已输入了块的说明，在【说明】区中将显示块定义中的说明文本。

（2）【基点】

要求用户指定插入基点的位置，该点将作为块插入的参考点。单击对话框【基点】选项组中的【拾取点】按钮后，可通过鼠标在屏幕上定点。这时，对话框被暂时移开，用户可以在屏幕上确定基准点。用户也可以在【X】、【Y】和【Z】编辑框中输入坐标值以确定基点的位置。

（3）【对象】

单击【选择对象】图标 将返回绘图界面，用户可选择块中要包含的对象。选择结束后，【对象】区底部将显示形成块的对象数。

在【对象】选项组中还包含三个单选项，其功能介绍如下。

① 【保留】：AutoCAD 软件将继续在绘图中保留这些构成块的实体，并依然将它们作为单独的实体来对待。

② 【转化为块】：当块定义后，程序将原对象转化为块。

③ 【删除】：定义块后，程序将删除原对象。

（4）【设置】

在【设置】选项组中还包含四个单选项，其功能介绍如下。

① 【块单位】：指定块参照插入单位。

② 【按统一比例缩放】：指定是否阻止块参照不按统一比例缩放。

③ 【允许分解】：指定块参照是否可以被分解。

④ 【说明】：指定块的文字说明。

（5）【超链接】

可以将超链接添加到图形中，以转到特定文件或网站。

（6）【在块编辑器中打开】

当【在块编辑器中打开】单选框显示为"√"时，单击【确定】按钮将在【块编辑器】中定义当前的块定义。

图 12-2 【块定义】对话框

图 12-3 创建新图块

提示 1：如果新定义的块名和当前图形文件中已经存在的块名相同，AutoCAD 软件将弹出警告信息框。用户可以选择重新定义或取消块定义操作。

提示 2："0"图层具有插入层的特性，非"0"图层的块具有自身层的特性。因此，最好在"0"图层上创建块。

图 12-4　【快速选择】对话框

提示 3：单击对话框的【对象】选项组的【快速选择】按钮，将弹出如图 12-4 所示的【快速选择】对话框。该对话框可以定义一个基于对象特性的选择集。快速选择方式适用于图形很大且比较复杂的情况。

12.1.2　块的使用（块的一次插入、阵列插入）

所谓插入图块，就是将已经定义的图块插入到当前的文件中。在绘制图形时，用户不仅可将已经定义在当前文件中的图块方便地插入到文件中，也可以将另外一个图形文件以块的形式插入到当前文件中。插入块和图形时，用户可以根据要求将图块按照比例进行缩放或者旋转一定角度。

插入的块还可以进行复制、移动、镜像、删除和阵列等操作。

12.1.2.1　块的一次插入

启动该命令的方式如下。

① 下拉菜单：【插入】|【块】。

② 工具栏：【绘制】|　按钮。

③ 命令行：INSERT 或 DDINSERT。

进行上述操作后，将弹出【插入】对话框，如图 12-5 所示。该对话框主要由以下 6 个部分组成。

图 12-5　【插入】对话框

（1）【名称】

可以直接输入块的名称或者从下拉列表框中选择所需要插入的块，也可单击右边的【浏览】按钮来选择并插入外部图形文件。选择结束后，列表框下端将显示图块的路径。

（2）【插入点】

指定块的插入点。选中【在屏幕上指定】后，用户可在关闭对话框后用鼠标在绘图区指定块插入点，否则，需要在【X】、【Y】、【Z】编辑框中输入坐标。

（3）【缩放比例】

确定块的插入比例系数，即指定插入块在 x、y、z 轴向上的比例（以块的基点为准）。

① 【在屏幕上指定】：选中该选项，关闭对话框后在命令行中指定块的比例。此时，【X】、【Y】、【Z】编辑框将显示为不可操作。

② 【X】、【Y】、【Z】：如果不选择【在屏幕上指定】，用户可以在此输入三个数值以控制块的比例。

③ 【统一比例】：选择该项，则只需指定 x 方向上的比例因子，y、z 方向上的比例因子自动保持与 x 方向上一致。

提示：如果输入 x 和 y 的比例因子为负值，则可以得到块的镜像图像。在 x、y、z 中输入不同比例因子，可以根据需要分别沿 x、y、z 轴方向拉伸或压缩块。

（4）【旋转】

指定插入块的旋转角度（以块的基点为中心）。如选择【在屏幕上确定】复选框，则可在屏幕上确定旋转角度。

（5）【分解】

插入块的同时把图块分解为单独的实体，否则插入的块将作为整体存在。

提示：选择该项后，插入块的同时将分解块。需要注意的是，选择该选项后只能使用统一比例对块进行缩放。

（6）【块单位】

显示有关块单位的信息。

12.1.2.2 块的多重插入

启动该命令的方式如下。

命令行：MINSERT。

"MINSERT"命令能够以矩形阵列的形式插入块的多个拷贝，而且"MINSERT"命令插入的块不可以被分解。

例如，建立由块"WINDOW"构成的阵列，"WINDOW"的尺寸为 1 200×1 500，阵列的行数为 3、列数为 4、行单元间距为 3 000、列单元间距为 3 600，如图 12-6 所示。

图 12-6 用"MINSERT"命令插入块

操作过程如下。

　　命令：MINSERT↵

　　输入块名或［?］<当前块>：WINDOW↵

　　单位：毫米　　转换：

　　指定插入点或［基点（B）/ 比例（S）/ X / Y / Z / 旋转（R）/ 预览比例（PS）/ PX / PY / PZ / 预览旋转（PR）]：（在绘图区域指定插入点）

　　输入 X 比例因子，指定对角点，或［角点（C）/ XYZ] <1>：（X 比例因子为 1）

　　输入 Y 比例因子或 <使用 X 比例因子>：↵（Y 比例因子为 1）

　　指定旋转角度 <0>：↵

　　输入行数（---）<1>：3↵

　　输入列数（|||）<1>：4↵

　　输入行间距或指定单位单元 （---）：3 000↵

　　指定列间距（|||）：3 600↵

对超过 1 的行数，系统会提示确定行的间距；如果列数多于 1，也需要确定列的间距。行和列的间距可以是正值，也可以是负值。如果在"MINSERT"命令中输入了旋转角度，则每个图块和整个阵列都按指定角度旋转。

12.1.2.3　利用等分点有规律地插入块

在绘制"沿椭圆形会议桌排列的椅子"的图形时，"DIVIDE"命令更加有效。用户可以将"椅子"设为一个块，然后以等分的方法有规律地插入块，具体内容见第 7 章 7.1 节等分点的介绍。

12.1.2.4　利用设计中心插入块

在 AutoCAD 软件设计中心中可以将块定义到当前图形中，如图 12-7 所示，将"C:\Program Files\AutoCAD 2006\Sample\Blocks and Tables-imperial.dwg"文件中的块插入到当前文件中，具体操作过程见第 14 章。

12.1.3　块的存储

由"BLOCK"命令建立的块或符号只能在它们所生成的图形中使用，这导致了其他文件无法使用当前文件中创建的图块。AutoCAD 软件提供了【写块】（WBLOCK）命令，将图块以单独的图形文件的形式存盘。用"WBLOCK"命令创建的图形文件同其他图形文件无任何区别。

在命令行中输入"WBLOCK"将弹出如图 12-8 所示的【写块】对话框。该对话框主要由以下 5 个部分组成。

（1）【源】

用于选择对象和块。

图 12-7 利用设计中心插入块

① 【块】：指定要存为文件的块。选择该选项后，将显示当前文件中的以"BLOCK"创建的图块，用户可以在列表中进行选择。

② 【整个图形】：将当前图形文件选择为一个块。

③ 【对象】：指定要存为文件的对象。

（2）【基点】

用于指定块的基点。用户可以在【X】、【Y】和【Z】文本框中输入相应值，也可以点击【拾取点】按钮在屏幕中选点确定。只有选中【源】中【对象】时才能选择【基点】，其他选项均为灰显。

图 12-8 【写块】对话框

（3）【对象】

指定要存为文件的对象。单击【选择对象】按钮可选择对象，或用【快速选择】按钮打开【快速选择】对话框，从中设置参数来选择当前图形中的对象。

① 【保留】：选择该选项后，AutoCAD 软件将继续在绘图中保留这些构成块的实体，并依然将它们作为单独的实体来对待。

② 【转化为块】：选择该选项，当块定义后，原对象将转化为块。

③ 【从图形中删除】：选择该选项，在定义块后，程序将删除原对象。

完成选择对象后，【对象】区的底部将显示所选对象的数量。

（4）【目标】

设定保存所选对象的新文件的文件名、位置和单位。

用户可以在【文件名】文本框中输入块或所选对象的文件名，或者从【路径】下拉列表中选择路径，也可以单击 ▢ 按钮，弹出【浏览图形文件】窗口，在该窗口中可以确定新文件保存的路径。

（5）【插入单位】

可选择将作为块插入的新文件所用的单位。

在完成对话框中所需信息的输入后，选择【确定】按钮完成设置。这时，将弹出【写块预览】窗口并显示新创建图块的内容。

12.1.4　块的对象特性和编辑

插入图形中的块可以作为一个普通对象进行编辑，如果要编辑块中的单个对象，则需要将块分解。

12.1.4.1　块的对象特性（图层、颜色、线型和线宽）

在缺省情况下，"0"层被置为白色和连续线型。如果在"0"层绘制所有对象并将其转化成块，并把"0"层上的颜色、线宽和线型设为"ByLayer"，则插入到图形后将呈现当前层的特征，即当前层将控制实体颜色和线型。

在"0"层以外的层上建立的块在插入时将保持原图层的特性。用户创建块中的对象可以具有不同图层、不同颜色、不同线型和不同线宽，且所有这些信息都保留在该块中。当块被插入时，块中的每一个对象都以原有的颜色、线型和线宽绘制在原有的图层上，而与当前设置无关。

12.1.4.2　块的编辑

（1）分解块

块可由不同的基本对象组成，如直线、圆弧、多段线和圆形，所有这些对象在块中均被列为一组，并视为单个对象。为编辑块的某一特定对象，块需要被分解或分成一个个独立的部分。该功能可由以下3种方法实现。

① 在块名前输入"*"为前缀。为了使块以一个个独立对象的集合的形式插入到图层中，必须在块名前输入一个"*"号。在插入时将块"WINDOW"进行分解，程序的提示如下。

　　　　命令：INSERT ↵

　　　　输入块名或 [?] <WINDOW>：*WINDOW↵

　　　　指定块的插入点：（选择插入点）

　　　　指定 xyz 轴比例因子：1↵

　　　　指定旋转角度 <0>：↵

所插入对象将不再被视作一个块。用户可以对图形中的各个对象逐个进行编辑。

② 使用"EXPLODE"命令。

提示1：以"MINSERT"命令和外部参照插入的块是不可以被分解的。

提示2：在【块】对话框中，若不选中【允许分解】复选框，块是不可以被分解的。

③ 使用"XPLODE"命令。使用"XPLODE"命令可以对块进行分解或将块分解成对象元素，同时控制它们的特性，如图层、线型、颜色和线宽。

命令提示如下。

命令：XPLODE ↵

请选择要分解的对象：（使用任一对象选择方法选取对象，然后按 Enter 键）

（此时命令行报告选中对象的总数，同时也给出不能分解的对象数目，进一步提示选择选项，该选项决定对象元素的特性是逐项改变，还是统一改变）

输入选项 [全部（A）/ 颜色（C）/ 图层（LA）/ 线型（LT）/ 线宽（LW）/ 从父块继承（I）/ 分解（E）] <分解>：（输入 I、G 或按回车接受缺省值）

有关选项讨论如下。

a. 【全部】：分解后设置选中对象的所有特性，如图层、线型、颜色和线宽。AutoCAD 软件提示为分解的对象元素输入新的线型、颜色、线宽和图层名。

b. 【颜色】：设置分解对象的颜色，程序提示如下。

新颜色 [真彩色 / 配色系统] <ByLayer>：

c. 【图层】：设置分解对象之后，部件对象的图层。默认选项是继承当前图层而不是分解对象的图层。程序提示如下。

输入分解对象的新图层名 <当前层>：（输入一个存在的图层名或按回车）

d. 【线型】：设置被分解对象元素的线型。命令提示如下。

输入分解对象的新线型名 <ByLayer>：（输入一线型名或按回车）

e. 【从父块继承】：设置对象元素的特性与分解的父对象相同，即对象元素绘制在"0"层上，且颜色、线宽和线型是"ByBlock"。

f. 【分解】：以与"EXPLODE"命令完全相同的方式分解对象。

（2）块的重命名

用户可以重新对块进行命名，以保证对象的名称易于识别和查找。对于插入到当前图形中名称相互冲突的块，也可以采用重新命名的方式解决。

启动该命令的方式如下。

① 下拉菜单：【格式】|【重命名】。

② 命令行：RENAME。

执行上述命令后将弹出如图 12-9 所示的【重命名】对话框。【命名对象】列表框显示了那些能够更名的对象类型目录，如块、图层、尺寸标注样式、线型、绘图和文本样式、UCS 坐标、视图和平铺视口。

图12-9　【重命名】对话框

除了"0"图层和实线线型之外，其他的特性都可更名。

（3）重新定义块

用户不必删除块就可以对其重新定义。这是一个提高工作效率的技术。因为块重新定义后，图中所有具有相同名字的块都会自动更新。

（4）块编辑应用

如图 12-10 所示的图形，表示出了插在图形中的各种各样的块，前两个是以正常尺寸插入的，第三个是以 1.5 倍尺寸插入的，块名都是"CAR"，插入点都是前车轮圆心。现需要在车窗上增加一条竖线。为了对当前图形中的块重新定义，需要再插入一个块，并把其分解成单个实体。做出修改后要求块名仍然为"CAR"，插入点仍然为前车轮圆心。

命令执行过程如下。

① 利用"INSERT"命令插入块"CAR"，将其分解，对图形进行修改，即在车窗上增加一条竖线。

② 利用"BLOCK"命令激活【块定义】对话框，块名取为"CAR"，重新定义选择修改后的对象为新的块"CAR"，插入点取前车轮圆心。

③ 当用户单击【确定】按钮后，将出现对话框："图形中已经定义 CAR 块，确认是否重新定义图形中 CAR 块？"在 AutoCAD 软件提示框中单击"Y"将对图形中的块重新定义。如图 12-11 所示的图形表示出了重新定义后的块所发生的变化。

图 12-10　块　　　　　　　　　图 12-11　重新定义后的块

图 12-12　【清理】对话框

（5）无用块的删除

删除无用的块可以提高绘图效率。对于无用的图层、文字样式和标注样式，该命令同样有效。

启动该命令的方式如下。

① 下拉菜单：【文件】|【绘图实用程序】|【清理】。

② 命令行：PURGE。

用户可以切换树状图以显示当前图形中可以清理的以及不能清理的内容，如图 12-12 所示的【清理】对话框。

12.2　块的属性

属性是从属于块的非图形信息，即包含在块中的文本信息，是块的组成部分。一个块可以有多个属性，但属性必须对应于一个块。属性不同于一般的文本，它包括属性标记、属性值，属性可以用"ATTEXT"命令来提取。

12.2.1　创建带属性的块

12.2.1.1　属性的定义

启动【属性】对话框的方式如下。

① 下拉菜单：【绘图】|【块】|【定义属性】。

② 命令行：DDATTDEF。

执行命令后，程序将弹出如图 12-13 所示的【属性定义】对话框，该对话框包括【模式】、【属性】、【文字选项】和【插入点】等选项组。以下将简要介绍各部分的功能。

图 12-13　【属性定义】对话框

（1）【模式】

【模式】选项组用于设置属性的显示模式。

① 【不可见】：激活该选项则设定属性值为不可见。当把图块插入到图中时，属性值依然附属在图块上，但它们将不被显示出来，这样可以减少重新生成图所需的时间。如果希望把不可见的属性变为可见，可改变已设定的【不可见】模式。

② 【固定】：激活该选项则表明该图块的所有引用都将带有相同的属性值。属性值在定义属性时被输入，在其后的图块引用过程中，如没有关于该值的提示，就不能对该值进行更改。当选择这个模式时，【提示】编辑框、【验证】和【预置】复选框均

无效。

③【验证】：激活该选项后，当插入块时，程序将对已输入的属性再一次提示用户进行校验，否则提示不要求用户进行校验。

④【预置】：用于确定是否将属性值设为默认值。选中该选项，在插入块时，程序将把在该对话框中【值】编辑栏输入的内容设置为实际属性值，不再要求用户进行新的输入，即程序自动设置了缺省的属性值。如果为选中该项则要求进行输入。

（2）【属性】

该选项组用于设置图块的属性，包括【标记】、【提示】和【值】三项。

① 【标记】：用于指定属性标记。标记名可由除空格之外的任何字符组成，可以用连字符来替代两个单词之间的空格。如图 12-14 所示，在【标记】栏中输入"SIZE"并在图中指定位置，则在定义属性但未选择创建图块之前，在指定位置处将显示"SIZE"的属性标记。

SIZE

图 12-14　带"SIZE"属性标签显示的窗户图块

② 【提示】：指定属性提示。属性提示是指插入带属性的图块时用户所看到的提示。提示语句可为疑问句或陈述句。如在编辑栏中输入属性提示"窗的尺寸？"，则以后编辑带有该属性的块时，程序将显示提示内容；如【提示】编辑框保留空格，即用户不定义提示，则属性【标记】中的内容用作属性提示；如果属性显示模式中的【固定】开关处于激活状态，【提示】编辑框将不能被编辑。

③【值】：指定缺省的属性值。指定了属性标记和提示信息后，用户可以在【值】编辑框里输入属性值。在创建带有属性的块时，该栏中的值将作为属性显示在所定义的图块中。用户以该块插入时，可以使用缺省值，也可以进行修改。

（3）【文字选项】

用来设定属性的文字特性，包括【对正方式】、【文字样式】、【高度】和【旋转】四项。

① 【对正方式】：点取编辑栏右侧的 ，将弹出如图 12-15 所示的下拉列表，内容参见第 10.2.1 节。

② 【文字样式】：点取编辑栏右侧的 将显示当前图形所加载的文字样式，用户可以再次选择当前文字样式。

图 12-15　【对正方式】

③ 【高度】：用户可以用键盘在编辑栏中直接输入属性文本的字高，也可以通过单击编辑框旁的【高度<】按钮改变字高。单击【高度】按钮后，【属性定义】对话框将暂时关闭，命令行提示用户取点定高，用户可以用鼠标在图形屏幕上确定，也可以在命令行上输入两点的坐标值，取点完成后返回对话框，所定义的高度值将显示在编辑框中。

提示：在【文字样式】对话框中定义高度后，此处将不可再编辑。

④【旋转】：设定属性文本的转角。可以用键盘直接输入，也可以单击左侧的【旋转<】按钮利用鼠标取点定转角。

（4）【插入点】

该选项组用于为属性定位。单击【在屏幕上指定】复选框，则可以利用鼠标在屏幕上的图形取点定位；反之则在【X】、【Y】和【Z】编辑框中输入基点坐标。

（5）【在上一个属性定义下对齐】

当该切换开关处于激活状态时，允许采用相同的对齐方式在先前的属性下面放置附加属性。当定义第一属性时，该选项不能被激活；如该选项被激活，【文字选项】和【插入点】框域将不能编辑。

单击【确定】按钮将关闭【属性定义】对话框完成属性的定义。

12.2.1.2　示例

下面将演示如何创建带属性的块的过程，过程如下。

① 绘制如图 12-16 所示的标题栏，尺寸为"2 450×120"。

图 12-16　标题栏

② 在【格式】|【文字样式】对话框中定义文字样式，此处定义字高为 50。

③ 标题栏中无需修改的部分，可采用单行文本方式直接输入，如图 12-17 所示。

姓　名	指导教师			图　号	
班　级	教师职称			设计日期	

图 12-17　输入文字后的标题栏

④ 输入命令"ATTDEF"，打开【属性定义】对话框，对"姓名"一栏进行设置，注意【提示】编辑栏中的内容为"姓名"，参见图 12-18 所示。

图 12-18　【属性定义】对话框

⑤ 单击【确定】按钮，在"姓名"一栏中指定插入点，该处属性设置完成。

⑥ 重复上面的步骤，完成其余的设置。如图 12-19 所示。

姓 名	NAME	指导教师	××	××	图 号	××
班 级	××	教师职称	××		设计日期	××

图 12-19　定义属性后的标题栏

⑦ 输入命令"WBLOCK"，按"Enter"键打开【写块】对话框。设置表格的左下角点为"基点"，单击【选择对象】按钮，选择整个图形（包括所设置的属性），并在【目标】选项组中输入文件名、位置和插入单位，如"F：\块\标题栏"，如图 12-20 所示。

提示：在设置其余栏目的属性时，【提示】编辑栏中的内容为对应栏目中的文字。

图 12-20　【写块】对话框

12.2.2　插入带属性的块

插入带属性的图块与插入不带属性的图块操作方法基本类似。一旦选定了要插入的图块，命令提示将要求用户指定插入点，然后按命令行的每一项提示对要插入的图块作参数调整，最后屏幕上将要求用户按属性提示指定属性值。

例如，要使将上例中带有属性的块进行插入，可按下列步骤进行。

① 在当前文件命令行中输入"INSERT"命令，打开【插入】对话框。

② 单击【浏览】按钮，选择定义的"标题栏"块。

③ 设置插入点、缩放比例和旋转角度。

④ 单击【确定】按钮，然后根据命令行提示，输入图名、班级、姓名等参数，结果如图 12-21 所示。

姓 名	赵亮	指导教师	李明	楼盖结构平面布置图	图 号	结施 01
班 级	土木 05	教师职称	教授		设计日期	2006.6

图 12-21　插入参数后的标题块

命令行的显示如下。

　　命令：INSERT ↵

　　指定插入点或［基点（B）／比例（S）／旋转（R）／预览比例（PS）／预览旋转（PR）］:（用鼠标指定插入点）

　　输入属性值

　　设计日期：2006.6 ↵（程序提示为"设计日期"，输入"2000.6"并回车确定）

　　图号：结施 01 ↵（程序提示为"图号"，输入"结施 01"并回车确定）

　　图名：楼盖结构平面布置图 ↵

　　教师职称：教授 ↵

　　指导教师：李明 ↵

　　班级：土木 05 ↵

　　姓名：赵亮 ↵

12.2.3　修改图块属性的定义

12.2.3.1　【编辑属性】对话框

　　在定义了属性后但未创建带有属性的块之前，即未将属性和块相联系以前，用户可以对属性定义中的【标记】、【提示】和【值】编辑栏中的内容进行编辑和修改。用户可以采用如下方式。

　　① 下拉菜单：【修改】｜【对象】｜【文字】｜【编辑】。

　　② 工具栏：文字｜ Ａ 按钮。

　　③ 命令行：DDEDIT 或者 ED。

　　以图 12-19 定义属性后的标题栏为例进行说明。

　　执行上述操作后，命令行提示"选择注释对象或［放弃（U）］:"，光标变成选择模式，选择欲修改的属性后，程序弹出【编辑属性】对话框，步骤如下。

　　① 选择注释对象，如图 12-22 所示。

姓　　名	NAME	指导教师	××	××		图　　号	××
班　　级	××	教师职称	××			设计日期	××

选择注释对象或 🔲

图 12-22　选择注释对象

　　② 弹出【编辑属性】对话框，如图 12-23 所示。

　　③ 【编辑属性】对话框包括【标记】、【提示】和【默认】编辑栏，用户可以单击这些选项进行修改。

　　④ 单击【确定】按钮完成修改。

图 12-23　【编辑属性】对话框

12.2.3.2　【块属性管理器】对话框

对于创建了属性并同图块相联系后，用户也可以在块中编辑属性定义、从块中删除属性以及在更改插入块时，系统提示用户输入属性值的顺序。

用户可以采用如下方法调出【块属性管理器】对话框。

① 下拉菜单：【修改】｜【对象】｜【属性】｜【块属性管理器】。

② 工具栏：【修改Ⅱ】｜ 🔧 按钮。

③ 命令行：BATTMAN。

操作步骤如下。

① 执行上述操作后，程序将弹出【块属性管理器】对话框，如图 12-24 所示。

图 12-24　【块属性管理器】对话框

② 单击【设置】按钮，则弹出【设置】对话框，如图 12-25 所示，可以设置属性标记的显示内容和格式。

③ 单击【编辑】按钮，则弹出【编辑属性】对话框，如图 12-26 所示，可以对属性进行修改编辑。

图 12-25　【设置】对话框　　　　图 12-26　【编辑属性】对话框

12.2.4　编辑图块的属性

当带有属性的块被插入到文件中后，即属性的定义和图块的创建相联系后，用户可以对【属性】、【文本】和【特性】选项卡中的内容进行编辑。对块属性的编辑包括对单个块的属性编辑和属性的全局编辑。

12.2.4.1　【增强属性编辑器】对话框

调用【增强属性编辑器】对话框的方法如下。

① 下拉菜单：【修改】|【对象】|【属性】|【单个】。

② 工具栏：【修改Ⅱ】| 按钮，如图 12-27 所示。

③ 命令行：EATTEDIT。

在实际操作中，双击欲编辑的块或者采用右键快捷菜单也比较方便。执行上述命令后，光标变成选择模式，选中修改的对象后，将弹出【增强属性编辑器】对话框。如选择上文插入的块，该对话框将显示所选块的提示与属性值，如图 12-28 所示。

图 12-27　【修改Ⅱ】工具栏　　　图 12-28　【增强属性编辑器】对话框

在编辑栏中输入新属性值并单击【确定】按钮后即可更新属性值。另外，还可以在【文字选项】选项卡中更改文字特性，在【特性】选项卡中改变图层、线型、线宽等内容。

如果属性是由【固定】模式定义的，则因为固定属性值不能被编辑，就不会出现该对话框。

12.2.4.2 【编辑属性】对话框

如果直接在命令行中输入"ATTEDIT"，将弹出【编辑属性】对话框，用户可以在此修改块的八个属性，如图 12-29 所示。用户可以单击，对属性的内容进行修改。

图 12-29 【编辑属性】对话框

12.2.4.3 属性的全局编辑

如果一个图块的属性值错误而该图块又在图中被多次引用时，用户可以进行属性的全局编辑，而不是一个一个单独地修改，当然该命令也可以一次编辑一个值。

调用该命令的方式如下。

① 下拉菜单：【修改】|【对象】|【属性】|【全局】。

② 命令行：ATTEDIT。

用户可以根据命令行中的提示进行编辑。

12.2.5 提取属性数据

如果已经向块中附着了属性，则可以在一个或多个图形中查询此块属性信息，并将其保存到表或外部文件中。通过提取属性信息可以轻松地直接使用图形数据来生成清单或明细表。

调用该命令的方式如下。

① 下拉菜单：【工具】|【属性提取】。

② 工具栏：【修改Ⅱ】| 按钮。

③ 命令：EATTEXT。

操作步骤如下。

① 执行命令后，打开【属性提取－开始】对话框，如图 12-30 所示。此向导可以将块属性数据提取到当前图形的表中，或提取到外部文件中。

② 单击【下一步】按钮，在【属性提取－选择图形】对话框中，选择需要抽取属性信息的图形文件，如图 12-31 所示。

图 12-30　【属性提取－开始】对话框　　图 12-31　【属性提取－选择图形】对话框

③ 单击【下一步】按钮，在【属性提取－选择属性】对话框中选择用作最终输出中的行标题与列标题的块和属性，如图 12-32 所示。

④ 单击【下一步】按钮，在【属性提取－结束输出】对话框中列出提取的块和属性，并可选择属性输出的格式，如图 12-33 所示。

图 12-32　【属性提取－选择属性】对话框　　图 12-33　【属性提取－结束输出】对话框

⑤ 单击【下一步】按钮，在【属性提取－表格样式】对话框中列出表格样式设置。只有选择了【结束输出】上的【AutoCAD】表项，才会显示此页，如图 12-34 所示。

⑥ 单击【下一步】按钮，打开如图 12-35 所示的【属性提取－完成】对话框，完成属性提取。若要保存设置，可单击【保存样板】按钮，打开【另存为】对话框，从中可将属性提取保存到以 ".blk" 为文件扩展名的样板文件中。

图 12-34 【属性提取—表格样式】对话框　　　图 12-35 【属性提取—完成】对话框

⑦ 如果选择提取列表，单击【完成按钮】，系统将提示用户指定插入点，表格如图 12-36 所示。如果选择提取到外部文件，单击【完成】按钮，系统将创建文件。

标题栏							
数量	NAME	XX	XX（1）	XX（2）	XX（3）	XX（4）	XX（5）	名称
1	赵亮	土木 03	李明	副教授	楼盖结构平面布置图	结施 01	2006.6	标题栏

图 12-36 提取属性表格

【思考与练习】

思考题

12-1　调用"BLOCK"和"WBLOCK"这两种命令所创建的块有何不同？

12-2　在 0 图层上创建的块有何特点？

12-3　如何理解属性和普通文本的差别？

12-4　如何提取块的属性？

上机操作

12-1　以图 12-37 为例熟悉块的创建和应用。操作步骤如下。

① 利用【绘图】工具栏和【修改】工具栏上的工具绘制单开门。

② 在【绘图】工具栏上单击【创建块】按钮，以创建图块。

③ 将单开门定义为块，块的名称为"单开门"，其插入点为门垛外侧中点。

④ 单击【确定】按钮，完成图块的创建。

⑤ 在【绘图】工具栏【插入块】按钮，打开【插入块】对话框，选择要插入的块【单开门】，如图 12-38 所示。具体过程如下：根据门宽在【缩放比例】复选框中输入合适的比例，在屏幕上指定旋转角度，逐一完成块的插入，如图 12-37 所示。

⑥ 创建图块"窗"并完成图块的插入。

图 12-37　建筑平面图

图 12-38　【插入块】对话框

提示：此处建立一个 1 000 mm×1 000 mm 代表门的块。把门画到单位 1 面积内的目的是建立一个表示门的块，然后在插入时通过选取不同的比例因子以得到所需要的门的尺寸。例如，对一个 900 mm 的门，当提示输入 X 和 Y 比例因子时输入 0.9。但是并非所有的块都能这样处理。

12-2 利用块以及块的属性为轴线符号和轴线编号创建块。要求如下：块的名称为"轴线"；轴线符号的直径为 800 mm；为块的属性创建文字样式名称为"块属性"，所采用的字体为"complex.shx"，字高和宽高比自定，对正方式为"调整"。对如图 12-37 所示的图形的轴线进行标注。

12-3 为图 12-39 所示标高符号图形定义，具体内容如表 12-1 所示。字高和宽高比自定，对正方式为"右对齐"。

图 12-39 标高符号

表 12-1

标记（Tag）	提示（Prompt）	属性值（Value）
BG	请输入标高：	8.600 0

第13章 外部参照

外部参照是把已有的其他图形文件链接到当前绘制的图形文件中，类似于块，但其与块又存在较大的差别。其区别在于：块插入后，其图形数据会存储在当前图形中，如在当前图形中将其分解就可以对块里的各个图元进行编辑；而使用外部参照，其数据还是存储在原始文件中，当前文件只记录参照图形的位置等链接信息。因此，使用外部参照不会显著地改变当前图形文件的大小，但是在当前图形中无法分解一个外部参照，也就无法对各个图形进行修改。用户只能通过编辑原始图形，然后以重载的方式使其更新。

如果外部参照插入的参照图形与原始图形之间一直保持这种链接关系，当原始图形出现改动，被插入到当前图形中的参照图形也将随之变化，从而保证了同一部分图形的一致性。因此，外部参照适用于正在进行中的由多人分工协作的项目。

13.1 使用外部参照

13.1.1 启动外部参照

启动该命令的方式如下。

① 下拉菜单：【插入】|【外部参照菜单】。

② 工具栏：【参照】工具栏中| 🖻 按钮，如图 13-1 所示。

③ 命令行：XATTACH。

图 13-1 【参照】工具栏

执行该命令后，将弹出【选择参照文件】对话框，如图 13-2 所示。从对话框选择参照文件后，该参照文件的图形将会显示在预览区中。

选择文件并单击【打开】按钮后，将弹出如图 13-3 所示的【外部参照】对话框，用户在此将外部参照附着到当前图形中。

图 13-2   【选择参照文件】对话框   图 13-3   【外部参照】对话框

13.1.2   【外部参照】对话框

利用该对话框可以将图形作为一个外部参照附着。该对话框各功能介绍如下。

（1）【名称】

附着了一个外部参照后，该外部参照的名称将出现在下拉列表中。当在列表中选择了附着的一个外部参照时，它的路径将在【路径】一栏中显示。

单击右侧的【浏览】按钮可以再次打开【选择参照文件】对话框，重新选择参照文件。

（2）【位置】

显示找到的外部参照的路径。

（3）【保存路径】

显示用于定位外部参照的保存路径。

（4）【参照类型】

插入的外部参照包括【附加型】和【覆盖型】两种类型。其区别是：附加型的外部参照可以看到多层嵌套附着，即如果甲图参照了乙图，那么当丙图再参照甲图时，在丙图里可以同时看到甲图和乙图；而覆盖型的外部参照不能看到多层嵌套附着，即如果甲图覆盖参照了乙图，当丙图再参照甲图时，在丙图中将只能看到甲图，而看不到乙图。

（5）【路径类型】

指定外部参照的保存路径是完整路径、相对路径，还是无路径。插入的外部参照的路径有完整路径、相对路径和无路径三种类型。

①   【完整路径】：当使用完整路径时，外部参照的精确位置将保存在宿主图形中。此选项的精确度最高，但灵活性最小。当工程文件夹被移动时，AutoCAD 软件将不能融入任何使用完整路径附着的外部参照。

②   【相对路径】：当使用相对路径时，将保存外部参照相对于宿主图形的位置。

此选项的灵活性最大。当工程文件夹被移动时，只要外部参照相对于宿主图形的位置不变，则 AutoCAD 软件仍可以融入使用相对路径附着的外部参照。

③【无路径】：在不使用路径附着外部参照时，AutoCAD 软件首先在宿主图形文件夹中查找外部参照。当外部参照文件与宿主图形位于同一文件夹时，常用此选项。

（6）【插入点】

指定所选外部参照的插入点。选定参照类型和路径类型后，有两种方法指定插入点的位置。

①【在屏幕上指定】：选择该项，单击【确定】按钮后，在屏幕上指定插入点。

②【X】、【Y】、【Z】：选择该选项，要求在【X】、【Y】、【Z】编辑栏中输入坐标。

（7）【比例】

指定所选外部参照的比例因子。确定外部参照的比例有以下方法。

①【在屏幕上指定】：选中该选项，在随后的操作中，程序将会提示输入缩放比例。

②【X】、【Y】、【Z】：选中该选项，则应分别在【X】、【Y】、【Z】编辑栏中输入比例，默认值为 1。

③【统一比例】：选择此项后，只需输入"X"的比例，其他两个方向的比例与之相同。

（8）【旋转】

为外部参照引用指定旋转角度。确定旋转有两种方法。

①【在屏幕上指定】：选中该选项，在随后的操作中，系统提示要求输入旋转角度。

②【角度】：如选中该选项，则必须在编辑栏中输入旋转的角度。

（9）【块单位】

显示了外部参照的单位设置和默认比例。此显示不能修改。

（10）【确定】

单击该按钮表示完成相应参数的设置，当前图形中将出现被参照的文件内容。程序出现如下提示。

指定插入点或 [比例（S）/ X / Y / Z / 旋转（R）/ 预览比例（PS）/ PX / PY / PZ / 预览旋转（PR）]：

13.2　编辑外部参照

用户可以使用【参照编辑】对话框修改当前图形中的外部参照，或者重定义当前图形中的块定义。

13.2.1 启动【参照编辑】工具栏

启动编辑外部参照的方法如下。

① 下拉菜单：【工具】│【外部参照和块在位编辑】│【在位编辑参照】。

② 工具栏：【参照编辑】│ 按钮。

③ 命令行：REFEDIT。

执行该命令后，程序要求在当前图形中选择要编辑的参照并在选择对象后弹出【参照编辑】对话框，如图 13-4 所示。该对话框【标识参照】选项卡包括【参照名】、【预览】和【路径】三项内容；【设置】选项卡则为编辑参照提供选项。具体内容不再赘述，用户可以参见帮助文件。

单击【确定】按钮将弹出【参照编辑】工具栏，如图 13-5 所示。此时可以用【修改工具】对外部参照进行编辑和修改。

图 13-4 【参照编辑】对话框

图 13-5 【参照编辑】工具栏

13.2.2 【参照编辑】工具栏

通过该工具栏可以添加或删除工作集中的对象，从而完成对外部参照的修改。各按钮的功能如下。

（1） 按钮和 按钮

这两个按钮分别表示【添加到工作集】和【从工作集删除】。

单击 按钮，程序显示如下提示。

命令：REFSET

在参照编辑工作集和宿主图形之间传输对象

输入选项 ［添加（A）／删除（R）］<添加>：ADD（此时相当于编辑被插入的原文件，用户可以增加新的对象，从而改变原文件的内容）

单击 按钮，程序显示如下提示。

命令：REFSET

在参照编辑工作集和宿主图形之间传输对象

输入选项［添加（A）／删除（R）］<添加>：REM（此时相当于编辑被插入的原文件，用户可以删除某些原文件中的某些对象，从而改变原文件的内容）

完成修改后，单击 按钮（保存对参照编辑工作集的修改）可以完成对外部参照的修改。

（2） 按钮

该按钮功能为关闭参照，表示放弃对参照编辑工作集的修改。

（3） 按钮

该按钮表示保存对当前参照编辑工作集的修改。

提示：用户也可以在绘图区选择已插入的外部参照图形，然后单击鼠标右键，在弹出的快捷菜单上使用【打开外部参照】选项即打开原始图形，在此修改后存盘也可以完成对外部参照的修改。

13.2.3 【参照编辑】工具栏应用

下文将演示如何利用【参照编辑】工具栏对原文件进行编辑。操作步骤如下。

① 在 "C：\Program Files\AutoCAD 2006\MYWORK" 下创建如图 13-6 所示的"基本图形"，存盘并关闭该文件。

② 单击 按钮创建新文件 "drawing.dwg"，在下拉菜单【插入】中单击【外部参照】，插入刚才所建的文件"基本图形"，如图 13-7 所示。

图 13-6 基本图形

图 13-7 在 "drawing.dwg" 中插入外部参照

③ 在 "drawing.dwg" 图形中添加内接圆，线型采用虚线。

④ 在下拉菜单【插入】|【外部参照菜单】中单击【在位编辑参照】，程序提示如下。

命令：REFEDIT

选择参照：（程序提示在当前图形中选择欲修改的外部参照，选择结束后弹出【参照编辑】对话框）

⑤ 在【参照编辑】对话框中单击【确定】按钮，将显示如图 13-8 所示的【参照编辑】工具栏。单击该工具栏中的 ▣ 按钮，将新增的内接圆添加到当前选择集中。

⑥ 单击 ▣ 按钮，保存对参照编辑工作集的修改。

⑦ 打开 "C:\Program Files\AutoCAD 2006\MYWORK\基本图形.dwg"，修改后的效果如图 13-9 所示。请用户注意新增的内接圆。

图 13-8 　【参照编辑】工具栏　　　　　　　　图 13-9 　修改后的"基本图形"

13.3 　管理外部参照

用户可以对参照的图形文件执行数种操作，包括附着、更新和拆离。

13.3.1 　启动【外部参照管理】

启动【外部参照管理】对话框的方法如下。

① 下拉菜单：【插入】|【外部参照管理器】。

② 工具栏：【参照】| 按钮 ▣。

③ 命令行：XREF。

用户也可以通过快捷菜单进行操作：选择外部参照后，在绘图区域单击鼠标右键，然后选择【外部参照管理器】。

启动命令后将打开如图 13-10 所示的【外部参照管理器】对话框。利用该对话框，可以完成附着、覆盖、列出、绑定、拆离、重载、卸载和重命名当前（或宿主）

图形中的外部参照以及修改其路径的工作。

图 13-10 【外部参照管理器】对话框

13.3.2 【外部参照管理器】

【外部参照管理器】各按钮的基本功能如下。

（1）【列表图】

列出当前文件的外部参照名、状态、类型、日期、大小、保存路径及文件名，对列表中的参照进行排序。 按钮分别表示以列表图或者树状图显示图形中的外部参照。

（2）【附着】

单击该按钮可以打开【选择参照文件】对话框，在该对话框中可以选择需要插入到当前图形中的外部参照文件。

（3）【拆离】

在【外部参照管理器】列表图中选择不需要的参照文件。单击该按钮可从当前图形中删除不再需要的外部参照文件。

（4）【重载】

单击该按钮，系统将读入并显示参照文件的最新保存版本。

（5）【卸载】

卸载一个或多个外部参照文件。卸载外部参照后，图形的打开速度加快，内存的占用量也将减少，这些有助于提高作图效率。当需要时，已卸载的外部参照可以重新加载。

（6）【绑定】

将外部参照永久性地插入到当前图形中，它把外部参照变成了块图形，从而保证了外部参照不再被修改。【绑定外部参照】对话框如图 13-11

图 13-11 【绑定外部参照】对话框

所示。

该对话框还包括如下两个选项。

① 【绑定】：如果选中，则将外部参照的某些对象绑定到当前图形中。

② 【插入】：如果选中，则将外部参照文件直接插入到当前图形中。

（7）【打开】

用于在新建窗口中打开选定的外部参照进行编辑。在当前文件中选择欲修改的外部参照并单击【确定】按钮，此时将打开外部参照的原文件，用户可以在此对原文件进行修改。

（8）【发现外部参照于】

用于显示当前选定的外部参照的完整路径。

13.4　外部参照的插入和管理

以图 13-12 所示图形为例说明外部参照的插入和管理，基本过程如下。

① 在"D：\Program Files\2006\下"创建图形文件"ft.dwg"，如图 13-12 所示，尺寸自定，绘制完成后关闭该文件。

② 选择参照文件。输入命令并寻找到文件"ft.dwg"所在的目录。

命令：XATTACH↵

执行该命令后，弹出如图 13-13 所示的【选择参照文件】对话框。在文件夹里找到要插入的外部参照图形文件"ft.dwg"。

图 13-12　示例图　　　　图 13-13　【选择参照文件】对话框

③ 将文件"ft.dwg"作为外部参照插入。单击【打开】按钮。命令行提示如下。

附着外部参照"FT"：D：\PROGRAM FILES\2006\FT.DWG

"FT"已加载。

同时，弹出如图 13-14 所示的【外部参照】对话框。此时可以设置插入参照的类型、插入点、比例、路径类型、旋转、块等。单击【确定】按钮，命令行提示如下。

指定插入点或［比例（S）／X／Y／Z／旋转（R）／预览比例（PS）／PX／PY／PZ／预览旋转（PR）］：

在当前文件下插入该外部参照，图略。

④ 打开"ft.dwg"文件，对原始图形做一些改动并保存，如图 13-15 所示。

图 13-14　【外部参照】对话框

图 13-15　改动后的图例

⑤ 返回到当前图形文件，单击【插入】│【外部参照管理器】，弹出如图 13-16 所示对话框。单击对话框的参照名"ft"，单击【重载】按钮进行文件的重载。

⑥ 单击【确定】按钮，当前重载成功，图形如图 13-17 所示。

图 13-16　【外部参照管理器】对话框

图 13-17　重载结束

【思考与练习】

思考题

13-1　如何理解外部参照的作用？

13-2　请描述外部参照同块的区别与联系。

上机操作

13-1 绘制如图 13-18（a）和 13-19 所示的图形，并将图 13-18（a）作为外部
参照插入到图 13-19 中。

（a）   （b）

图 13-18 电话机模型

图 13-19 建筑平面图

13-2 在图 13-18（a）上做出改动（补充绘制号码盘上的数字，如图 13-18（b）
所示），然后在图 13-19 中使用外部参照管理器进行参照图形的重载。

第 14 章 设计中心和工具选项板

设计中心便于工程设计人员共享 AutoCAD 软件的设计资源，方便相互调用。利用设计中心，设计人员可以方便地对本地机、网络上的图形文件进行浏览、搜索，通过简单地拖放，就可以将文件中的图层、图块、外部参照、文字样式、尺寸标注等内容粘贴到当前的图形文件中。因此，设计中心就是设计人员的一个共享资源库。

工具选项板提供了一种屏幕上的界面，通过它可以选择块和图案并将其插入到图形文件中，而且用户可以根据自己的需要，将一些常用命令以及某些自定义的功能添加到工具选项板上，或者更改工具选项板上任何工具的特性，从而提高绘图效率。

14.1 AutoCAD 软件设计中心

AutoCAD 软件设计中心的基本功能包括以下几个方面。

① 在用户计算机和网络驱动器上查找图形内容。通过指定欲搜索文件或者文件的路径、修改日期来进行操作，以提高搜索效率。

② 查看图形文件中的内容，如块和填充、图层、外部参照、文字样式等，并将其添加到当前图形文件中。

③ 图形文件的加载。

④ 创建经常访问的图形、文件夹和 Internet 网址的快捷方式。

14.1.1 启动 AutoCAD 软件设计中心

启动该命令的方法如下。

① 下拉菜单：【工具】|【设计中心】。

② 工具栏：【标准】| 按钮。

③ 命令行：ADCENTER 或 ADC。

启动命令后，绘图窗口将出现如图 14-1 所示的设计中心工作界面。

14.1.2 关闭 AutoCAD 软件设计中心

启动该命令的方法如下。

① 下拉菜单：【工具】|【设计中心】。

图 14-1 AutoCAD 软件设计中心界面

② 工具栏：【标准】│ ▦ 按钮。

③ 命令行：ADCCLOSE。

14.1.3　设计中心的工作界面

设计中心的工作界面类似 Windows 资源管理器，可以分为两个部分，左边是树状视图区，右边是内容显示区域。在设计中心的上部还有一排工具栏，提供了若干选项和操作。

14.1.3.1　树状视图区

（1）树状视图区功能

该区域包括【文件夹】、【打开的图形】、【历史记录】、【联机设计中心】等选项卡。

各选项卡的功能如下。

① 【文件夹】：显示计算机或网络驱动器（包括"我的电脑"和"网上邻居"）中文件夹和文件的结构层次。

② 【打开的图形】：显示当前工作任务中打开的所有图形。

③ 【历史记录】：显示最近在设计中心打开的文件的列表。用户也可以在该区域执行删除命令，在文件上单击鼠标右键，在弹出的快捷菜单中删除此文件。

④ 【联机设计中心】：访问联机设计中心网页。

单击各文件或者文件夹前面的"+"或"-"，可以显示用户计算机和网络驱动器上的文件与文件夹的层次结构。

（2）操作举例

如图 14-2 所示，在【文件夹】选项卡下点击"C：\Program Files\AutoCAD 2006\Sample\colorwh.dwg"文件前面的"+"，树状列表将展开，显示该图形的相关设置，如图层、线型、文字样式、块和尺寸样式等。如在【文件夹】选项卡下点击"C：\Program Files\AutoCAD2006\Sample"，将显示该文件下一级的结构。

图 14-2　利用设计中心查看文件的结构

用户也可以在【打开的图形】选项卡下观察文件的层次结构。

提示：某些时候可能无法看到左侧的树状视图区，这是因为没有打开树状显示。单击工具栏中 [圖] 按钮或者在设计中心的内容显示区单击鼠标右键，在弹出的快捷菜单中单击【树状视图】选项就可以了。

14.1.3.2　内容显示区

（1）内容显示区的功能

显示左侧树状视图区当前选定的内容源文件。用户可以在该区域观察打开图形的内容和来源，显示预览图像和说明。另外，在内容显示区中通过拖动、双击或单击鼠标右键并选择【插入为块】、【附着为外部参照】或【复制】等选项，可以在图形中完成插入块、填充图案或附着外部参照，也可以通过拖动或单击鼠标右键向当前文件中添加其他内容，如图层、标注样式和布局等，还可以从设计中心将块和填充图案拖动到工具选项板中。

下文将演示如何利用内容显示区浏览文件夹或文件中的内容，其余的功能将在以下的章节中详细叙述。

（2）观察文件夹或文件的内容

如图 14-2 所示，在左侧树状视图区单击文件"colorwh.dwg"前面的"+"号，该显示区以"大图标"的方式显示该文件的相关设置，包括标注样式、表格样式、布局、块、图层、外部参照、文字样式、线型共八项内容，在左侧视图区单击图层前面的"+"号，将在该区域显示"0""LINE""SHADE""TEXT""VIEWPORTS"五个图层，如图 14-3 所示。

如图 14-4 所示，单击 AutoCAD 软件下的"Sample"文件夹，使其处于展开模式，则右侧窗格以大图标的形式显示文件夹的内容。

图 14-3　观察某文件图层的设置　　**图 14-4　查看"Sample"文件夹内容**

在图 14-4 右侧内容显示区单击"colorwh.dwg"图标，将在窗格下端显示该文件的预览和说明文字，图 14-5 是以"大图标"格式显示，图 14-6 是以"详细信息"格式显示。

图 14-5   以"大图标"格式显示

　　用户可以调整预览区的大小以便于观察预览图形，如图 14-5、图 14-6 所示。

提示：内容显示区可以有大图标、小图标、列表图、详细信息四种显示方式，这是由工具栏中 ▦▾ 按钮所控制的。

图 14-6   以"详细信息"格式显示

14.1.3.3　工具栏

　　AutoCAD 软件设计中心工具栏中提供了【加载】、【上一页】、【下一页】、【上一级】、【停止（"联机设计中心"选项卡）】、【重载（"联机设计中心"选项卡）】、【搜索】、【收藏夹】、【默认】、【树状视图切换】、【预览】、【说明】、【视图（大图标、小图标、列表图、详细信息）】、【刷新】等内容。

　　这里仅介绍部分工具的作用。

　　① 【加载】：显示【加载】对话框，将所需文件加载到当前树状视图区。

　　② 【树状视图切换】：显示和隐藏树状视图。

　　③ 【预览】：显示和隐藏内容区域窗格中选定项目的预览。当选定的内容项目是一个图形、块和图像时，预览窗口将显示对应项目的预览图像。

④ 【视图】：为加载到内容区域中的内容提供不同的显示格式，包括【大图标】、【小图标】、【列表图】、【详细信息】四个选项。

⑤ 【预览】：显示和隐藏内容区域窗格中选定项目的预览。

⑥ 【说明】：显示和隐藏内容区域窗格中选定项目的文字说明。

其余工具栏按钮的功能和 Windows 的资源管理基本一致。

14.1.4 利用设计中心查找内容

利用 AutoCAD 软件设计中心的搜索功能可以查找图形、图块、文字样式、标注样式以及图层、图纸概要等信息。单击设计中心工具栏上的【搜索】按钮，即可打开【搜索】对话框，如图14-7所示。

用户可以缩小搜索范围以加快搜索速度，如可以利用【修改日期】选项卡来查找特定时间内创建或修改的内容，利用【高级】选项卡指定要在文件中搜索的文字类型、文字以及文件的大小。例如查找名为"BDRTXT"的图层，在【搜索】下拉列表中选择"图层"，然后选择所需要搜索的文件夹，在【搜索名称】下拉列表中键入"BDRTXT"，单击【立即搜索】按钮，此时 AutoCAD 软件将全部搜索到的文件显示在列表中，如图14-8所示。

图14-7 【搜索】对话框

图14-8 搜索名为"BDRTXT"的图层

14.1.5 利用设计中心打开图形

预先将需要的文件加载到当前树状视图区后，可使用如下两种方法打开图形文件。

① 将【内容显示区】中该文件的图标拖动到绘图窗口以外的区域，如菜单栏、工具栏等处，然后松开鼠标左键。

② 在【内容显示区】中该文件图标上单击鼠标右键，打开快捷菜单，单击【在应用程序窗口中打开】，如图14-9所示。

提示：如果直接将图标从设计中心拖到绘图窗口区域，该文件将以外部参照的形式插入到当前文件中。

图 14-9   使用鼠标右键将图形文件打开

14.1.6   为图形添加内容

通过使用设计中心，将设计中心列表中需要的内容添加到当前的文件中。设计中心可以添加的内容包括块、标注样式、文字样式、表格样式、图层、线型、图案填充、外部参照等内容。

14.1.6.1   在图形之间复制图层、线型、块等基本设置

利用设计中心，可以将一个文件中的图层、线型、文字样式和块等直接复制到另外一个文件中，这样不仅节省了时间，也保持了文件的一致性。这里以复制图层为例进行说明。操作过程如下。

① 单击"Blocks and Tables- Imperial.dwg"文件前面的"+"，展开该文件，然后单击"图层"前面的"+"，将显示该文件图层的设置情况，如图 14-10 所示。

② 在右侧的内容显示区单击鼠标右键，弹出快捷菜单，选择【复制】或【添加图层】选项，如图 14-11 所示。

③ 在当前文件中单击鼠标右键，弹出快捷菜单并选择【粘贴】，如图 14-12 所示。

提示：如直接在图 14-11 所示中选择【添加图层】选项，则图 14-12 所示的过程可以省略。

14.1.6.2   以块的形式插入内容或图形

图形文件和文件中所包含的块能够以块形式插入到当前图形中，操作方法如下。

① 单击设计中心【内容显示区】中欲插入文件的图标，拖动到绘图窗口即可。根据命令行的提示设置指定插入点、基点、比例、旋转等内容。

② 选择"Blocks and Tables - Imperial.dwg"下的图块"Bathtub"，单击右键弹出快捷菜单，选择【插入块】选项即可完成块的插入，如图 14-13 所示。

图 14-10 显示文件图层的设置情况 **图 14-11 复制图层**

图 14-12 粘贴图层

图 14-13 插入块

14.2 工具选项板

【工具选项板】为组织、共享和放置块及填充
图案的有效方法。

在默认情况下,【工具选项板】窗口包含有【命
令工具】、【填充工具】、【土木工程】等七个样例,
如图 14-14 所示。

14.2.1 启动【工具选项板】窗口

启动【工具选项板】窗口的方法如下。

① 下拉菜单:【工具】|【工具选项板窗口】。

图 14-14 【工具选项板】

② 工具栏:【标准】│ ▦ 按钮。

③ 命令行：TOOLPALETTES。

用户可以移动或者修改【工具选项板】窗口的大小和位置。

修改和移动【工具选项板】窗口的方法同 Windows 的操作系统。

在【工具选项板】窗口的空白区域单击鼠标右键，将弹出快捷菜单，用户可以在此更改【工具选项板】的设置，包括自动隐藏、透明、视图等功能。自动隐藏是指将光标移动到【工具选项板】窗口上的标题栏时，【工具选项板】窗口可自动滚动打开或滚动关闭（称为滚动行为）；透明是指将【工具选项板】窗口设置为透明后，将不会遮挡它后面的对象；视图是指更改工具选项板上图标的显示样式和大小。

14.2.2　关闭工具选项板

启动该命令的方法如下。

① 下拉菜单:【工具】│【工具选项板窗口】。

② 工具栏:【标准】│ ▦ 按钮。

③ 命令行：TOOLPALETTESCLOSE。

④ 快捷键：Ctrl+3。

14.2.3　更改控制工具属性

用户可以根据需要更改【工具选项板】上工具的特性。例如，可以更改块的插入比例、线型、填充图案的角度等内容。

要更改工具特性，用户需要在某个工具上单击鼠标右键，然后单击快捷菜单中的【特性】，将弹出【工具特性】对话框。【工具特性】对话框中包含以下两类特性：【插入】特性和【图案】特性是用来控制与对象有关的特性，例如比例、旋转和角度；基本特性是指替代当前图形的特性，例如图层、颜色和线型等内容。图 14-15 演示了修改【图案填充】标题栏上"砖"特性的过程。

14.2.4　创建和使用命令工具选项板

14.2.4.1　创建命令工具选项板

用户可以在默认的【命令工具】中添加新的命令工具，也可以创建新的工具选项板。此处演示创建新的工具选项板——【常用命令】工具选项板。

创建【常用命令】工具选项板的步骤如下。

① 使要添加到【工具选项板】的命令的工具栏处于显示状态。

② 在任一选项卡上单击右键，选择【新建选项板】选项，名称为"常用命令"，如图 14-16 所示。

图 14-15　更改控制工具属性

（a）单击右键，修改"砖"属性；　（b）改角度为 45°；　（c）修改后的效果

③ 在【常用命令】的标题栏上的空白区域单击鼠标右键，单击【自定义】选项以打开【自定义】对话框，如图 14-17 所示，并且使该窗口处于显示状态。

图 14-16　新建选项板【常用工具】

图 14-17　【自定义】对话框

④ 将命令（按钮）从工具栏拖到（不要释放鼠标按钮）【常用命令】工具选项板上适当位置，如图 14-18 所示，图中黑线表示要放置工具的位置。

⑤ 松开鼠标左键，添加"MIRROR"成功，如图 14-19 所示。

⑥ 在【自定义】对话框中，单击【关闭】。

提示：尽管在此步骤中不对"自定义"对话框进行任何修改，但在将命令工具添加到工具选项板时，它必须处于显示状态。

图 14-18　添加"MIRROR"到【常用命令】　　　　图 14-19　添加成功

14.2.4.2　使用命令工具选项板

① 在工具选项板上，单击要使用的命令工具，如单击上文所建的【常用命令】选项板上的"MIRROR"命令。

② 按照命令行上显示的提示进行操作。

该过程比较简单，与工具栏操作相同。

14.2.5　利用设计中心添加文件到工具选项板

用户可以利用设计中心从文件夹或图形创建工具选项板，步骤如下。

① 打开【设计中心】对话框。

② 在【设计中心】对话框中加载文件"Blocks and Tables-Imperial. dwg"。

③ 在树状图或内容区域继续进行操作。在图形文件或块上单击鼠标右键，打开快捷菜单，单击【创建工具选项板】选项，如图 14-20 所示。

④ 创建新工具选项板，该选项板包含所选文件夹或图形中的所有块和图案填充，如图 14-21 所示。

14.2.6　从当前图形中的对象创建工具选项板

用户可以从当前图形中的对象创建工具选项板，不再需要使用设计中心浏览，步骤如下。

① 在当前图形中选择一个对象（几何对象、标注、块、图案填充等），将对象亮显，如将图 14-22 所示的图形存为块"STA"。

② 按住鼠标右键，将对象拖放至工具选项板上合适的位置，黑线表示要放置工具的位置。

图 14-20　利用块"Bathtub"创建工具选项板　　图 14-21　【新建选项板】对话框

图 14-22　工具选项板：MYTOOL

③ 松开鼠标右键即可完成对象的添加。

【思考与练习】

思考题

14-1　设计中心有什么作用？

14-2　如何利用设计中心查找和打开文件？

14-3　如何将设计中心的内容添加到当前文件中？

14-4　工具选项板在绘图中有什么作用？

上机操作

14-1　查找图形文件"attrib.dwg"，并将该文件加载到当前文件中。

14-2　利用上机操作题 14-1 所查找的文件"attrib.dwg"，将图层"BORDER"

"T_KOPF""T_SCHN"、块"SCREW1"、文字样式"SIMPLEX8"加载到当前文件中。

14-3 参考图 14-22 所示，创建用户选项板"MYTOOL"。

14-4 以"Welding Fixture Model.dwg"为例，创建工具选项板"MYBLOCK"，如图 14-23 所示。

图 14-23 工具选项板：MYBLOCK

第15章 绘制建筑施工图

15.1 我国建筑设计制图标准简介

15.1.1 图纸构成

建筑工程的施工图由建筑施工图、结构施工图、设备施工图三部分组成，在工程中简称为建施图、结施图和设施图。其中，建施图包括图纸目录、建筑设计说明、总平面图、各层平面图、屋顶平面图、立面图、剖面图以及建筑详图等。结施图包括结构设计说明、基础平面图和详图、结构平面图、框架结构图（针对框架结构而言）、次梁和楼梯结构图、构件详图等内容。

15.1.2 图纸与标准图框尺寸

图纸的幅面和尺寸应该符合表 15-1 以及图 15-1 的规定。一般 A0～A3 宜横式使用，必要时也可以立式使用。立式使用的有关规定请参见《房屋建筑制图统一标准》（GB／T 50001—2010）。必要时图纸也可以加长，相应的加长规定参见表 15-2。

表 15-1 图纸幅面和图框尺寸 　　　　（单位：mm）

尺寸代号	幅面代号				
	A0	A1	A2	A3	A4
$b×l$	841×1 189	594×841	420×594	297×420	210×297
c	10			5	
a	25				

表 15-2 图纸加长尺寸 　　　　（单位：mm）

幅面代号	长边尺寸	长边加长后尺寸
A0	1 189	1 486　1 635　1 783　1 932　2 080　2 230　2 378
A1	841	1 051　1 261　1 471　1 682　1 892　2 102
A2	594	743　891　1 041　1 189　1 338　1 486　1 635　1 783　1 932　2 080
A3	420	630　841　1 051　1 261　1 471　1 682　1 892

15.1.3 标题栏

图 15-1、图 15-2 是《房屋建筑制图统一标准》（GB/T 50001—2010）推荐采用的标题栏形式。不同设计院所采用的标题栏形状和尺寸差别较大，图 15-3（a）和图 15-3（b）所示样式在设计单位也广泛应用。

图 15-1　标题栏一

图 15-2　标题栏二

（a）　　　　　　　　　　　　（b）

图 15-3　图纸标题栏样式

15.1.4 图线

图纸的线宽 b 应该从下列线宽系列中选择：0.13 mm、0.18 mm、0.25 mm、0.35 mm、0.5 mm、0.7 mm、1.0 mm、1.4 mm。绘制图样前应根据图形的复杂程度和比例，先确定基本线宽 b，再从表 15-3 中选择适当的线宽组。

建筑施工图经常采用实线、虚线、点划线、双点划线、折断线和波浪线。其中前四种线型又可以根据线宽分为粗、中、细三种线宽。A0、A1 的图框线、标题栏的线宽可以采用 1.4 mm 和 0.7 mm，标题栏和会签栏的分格线可以采用 0.35 mm 或者更细的线，A2、A3、A4 的图框线和标题栏的线宽可以分别采用 1.0 mm 和 0.7 mm。

表 15-3 线宽组

线宽比	线宽组/mm			
b	1.4	1.0	0.7	0.5
0.7b	1.0	0.7	0.5	0.35
0.5b	0.7	0.5	0.35	0.25
0.25b	0.35	0.25	0.18	0.13

15.1.5 比例

比例根据图样的用途及工程的复杂程度确定。我国《房屋建筑制图统一标准》（GB／T 50001—2010）推荐的比例如表 15-4 所示。图形的比例宜注写在图名的右侧，字底线应取平，字号比图名小一号或两号。

表 15-4 绘图所用的比例

常用比例	1∶1 1∶2 1∶5 1∶10 1∶20 1∶30 1∶50 1∶100 1∶200 1∶500 1∶1000 1∶2 000
可用比例	1∶3 1∶4 1∶6 1∶15 1∶25 1∶40 1∶60 1∶80 1∶250 1∶300 1∶400 1∶600 1∶5 000 1∶10 000 1∶20 000 1∶50 000 1∶100 000 1∶200 000

15.1.6 字体

根据《房屋建筑制图统一标准》（GB／T 50001—2010）的规定，图纸的汉字应该采用长仿宋体，字高从 3.5 mm、5 mm、7 mm、10 mm、14 mm、20 mm 中选择。如果需要书写更大的字，字高应按 $\sqrt{2}$ 的比值递增。字宽为字高的 0.7 倍。

大标题、图册封面等的汉字可以写成其他字体，但应该容易辨认。拉丁字母、阿拉伯数字与罗马数字的字高应不小于 2.5 mm。

在实际工程中，文字样式如果采用仿宋体，在进行视窗缩放、实时平移等操作时显示缓慢，影响绘图效率。因此，一些施工图采用"txt.shx"、"hztxt.shx"和"hz.shx"等字体以提高绘图效率。

15.1.7 尺寸标注

图样上的尺寸包括尺寸界线、尺寸线、尺寸起止符和尺寸数字。尺寸界线是表示所度量图形尺寸的范围边界，为细实线；尺寸线是表示图形尺寸度量方向的直线，也为细实线，尺寸线与被标注的对象之间的距离不宜小于 10 mm，相互平行的尺寸线之间的距离一般为 7～10 mm；尺寸起止符应采用中粗斜短线绘制。标注半径、直径、角度和弧长应采用箭头，尺寸起止符长度为 2～3 mm。

15.1.8 符号

剖切符号和剖示方向线为粗实线，剖切位置线的长度宜为 6～10 mm，剖示方向线垂直于剖切位置线，其长度宜为 4～6 mm。剖切编号宜采用阿拉伯数字，按顺序由左至右，由上至下编排，并注写在剖示方向线的端部。

索引符号的圆和直径用细实线绘制，圆的直径为 10 mm。

对称符号以细实线绘制，平行线的长度宜为 6～10 mm，平行线的间距宜为 2～3 mm。平行线在对称线两侧的长度应相等。

指北针宜用细实线绘制，直径为 24 mm，尾端为 3 mm。如果需要较大直径绘制指北针，尾部宽度宜为直径的 1／8。

如图 15-4 所示为卫生间详图，图 15-5 所示为部分符号的画法。

图 15-4　卫生间详图　　　　　　　　　　　　图 15-5　符号

15. 1. 9　定位轴线

定位轴线采用细点划线绘制。当图样较小时，也可以采用细实线代替。定位轴线编号应采用细实线绘制，直径为 8 mm，在详图中为 10 mm。定位轴线圆的圆心应在定位轴线的延长线上或延长线的折线上。

15. 2　绘制建筑平面图的准备工作

建筑平面图反映了房屋的平面形状和组合关系、门窗的位置、墙和柱的布置及尺寸、建筑构配件的位置和形状。原则上，建筑平面图包括所有楼层的剖切俯视图。如某些楼层的平面布置相同或非常相似，在工程中一般利用标准层平面图来表示。

一般来说，建筑平面图包括底层平面图、各层平面图（标准层平面图）、顶层平面图、屋顶平面图、局部平面图和建筑详图。建筑详图主要是指卫生间、厨房、楼梯间及复杂部位的构造和做法。

（1）建筑平面图

建筑平面图一般包括如下内容。

① 墙、柱的位置和尺寸。

② 门窗的尺寸、位置及编号。

③ 房间的名称或编号。

④ 楼梯、电梯、室外台阶的位置、尺寸、上下方向以及标注。

⑤ 阳台、雨篷、管线竖井、窗台、雨水管、散水等的位置和尺寸。

⑥ 卫生器具、厨房设备、工作台、隔断等室内设施的位置、尺寸和说明。

⑦ 底层平面图应标注出剖切符号、剖切位置及编号。

⑧ 节点详图的索引符号，在底层平面图中应画出指北针。

⑨ 图名和比例。

⑩ 文字说明。

（2）建筑平面图上的线型

建筑平面图中经常使用的是实线、点划线和虚线。根据使用的位置不同，实线又可以分为粗、中、细三种。

① 粗实线：被剖到的墙、柱的断面轮廓。

② 中实线：没有被剖到的轮廓线，如窗台、台阶、明沟、花池、楼梯等。

③ 细实线：尺寸线、尺寸界限、索引符号和文字标注等。

如果想提高绘图的效率，必须能灵活运用绘图命令以及"COPY""MIRROR""OFFSET""ARRAY""TRIM""EXTEND""CHAMFER""FILL"等编辑命令，某些时候也可以使用"WBLOCK""BLOCKK"或"XATTACH"命令。

15.2.1 分析建筑平面图的特点

绘图前要分析建筑平面图的组成关系和特点，发现各部分的相似性、对称性等特征，然后再充分利用这些特点，提高绘图效率。

以图 15-6 所示的宿舍楼为例，该建筑施工图具有如下特点：横向轴线之间的间距为 3 600 mm，纵向轴线的间距为 3 900 mm、5 100 mm、2 900 mm、3 700 mm；多数房间的开间及进深相同；建筑平面图左右对称。

15.2.2 绘图流程

（1）绘图方法 1

① 新建文件，进行基本设置并保存文件。

② 采用 1：1 比例尺绘制建筑平面图。

图 15-6 某宿舍平面图

③ 根据出图要求，用"SCALE"命令将图形按比例缩小。如比例尺为 1∶100，需要将图形缩小至原图的 1／100 大小。

④ 标注细部尺寸、轴线尺寸、总尺寸以及室内尺寸。

⑤ 标注文字。

⑥ 标注轴线编号、详图索引符号、剖切符号以及标注图名、比例。

⑦ 插入图框。

⑧ 按照 1∶1 的比例打印输出图形。

（2）绘图方法 2

① 新建文件，进行基本设置。

② 按照 1∶1 的比例绘制建筑平面图。

③ 标注细部尺寸、轴线尺寸和总尺寸。

④ 标注文字。

⑤ 标注轴线编号、详图索引符号、剖切符号以及标注图名、比例。

⑥ 根据出图要求，将标准图框放大。如按照 1∶100 的比例出图，则需要将图框放大 100 倍。

⑦ 按照 1∶100 的比例打印输出图形。

上述两种方法在前期都需要按照 1∶1 的比例进行绘图。"绘图方法 1"在经过缩放后，图形只有实际建筑的 1／100。这种方法和按 1∶100 的比例手工绘图过程相同。而采用"绘图方法 2"，图形的大小与实际工程相同。下文阐述的绘制内容主要基于"绘图方法 1"。

15.3 绘制建筑平面图

以图 15-7 所示的"一层建筑平面图"为例，简述绘制建筑平面图的基本过程。

图 15-7 一层建筑平面图

15.3.1 创建文件并进行基本设置

15.3.1.1 创建新文件并保存文件

启动 AutoCAD 软件，程序将创建新建文件"drawing1.dwg"。单击【保存】按钮保存文件，将文件保存为"E：／××住宅建施图／一层平面图.dwg"。

提示：用户也可以在【格式】下拉菜单中对【单位】、【图形界限】等进行修改。通常用户在模型空间下绘图、输出，所以也可不调整。

15.3.1.2 基本设置

（1）设置图层

施工图中的构件和标注都应在对应的图层上绘制。建筑施工图中通常包括"墙""柱""门""窗""楼梯""楼梯扶手""女儿墙""室外台阶""室内设备"等构件和设备，标注内容包括"轴线编号""索引符号""文字说明""尺寸标注"等内容。用户需要根据施工图中的内容分类设置图层并赋予各图层合适的属性。

建议用户设置"辅助图层"。图纸完成后可以将辅助图层上的对象删除，或者将辅助线图层设为"关闭"和"不打印"。

建筑平面图的图层设置可参考图 15-8。

图 15-8　【图层特性管理器】对话框的设置

（2）设置比例因子

绘图中经常出现"点划线""虚线"不能正常显示的情况，这是由于比例不合理造成的。在【线型管理器】对话框中单击【显示细节】按钮，将显示【全局比例因子】和【当前对象缩放比例】编辑栏，输入合适的数值即可调整线型的显示。

提示：改变【全局比例因子】编辑栏中的数值，绘图窗口中所有的虚线、点划线的显示随之而变。

而改变【当前对象缩放比例】编辑栏中的数值，则只影响当前对象。

（3）设置状态栏

使状态栏中的【正交模式】、【对象捕捉】、【对象追踪】和【模型空间】处于"打开"状态。

在【对象捕捉】按钮上单击鼠标右键，在弹出的【草图设置】|【对象捕捉】选项卡中设置【端点】、【中点】、【圆心】、【节点】、【象限点】、【交点】和【垂足】七种模式。

（4）设置文字样式

我国规范推荐汉字采用"仿宋体"，但工程中采用"hz.shx""hztxt.shx""simplex.shx"和"complex.shx"等字体也屡见不鲜。至于采用何种字体，用户可以自己确定。

在【文字样式】对话框中设定样式名和字体类型，并确定字体的高度和宽高比。

提示1：采用合适的字体，以避免汉字不能显示。

提示2：采用"绘图方法1"时，所设字体的高度即为打印字体的高度，所以可设为几个毫米。如采用"绘图方法2"并且出图比例选为1∶100，字体高度设为"700 mm"，打印出来将为"7 mm"。

（5）设置标注样式

尺寸标注样式命名应体现该标注的比例、用途，如"线性 100"，表示该比例尺对1∶100的图形进行线性标注，"线性 50"则表示对1∶50的图形进行线性标注，"角度"表示对角度进行标注。本章标注样式名称定义为"DIM100"，"100"表示1∶100的尺寸标注。图15-9中，【主单位】|【比例因子】编辑栏中比例因子设为"100"。

图15-9 【新建标注样式】|【主单位】对话框

标注中经常出现尺寸起止符过小或过大，文字过小或过大，以及标注的尺寸错

误等问题，建议查看以下三部分的关系：一是【创建新标准样式】|【文字】选项卡中【文字样式】和【文字高度】编辑栏；二是【创建新标准样式】|【调整】选项卡中【使用全局比例】编辑栏；三是【创建新标准样式】|【符号和箭头】中箭头的大小。

简而言之，【使用全局比例】编辑栏中的数值可视为【直线】、【符号和箭头】等设置的"放大"或"缩小"。如果在【文字样式】对话框中将尺寸标注所采用的文字高度定为"0 mm"，该数值也会影响文字的大小。

如果标注的尺寸数字错误，在排除绘图错误后，建议查看【主单位】|【比例因子】编辑栏中的内容。

如果文字的位置不符合我国规范要求，建议查看【文字】|【文字位置】选项组中的内容。

（6）设置点样式

图15-10　【点样式】对话框

绘图中经常需要对图线进行平分，因此应设置合适的点样式，如图15-10所示。

（7）设置多线样式

用户可以在【格式】|【多线样式】对话框中设置多线样式。如用"COPY""OFFSET"等命令绘制墙线，也可以不进行设置。

在绘图命令中经常出现多线宽度不合适、多线的中心不能对准轴线等问题。建议查看命令行中的提示，如提示为："当前设置：对正 = 上，比例 = 20.00，样式 = STANDARD"，建议用户根据设置情况修改"对正""比例"和"样式"。

15.3.2　绘制轴线

图15-7所示的住宅平面图共有3个单元。①～⑨为第一单元，包括两户，二者不完全对称，所以这两户采用"MIRROR"命令绘制并不合适；⑥～⑨轴线和⑨～⑫轴线之间的图形完全对称，这两部分可以用"MIRROR"命令进行绘制。由于⑫轴线为整个建筑的对称线，两侧的图形完全相同，所以再次采用"MIRROR"命令生成全图。

绘制轴线的步骤如下。

① 将"轴线"图层置为当前。

② 调整【对象特性】工具栏的设置，使【颜色控制】、【线型控制】、【线宽控制】都处于"ByLayer"状态。

③ 采用"LINE"命令绘制横向轴线和纵向轴线，轴线的长度可以稍长。

④ 其余的轴线可以通过"ARRAY""OFFSET"和"COPY"命令生成。鉴于本图比较复杂，一次绘制出全部的轴线将使图面混乱，此处仅生成主要轴线，其余的轴线在需要时再逐步添加，如图 15-11 所示。

提示：建议用户给轴线进行初步编号以便于操作。

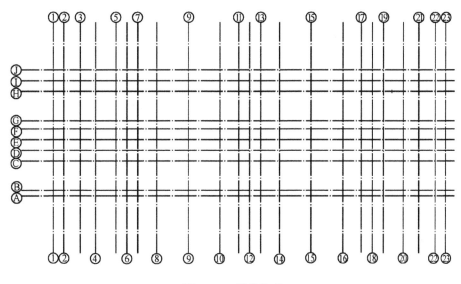

图 15-11　轴线生成

15.3.3　绘制墙线

"COPY"命令可以将轴线复制成墙线，但是所生成的墙线都位于"轴线"图层上，最后需改变图层。使用"OFFSET"命令避免了这个问题，通过对该命令当前模式的设置，偏移后的对象可以直接绘制在"墙线"图层上；"MLINE"命令也非常方便，可以直接将对象绘制在"墙线"图层上。

此处使用"MLINE"命令绘制墙线。绘制墙线的步骤如下。

① 将"墙线"图层置为当前。

② 调整【对象特性】工具栏的设置，使【颜色控制】、【线型控制】、【线宽控制】都处于"ByLayer"状态。

③ 输入"MLINE"命令绘制墙线。执行命令过程如下。

　　命令：MLINE ↵

　　MLINE

　　当前设置：对正 = 上，比例 = 20.00，样式 = QX240（当前设置）

　　指定起点或［对正（J）/ 比例（S）/ 样式（ST）］：st ↵（查询多线样式，可略）

　　输入多线样式名或［?］：? QX240 ↵ （输入"？"进行查询）

当前设置：对正 = 上，比例 = 20.00，样式 = QX240

指定起点或［对正（J）/ 比例（S）/ 样式（ST）］：s↵（根据设置修改比例）

输入多线比例 <20.00>：1↵（修改多线比例）

当前设置：对正 = 上，比例 = 1.00，样式 = QX240

指定起点或［对正（J）/ 比例（S）/ 样式（ST）］：j↵（修改对正方式）

输入对正类型［上（T）/ 无（Z）/ 下（B）］<上>：z↵（以多线的中轴线对正）

当前设置：对正 = 无，比例 = 1.00，样式 = QX240

指定起点或［对正（J）/ 比例（S）/ 样式（ST）］：（具体输入过程略）

④ 逐一绘制出①～⑨轴线间主要的墙线。

⑤ 编辑墙线。用户可以在【多线编辑工具】对话框进行编辑。编辑后的墙线如图 15-12 所示（为了便于图形的显示，这里暂时将轴线的线型设为虚线）。

⑥ 根据绘图需要添加附加轴线和墙体。

提示：【多线编辑工具】对话框使用起来比较烦琐。建议墙线分解后采用 "TRIM" "EXTEND" "CHAMFER" "FILLET" 等命令进行编辑。

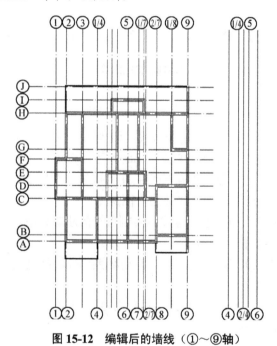

图 15-12 编辑后的墙线（①～⑨轴）

15.3.4 开设洞口和添加门窗

15.3.4.1 添加窗并修剪

比较简单的建筑施工图中可以使用四条线表示窗。由于绘制这种图形比较简单，用户可以直接绘制出数种窗户，然后利用"COPY"命令逐一插入。

开设窗洞和添加窗的过程如下。

① 将"窗"图层设置为当前层。

② 调整【对象特性】工具栏的设置，使【颜色控制】、【线型控制】、【线宽控制】都处于"ByLayer"状态。

③ 绘制符合要求的窗的图例。由于窗共有 5 种，其中"C4""C5"的长度相同，绘制长度分别为 2 200 mm、1 200 mm、600 mm、900 mm 的 4 种窗户，宽度为 240 mm。

④ 添加窗"C1"到轴线交点。使用"COPY"命令复制图例"C1"，以图例右侧线中点作为复制的基点，如图 15-13 所示，插入到相应的位置，如图 15-14 所示（为便于区分，窗的图例选用了较粗的线）。

⑤ 将"C1"移动到合适的位置。选择如图 15-14 所示的图例"C1"，使用"MOVE"命令移动"700 mm"，完成窗的绘制（注意在【正交模式】下进行操作）。

⑥ 修剪"C1"处的墙线。锁住"窗"图层，使用"TRIM"命令修剪，如图 15-12 所示的墙体，开设该处的窗洞。

⑦ 窗"C2""C3""C4""C5"的绘制依照上文进行操作。

图 15-13　复制窗图例

图 15-14　将"C1"插入到Ⓐ～④轴线的交点处

15.3.4.2　添加门并修剪

用户可以参照第 15.3.4.1 节所介绍的添加窗并修剪的方法进行添加门并开设洞口的操作。这里介绍使用块的方法进行绘图，供用户参考。

添加门并修剪墙线的过程如下。

① 将"门"图层置为当前。

② 调整【对象特性】工具栏的设置，使【颜色控制】、【线型控制】、【线宽控制】都处于"ByLayer"状态。

③ 绘制符合要求的门的图例。创建"M1""M2"，如图 15-15 所示。

④ 创建块"M2"。用户可以采用"BLOCK"或者"WBLOCK"命令。图 15-16 所示为基点的选择。

⑤ 插入块"M2"。以轴线交点处作为插入点，如图 15-17 所示（图中门的线型采用粗线以示区别）。

⑥ 将"M2"移动到合适的位置。选择图 15-18 中的"M2"，根据要求移动到合适的位置（注意在【正交模式】下进行操作）。

⑦ 分解插入的图块。

⑧ 修剪"M2"处的墙线。方法参见第 15.3.4.1 节内容。

⑨ ①～⑨轴线的门按照上述方法进行绘制。

图 15-15　创建"M1"、"M2"　　　　**图 15-16　创建块"M2"**

以门右下角为基点

图 15-17　插入图块"M2"　　　　**图 15-18　在【正交模式】下移动 M2**

节点

如图 15-19 所示的图形是①～⑨轴线间的门窗和洞口。

提示 1：在使用"COPY""BLOCK""WBLOCK"及"INSERT"命令时，合理选择"基点"和"插入点"非常关键。

提示 2：借助轴线的交点确定门窗的大体位置，然后采用"MOVE"命令将其移动到合适的位置。

图 15-19　①～⑨轴线间的门窗、洞口

15.3.5　绘制楼梯

绘制楼梯的步骤如下。

① 将"楼梯"图层设置为当前层。

② 调整【对象特性】工具栏的设置，使【颜色控制】、【线型控制】、【线宽控制】都处于"ByLayer"状态。

③ 利用"LINE"命令绘制楼梯踏步端线。

④ 利用"COPY""OFFSET"命令绘出完整的楼梯。

⑤ 采用"PLINE"命令绘制楼梯中起跑方向线。

15.3.6　生成全图

⑥～⑨和⑨～⑫轴线间的房间完全对称，对称线为⑨轴线；①～⑫和⑫～㉓轴线间的房间完全对称，对称线为⑫轴。故第一次镜像以⑨轴线作为镜像线，所选择的对象处于⑥～⑨轴线间，第二次镜像以⑫轴线为镜像线，所选择的对象处于①～⑫轴线间。

两次镜像的操作过程如下。

① 锁定"轴线"等图层。为避免镜像时图线重叠，建议锁定"轴线""楼梯""楼梯扶手"等图层。

② 选择⑥～⑨轴线间的所有对象，以⑨轴线为镜像线，采用"MIRROR"命令生成图 15-20（为便于区分，图中以粗线示意）。

③ 选择①～⑫轴线间所有的对象，以⑫轴线为镜像线，采用"MIRROR"命令生成图 15-21。

提示 1：镜像时经常采用图层的锁定。

提示 2：灵活运用选择对象的方式可提高绘图效率。

图 15-20　第一次镜像生成的图形

图15-21   第二次镜像生成的图形

15.3.7   将图形按照比例要求进行缩小

根据所绘图形比例要求，使用"SCALE"命令将全部图形缩小到原图形的 1 / 100。

15.3.8   尺寸标注

平面图中标注的尺寸包括外部标注和内部标注。

外部标注一般在图形的下方或左侧注写三道尺寸，平面图较复杂时，也可注写在图形的上方和右侧。

内部标注包括房间的净空大小和室内的门窗洞、孔洞、墙厚和固定设备的大小与位置，以及室内楼、地面的建筑标高。相同的内部构造或设备尺寸，可省略或简化标注。

尺寸标注的步骤如下。

① 将"室外尺寸"图层置为当前。

② 调整【对象特性】工具栏的设置，使【颜色控制】、【线型控制】、【线宽控制】都处于"ByLayer"状态。

③ 打开【样式标注管理器】，将"DIM100"样式置为当前。

④ 点取【标注】|【线性标注】，对①～⑨轴线间的图形进行标注，标注出第一道尺寸和第二道尺寸。

⑤ 采用"连续标注"命令进行尺寸标注，也可以利用"MIRROR"或者"COPY"命令对相同的尺寸进行编辑。

提示 1：对于外部轮廓比较复杂的建筑物，尺寸界限长短很难一致。用户可以采用"夹点编辑"或者"对象追踪"的方法来调整尺寸标注。

提示 2：在尺寸标注中经常出现数字重叠的问题，使用鼠标右键快捷菜单修改比较方便。

15.3.9 轴线标注和文字标注

15.3.9.1 轴线标注

首先利用"CIRCLE"命令绘制轴线端部的圆圈，在其中之一填入轴线号，通过"COPY"命令创建所有的轴线编号和轴线端部的圆，然后逐一修改轴线内的编号。

使用"SCALE"命令缩放后，图形已经是比例为 1∶100 的建筑图，所以轴线端部圆的直径为 8 mm。

使用"MTEXT"或者"DTEXT"命令填写轴线编号。

由于轴线编号可能超过 10，并且经常出现附加轴线的问题，所以需要用户在输入轴线编号时预先定义字体的"对正方式"。字体的"对正方式"包括"[对齐（A）/调整（F）/中心（C）/中间（M）/右（R）/左上（TL）/中上（TC）/右上（TR）/左中（ML）/正中（MC）/右中（MR）]"等方式，这里建议采用"调整（F）"方式定义文字的对正方式，以保证所输入的文字不会超出圆外轮廓线。也可以使用"块属性"来标注轴线。

15.3.9.2 文字标注

文字标注的命令又分为"MTEXT"和"DTEXT"命令两种，前者适用于装饰性较强的文字，后者使用功能单一，但基本能满足建筑图文字标注的要求。对于相同的文字，用户可以灵活使用"COPY"或"MIRROR"命令。

15.3.10 插入标准图框

由于标准图框的使用非常频繁，建议用户根据规范要求事先制定标准图框，然后在当前图形中插入该图框。

15.4 绘制建筑立面图

立面图主要是用来表达建筑物的外形艺术效果,反映房屋的外貌和立面装修的,它是建筑施工中控制高度和外墙装饰效果的依据。

建筑物可以按照平面图各面的朝向确定名称，如东、南、西、北立面图，有时也称正立面图、背立面图、左侧立面图、右侧立面图。工程中如采用这种方法来命名会带来很多问题，所以，宜用两端定位轴线的编号来命名立面图，如①～⑩立面图、Ⓐ～Ⓖ立面图。

立面图应包括在投影方向可见的建筑外轮廓线和墙面线脚、构配件、外墙面做法及标高等。按投影原理，立面图上应将立面上所有看得见的细部都表示出来。但由于立面图的比例较小，如门窗扇、檐口构造、阳台栏杆和墙面装修等细部构件，习惯上采用图例表示，其构造和做法可以另附详图或说明文字来解释。

建筑立面图包括以下内容。

① 建筑物两端轴线编号、图名、比例。

② 女儿墙、檐口、变形缝、阳台、栏杆、台阶、坡道、花池、雨篷、勒脚门窗、洞口、雨水管，墙面的凸出或凹进、装饰构件和粉刷分格线示意等。

③ 外墙上的洞口，应标注出尺寸与标高。

④ 各部分构造和做法的文字说明，比较复杂或者重要部位的详图索引。

⑤ 建筑物立面上必要的标高。

建筑立面图中的线型分为点划线和实线两种，实线又可以分为特粗实线、粗实线、中实线和细实线。其各种线型的用途如下。

① 特粗实线：绘制地坪线。

② 粗实线：绘制建筑的外轮廓线。

③ 中实线：绘制立面轮廓范围内具有明显凹凸起伏的体型和构造，如建筑物的转折处、立面上的阳台、雨篷、室外台阶、花池、凸出墙面的柱、门窗洞口线等。

④ 细实线：绘制墙面的细部构件，如门、窗户的细节，雨水管，以及文字引线、墙面分格线等。

15.4.1　绘图思路

绘制建筑立面图时可以借助建筑平面图绘制若干辅助线。用户可以事先删除平面图中多余的内容，如文字标注、尺寸标注、多余的图线等。由于建筑平面图采用"SCALE"命令缩放后，已经转变成 1∶100 的图样，因此为采用 1∶1 的比例绘图，还需要使用"SCALE"命令扩大图形。

为提高绘图效率，可以使用"PURGE"命令清除"图层""图块""文字样式"和"尺寸标注样式"等不需要的设置和内容。

15.4.2　绘制建筑立面图

以图 15-22 所示的图形为例，简述绘制建筑立面图的过程。

15.4.2.1　创建新文件并保存文件

创建并保存文件"E：/××住宅建施图/建筑立面图.dwg"。

15.4.2.2　插入建筑平面图

由于建筑平面图中已经确定了门窗、洞口的尺寸和位置，所以可利用建筑平面图来建立辅助线，图 15-23 所示为辅助平面图。

①～㉓轴立面图 1:100

图15-22 建筑立面图

图 15-23   辅助平面图

15.4.2.3   基本设置

基本设置包括设置图形单位、图层、文字样式和尺寸标注等内容。图层的设置可以参照建筑平面图的有关要求，数量不宜过多或过少，应根据立面图的特点进行设置。为了绘图方便，需要设立辅助图层。

15.4.2.4   建立辅助网格

辅助网格由门窗洞口的定位尺寸和定形尺寸、墙面大的凸出或凹进部位的线条以及必要的轴线组成竖向辅助轴线，由室外地面、各楼层标高、洞口标高、女儿墙顶标高形成水平辅助轴线。这些辅助线在绘制建筑立面图上的各种构件时非常有用。

图 15-24 是为绘制建筑立面图所建立的辅助线。为了易于分辨各种辅助线，可以用文字进行标注，如该图右侧的数字和下侧的轴线编号。

图 15-24   建立辅助线

15.4.2.5 绘制轮廓线和地坪线

绘制轮廓线和地坪线可以采用两种方法：一种是利用"LINE"命令绘制，这种方法要求为"地坪线"设置专门的图层并定义合适的线宽；另外是利用"PLINE"命令定义线宽。后一种方法需要考虑"SCALE"命令会造成多段线"宽度"的变化。

15.4.2.6 绘制门窗、洞口和阳台

在绘制窗户之前先观察建筑立面图上窗户的类型，每种类型绘制一个，其他通过"COPY"或者"ARRAY"等命令实现。如图 15-25 所示是完整的门、窗和阳台的图例。

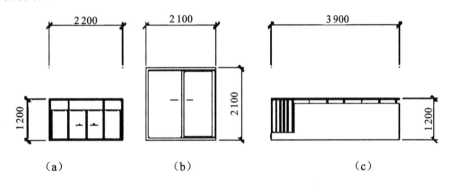

图 15-25　完整的门、窗和阳台的图例

(a) 窗；　(b) 门；　(c) 阳台

首先绘制出完整和详细的门、窗及阳台的图例，然后采用"MOVE"命令将它们移动到立面图中。对于对称或者相同的图形，尽量使用"MIRROR"或"COPY"等命令。如⑥～⑨轴线间的窗采用"MIRROR"命令生成，⑨～⑫轴线间的窗再次采用"MIRROR"命令生成。在使用"MOVE"和"COPY"等命令时，一定注意基点的选取。

底层全部的门、窗及阳台形成后，2～6层上的门、窗及阳台可以通过"COPY"命令全部生成，如图 15-26 所示。

提示 1：采用"COPY"命令时，"基点"的选择是非常关键的。这里建议用户选择"3.00 m"处层高线的"端点"作为复制的"基点"。

提示 2：绘制图形时经常使用"等距划分"和"等数划分"方法，需要用户事先设置合理的点样式。

15.4.2.7 完成其余部分

绘制其余构件。再次使用"SCALE"命令缩小图形。绘制立面图中的索引符号以及文字标注和尺寸标注并插入图签。

推拉门，下部
被阳台遮挡

⑨轴右侧的阳台

3

0

−0.6

① ⑥ ⑨ ⑫

图15-26　立面底层部分门、窗和阳台

15. 5　绘制建筑剖面图

建筑剖面图是反映建筑物内部各层构造情况的图形。剖切位置通常是通过楼梯、门窗洞口等构造比较复杂或有代表性的部位。建筑剖面图通常选择一个剖切面，必要时也可选用两个平行的剖切面。

建筑剖面图表示建筑物内部的高度关系，如顶层的形式、屋顶的坡度、檐口的形式、楼层的分层情况、楼梯的形式、内外墙及门窗的位置、主次梁的布置情况和节点构造等。

在一般情况下，剖面图不需绘出室内外地面以下的部分，墙、柱只需绘到地坪线以下适当的地方，用断开线断开即可。对于以1∶100的比例绘制的剖面图，室内外地面的做法可以通过建筑设计说明和节点详图来表示，此处用一条粗实线来表示。

建筑剖面图上通常包括如下内容。

① 墙、柱、轴线及轴线编号。

② 建筑物内部分层情况。

③ 剖切到的各部位的位置、形状和相互关系。

④ 未剖切到的各部位的可见部分。

⑤ 建筑物标高，构配件尺寸，建筑剖面图文字说明。

⑥ 节点构造详图索引符号。

定位轴线的线型采用点划线，其余的通常采用实线。剖面图中线型和线宽要求如下。

① 特粗线：绘制室内外的地面线。

② 粗实线：绘制被剖到的墙、楼板、屋面板、楼梯段、楼梯平台等。

③ 中实线：绘制未剖切到但可见的门窗洞、楼梯段、楼梯扶手和内外墙的轮廓等。

④ 细实线：绘制门窗扇分隔、雨水管及尺寸线、尺寸界限、引出线、标高符号等。

15.5.1 绘图思路和基本过程

用户可以利用建筑平面图、建筑立面图创建若干辅助线以确定建筑图中各种构件的位置，从而提高绘图效率。

绘制建筑剖面图的基本过程如下。

① 在底层建筑平面图上确定剖切位置。

② 新建文件，进行基本设置并保存文件。

③ 按照 1∶1 的比例建立绘图辅助轴线。

④ 按照 1∶1 的比例绘制横向构件、竖向构件辅助线。

⑤ 按照 1∶1 的比例绘制楼梯。

⑥ 按照 1∶1 的比例绘制门窗等构件。

⑦ 修改完善图形。

⑧ 将图形按照比例要求缩小。

⑨ 标注轴线编号、详图索引符号、尺寸和文字。

⑩ 插入标准图框。

15.5.2 绘制建筑剖面图

15.5.2.1 确定剖切位置

图 15-27 所示是一栋比较简单的宿舍楼，剖切面可以选在楼梯间的第一跑楼梯段，向左投影，剖切编号为 1-1。

15.5.2.2 新建文件，进行基本设置并保存文件

创建并保存文件为"E：\××建筑施工图\1-1 剖面图.dwg"。

15.5.2.3 插入建筑平面图

由于建筑平面图中已经确定了门窗、洞口以及楼梯等构件的尺寸和位置，所以可利用建筑平面图建立辅助线，以提高工作效率。

15.5.2.4 绘制绘图辅助网格

绘图辅助网格是由竖向的辅助轴线和水平的楼层辅助线组成的，如图 15-28 所示。（为了便于区分，这里将轴线的线型改成虚线）建议为辅助网格设置图层。

图 15-27　建筑剖面图

15.5.2.5　绘制楼板和墙线

用户可以通过"MLINE"命令来绘制楼板和墙线，也可以通过"COPY"或"OFFSET"命令绘制墙线。

此处使用"OFFSET"命令绘制墙线和楼板，过程如下。

女儿墙墙顶

楼层辅助线

阳台辅助线

阳台辅助线

轴线辅助线

室外地坪

Ⓐ　Ⓒ　Ⓕ　　Ⓚ

图 15-28　生成辅助线

　　① 将"楼层"图层置为当前。

　　② 调整【对象特性】工具栏的设置,使【颜色控制】、【线型控制】、【线宽控制】都处于"ByLayer"状态。

　　③ 采用"LINE"和"OFFSET"命令绘制楼板,楼板的厚度为 100 mm。

　　④ 将"墙线"图层置为当前。

　　⑤ 采用"LINE"和"OFFSET"命令绘制墙线,墙线的厚度为 240 mm。

　　⑥ 修剪墙线和楼层线。

　　修改后如图 15-29（a）所示。

15.5.2.6　绘制阳台

　　根据剖切位置可知,阳台虽然没有被剖切到,但是投影可以看到阳台,所以需要绘制出阳台的侧面,过程如下。

　　① 将"阳台"图层设为当前。

　　② 调整【对象特性】工具栏的设置,使【颜色控制】、【线型控制】、【线宽控制】都处于"ByLayer"状态。

　　③ 在某一层详细绘制出阳台的侧面形状,绘制过程中注意"定数等分""COPY"等命令的灵活使用。

④ 将阳台进行复制，注意"基点"的选取，此处选择该层的楼面线作为复制的"基点"。

⑤ 完成图形如图 15-29（b）所示。

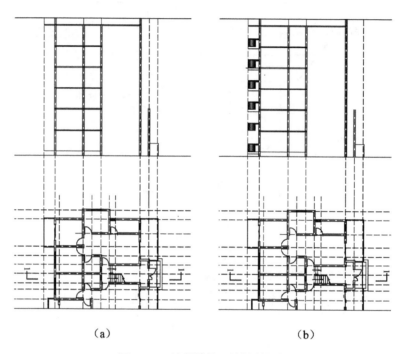

（a）   （b）

图 15-29   绘制墙线、楼板和阳台

（a）绘制墙线和楼板；（b）绘制阳台

15.5.2.7   绘制门窗

门、窗的绘制方法可以参考建筑平面图和立面图门、窗的绘制过程，从建筑平面图中的剖切位置可知，一部分门、窗被剖切到，另外一部分没有被剖切到。所以绘制时应注意剖切位置、投影方向和门窗洞口之间的关系。门窗的定位可以根据建筑平面图进行确定，绘制过程如下。

① 将"门窗"图层设置为当前层。

② 调整【对象特性】工具栏的设置，使【颜色控制】、【线型控制】、【线宽控制】都处于"ByLayer"状态。

③ 门的绘制可以采用"RECTANG"命令，然后采用"OFFSET"命令进行偏移。

④ 被剖到的门、窗需要在图中表现出来。

绘制结果如图 15-30 所示。

15.5.2.8   绘制楼梯间

绘制楼梯间主要包括梯段、栏杆扶手、休息平台以及该处门窗的绘制等内容。本建筑施工图的层高为 3.00 m，一楼至二楼为不等跑楼梯，第一段踏步数为 11 步，第二段踏步数为 6 步；二楼以上为等跑楼梯，各梯段踏步数为 8 步。

用户可以计算出每阶踏步宽和踢步高，然后采用折线进行绘图。如果踏步宽和踢步高不能被整除，用户也可以采用"辅助线"的方法绘制楼梯段。

绘制楼梯间的过程如下。

① 将"楼梯"图层设置为当前层。

② 调整【对象特性】工具栏的设置，使【颜色控制】、【线型控制】、【线宽控制】都处于"ByLayer"状态。

③ 绘制台阶，利用"LINE"命令绘制"折线"，踏步宽为 269 mm，高为 187.5 mm。

④ 复制所绘制的"折线"，生成全部楼梯段。

⑤ 绘制梯段板厚为 100 mm。

⑥ 绘制各梯段的扶手。

⑦ 添加平台梁，截面为 350 mm×200 mm。

⑧ 相同的部分通过"COPY"命令绘制。

⑨ 添加楼梯间的窗户。

所绘制的图形如图 15-31 所示。

图 15-30　绘制门窗　　　　　　图 15-31　绘制楼梯间

15.5.2.9　添加梁截面

为了增强房屋的整体刚度，防止由于地基的不均匀沉降或较大振动荷载对房屋引起的不利影响，墙中需要设置钢筋混凝土圈梁；门、窗下需设置过梁；楼梯间的平台处需设置平台梁。按照结构布置方案的要求，某些部位还需要设置主梁。过梁截面取 240 mm×240 mm，圈梁取 180 mm×240 mm，女儿墙压顶截面取 60 mm×240 mm。平屋顶还需要考虑屋面的排水坡度。

绘制过程如下。

① 将"梁"图层设置为当前层。

② 调整【对象特性】工具栏的设置，使【颜色控制】、【线型控制】、【线宽控制】都处于"ByLayer"状态。

③ 绘制梁。使用"RECTANG"命令分别绘制 240 mm×240 mm 和 180 mm×240 mm 的两个矩形。

④ 使用"BHATCH"命令进行填充，填充图案选择"SOLID"命令。

⑤ 使用"COPY"命令分别将两种类型的梁复制到适当的位置。

⑥ 绘制女儿墙压顶，使用"RECTANG"命令绘制 60 mm×240 mm 的矩形并填充。

⑦ 绘制屋面排水并填充。

⑧ 完成楼、地面、台阶的填充。

所完成的内容如图 15-32 所示。

15.5.2.10　进行标注

通常剖面图应标注室内外地坪、楼地面、地下层地面、阳台、平台、檐口、屋脊、女儿墙、雨篷、门、窗、台阶等。

高度方向上的尺寸包括外部尺寸和内部尺寸。外部尺寸包括洞口尺寸、层间尺寸和建筑物的总高度。洞口尺寸包括门、窗、洞口、女儿墙或檐口高度及其定位尺寸；层间尺寸包括层高尺寸；建筑的总高度为室外地面至檐口或女儿墙顶的高度。内部尺寸主要标注地坑深度、隔断、搁板、平台、吊顶、墙裙及室内门、窗等高度。

标注过程如下。

① 将"标注"图层置为当前。

② 调整【对象特性】工具栏的设置，使【颜色控制】、【线型控制】、【线宽控制】都处于"ByLayer"状态。

③ 标注各洞口尺寸和竖向标高。

④ 绘制标高符号时，可以将标高符号制定为"BLOCK"，也可以直接在本图形中进行复制。

⑤ 利用"DTEXT"命令标注出各部位的标高。

⑥ 进行轴线编号，与建筑平面图相对应。

标注完成后的图形如图 15-33 所示。插入图签，并标注完整。

图 15-32　添加梁并进行填充　　　　图 15-33　标注完成后的图形

【思考与练习】

思考题

15-1　通常在绘制建筑平、立、剖面图时应该设置哪些图层？

15-2　"COPY""MIRROR"等命令在绘制建筑施工图中有什么作用？

15-3　某图纸中同时存在 1∶100 和 1∶20 两种比例尺，应如何设置文字样式、标注样式？

上机操作

15-1　绘制如图 15-34 所示的建筑设计总说明，建议用时 50 min。

基本要求如下：图层自定；图幅为 A3；"建筑设计总说明"文字样式名自定，字体样式采用"黑体"，字高和宽高比自定；具体说明部分和图名部分的文字样式名自定，字体样式采用"宋体"，字体高度和宽高比自定；尺寸标注中的文字样式名自定，字体样式采用"simplex.shx"，字体高度和宽高比自定；图中未标注的尺寸自定。注意：图中的窗采用不同的比例。

15-2　绘制如图 15-35 所示的建筑平面图，建议用时 100 min。

基本要求如下：采用 A3 图纸；设置图层不少于 5 个，图层的名称和属性根据图层的特点设置；文字样式不少于 3 个，文字样式名自定，字体采用"宋体""complex.shx"和"simplex.shx"3 种；设置合理的尺寸标注样式；所绘图形符合建筑制图规范的要求；图中未标注的尺寸自定。

建 筑 设 计 总 说 明

一.设计依据

1.建设单位提供的有关技术资料及工程地质勘察报告。
2.建筑设计主要法规：

《住宅设计规范》　　　　GB 50096-2011
《建筑设计防火规范》　　GB 50016-2006
《建筑抗震设计规范》　　GB 50011-2010
《屋面工程技术规范》　　GB 50345-2012
《严寒和寒冷地区居住建筑节能设计标准》　JGJ 26-2010
《民用建筑设计通则》　　GB 50352-2005

二. 墙体材料

外墙：外墙体采用200厚陶粒混凝土砌块,外侧贴厚聚苯板保温。
内隔墙：200厚陶粒混凝土砌块,墙体定位见平面图。卫生间
　　　　等处隔墙为100厚陶粒混凝土砌块。

JC1展开图　　1:50

三. 部分窗详图

C3　1:20

PC1展开图　　1:20

四.其余说明略

×　×　× 建 筑 设 计 研 究 院				
工程名称	×× 市经济技术开发区温泉小区1号楼			阶段
审　定	审核		图	项目号
项目负责人	核对		名 设计说明 门窗详图	图号
专业负责人	设计			日期

图 15-34　建筑设计总说明

图 15-35　建筑平面图

15-3　绘制如图 15-36 所示的建筑立面图、剖面图，建议用时 100 min。

基本要求如下：采用 A3 图纸；设置图层不少于 5 个，图层的名称和属性根据图层的特点设置；文字样式不少于 2 个，文字样式名自定，字体采用"宋体""complex.shx"和"simplex.shx"3 种；设置合理的尺寸标注样式；所绘图形符合建筑制图规范的要求；图中未标注的尺寸自定。

图 15-36　建筑立面图和剖面图

15-4　绘制如图 15-37 所示的楼梯详图，建议用时 50 min。

基本要求如下：采用 A3 图纸；设置图层不少于 5 个，图层的名称和属性根据图层的特点设置；文字样式不少于 2 个，文字样式名自定，字体建议采用"宋体""complex.shx"和"simplex.shx"3 种；钢筋混凝土和砌体采用合适的填充图案，填充的比例自定；设置合理的尺寸标注样式；所绘图形符合建筑制图规范的要求；图中未标注的尺寸自定。

图 15-37 楼梯详图

第16章　绘制结构施工图

16.1　结构施工图的基本知识

16.1.1　结构施工图的主要内容

结构施工图主要包括结构设计说明、结构平面图、结构构件详图等部分，具体包括如下内容。

（1）结构设计说明

结构设计说明包括如下内容。

① 设计条件和所采用的规范。

② 结构材料的类型、规格、强度等级。

③ 地质说明。

④ 施工注意事项。

⑤ 选用的标准图集等（小型工程可将说明文字分别写在各图纸上）。

（2）结构平面图

结构平面图通常包括如下内容。

① 基础平面图，工业建筑还包括设备基础布置图。

② 楼层结构平面图，工业建筑还包括柱网、吊车梁、柱间支撑、连系梁布置等。

（3）结构构件详图

结构构件详图包括如下内容。

① 梁、板、柱及基础结构详图。

② 楼梯结构详图。

③ 屋架结构详图。

④ 其他详图，如支撑详图等。

16.1.2　结构施工图的作用

结构施工图的作用。

① 施工组织计划的依据。

② 施工放线的依据，确定各构件的形状和位置，如基础、梁、柱等构件定位、定型的依据。

③ 配置钢筋的依据，确定钢筋数量、位置和绑扎方式，供施工单位根据结构施

工图备料。

16.1.3 绘图比例

结构施工图的比例根据图样的用途和所绘图形的复杂程度确定。表16-1为常用比例，特殊情况下也可选用可用比例。

表 16-1 结构制图比例

图 名	常 用 比 例	可 用 比 例
结构平面图、基础平面图	1∶50、1∶100、1∶150、1∶200	1∶60
圈梁平面图、总图中管沟、地下设施等	1∶200、1∶500	1∶300
详 图	1∶10、1∶20	1∶5、1∶25、1∶40

16.1.4 钢筋的基本知识

为避免钢筋在受拉时滑动，光圆钢筋的两端进行了弯钩处理，弯钩常做成半圆弯钩或直弯钩，如图16-1（a）、（b）所示。钢箍两端在交接处也要做成弯钩，弯钩一般在两端各伸长50 mm左右，如图16-1（c）所示。

图 16-1 钢箍的弯钩和简化画法

（a）半圆弯钩；（b）直弯钩；（c）钢箍

在混凝土结构设计规范中，国产建筑用钢筋按其产品种类和强度等级不同，分别给予不同代号，以便标注和识别，如表16-2所示。

表 16-2 普通钢筋代号及强度标准值

种类（热轧钢筋）	代号	直径 d / mm	强度标准值 f_{yk}（N / mm²）	备注
HPB235（Q235）	Φ	8～20	235	光圆钢筋
HRB335（20MnSi）	Φ	6～50	335	带肋钢筋
HRB400（20MnSiV、20MnSiNb、20MnTi）	Φ	6～50	400	带肋钢筋
RRB400（K20MnSi）	Φ^R	8～40	400	热处理钢筋

比较典型的两种钢筋标注方法如图 16-2 所示，其中（a）为板中钢筋的标注，（b）为梁或者柱中钢筋的标注。

图 16-2　钢筋的标注

（a）板中钢筋标注；（b）梁、柱中钢筋标注

在结构施工图中，钢筋的线型采用粗实线，构件的外形轮廓线的线型采用细实线；在构件断面图中，不画材料图例，钢筋用黑圆点表示。钢筋常用的表示方法如表 16-3 所示。

表 16-3　钢筋的一般表示方法

名　称	图　例	说　明
钢筋横断面	●	
无弯钩的钢筋端部		下图表示长、短钢筋在投影重叠时，短钢筋的端部用 45°斜划线表示
带半圆形弯钩的钢筋端部		
带直钩的钢筋端部		
带丝扣的钢筋端部		
无弯钩的钢筋搭接		
带半圆弯钩的钢筋搭接		
带直钩的钢筋搭接		
预应力钢筋或钢绞线		
单根预应力钢筋横断面	+	

16.2　楼层结构平面图的绘制

楼层结构平面图是用一个假想的水平剖切面沿楼板面剖开后，对剖切面以下的楼层结构进行的水平投影。用来表示各层的梁、板、柱、墙、过梁和圈梁等平面布置、构造、配筋以及构造关系，是施工布置或安放各层承重构件的依据。

16.2.1 结构平面图的组成

结构平面图一般由以下部分组成。

① 图框及标题栏。

② 定位轴线及其编号。

③ 楼层结构构件的平面布置，如梁、板、柱、墙、过梁和圈梁以及其他结构构件。

④ 单层厂房还包括柱、吊车梁、连系梁、柱间支撑结构布置图。

⑤ 砌体结构还包括下层的承重墙、门窗洞的布置。

⑥ 构件的尺寸、结构标高、构件的分类索引、详图编号以及断面编号等。

⑦ 其他相关信息：图名、比例、图纸编号、设计说明等。

16.2.2 绘制结构平面图的步骤

（1）确定结构平面图的图幅和绘图比例

根据国家《建筑结构制图标准》（GB／T 50105—2010）的相关规定，结构平面图的常用绘图比例为1：50和1：100。用户应根据所绘图形结构的大小以及图纸幅面的大小关系来确定合适的绘图比例。

（2）根据图形特点，设定图层和线型

用户应首先分析图形中各结构构件的类型、数量以及它们之间的相对位置关系，根据以上信息，明确绘图顺序，设定图层。

（3）绘制定位轴线

因为建筑平面图与结构平面图的定位轴线是一一对应的，所以用户可根据建筑平面图，将定位轴线复制到结构平面图中。

提示：在熟练掌握图层特性的基础上，用户可以采用冻结、锁定等方法快速选择"轴线"图层上所有的对象，也可以采用【特性】选项板上【快速选择】按钮，选择在"轴线"图层上的对象。

（4）绘制柱、墙、梁、窗、板、钢筋等结构构件

使用【绘图】工具栏或【修改】工具栏上各种命令绘制结构施工图中的构件。

（5）标注各结构构件的尺寸

在结构平面图中除了需要标注各轴线间尺寸、轴线总尺寸外，还应标明有关承重构件的平面尺寸和梁、板的结构标高等。

（6）其他信息

这些信息包括轴线编号、断面编号、详图索引、图名与比例、设计说明等。

16.2.3 绘制结构平面图的要点

下面以图16-3所示的多层办公楼的首层结构平面图为例，介绍绘图的过程和方法。

图 16-3 一层结构平面图

（1）确定图幅与绘图比例

该办公楼总长 30 m，宽 11.4 m，选择 2 号图纸（594 mm×420 mm），比例为 1∶100。

建议采用 1∶1 的比例绘图，完成所有的图后将图形按照比例缩小，最后按照 1∶1 的比例出图。

（2）根据图形特点来设定图层和线型

各图层的名称、线型、线宽设置如图 16-4 所示，每个图层的用途大致如图层名描述。用户可以在最后出图时再设置图层的线宽。

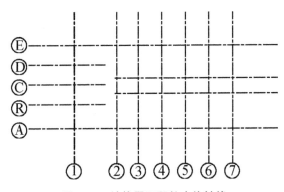

图 16-4　利用【图层特性管理器】设置图层

（3）绘制定位轴线

纵向编号为①～⑦，横向为Ⓐ～Ⓔ，包括两条附加定位轴线，如图 16-5 所示。绘制过程中轴线可能显示为实线，用户可以在【格式】|【线型】中调整【全局比例因子】来改变显示效果。

（4）绘制墙和窗等构件

在该图层的绘制中，用户可以设定两个多线样式分别用于外墙（37 墙）、内墙（24 墙）。由于按 1∶1 绘图，所以多线样式的偏移值也要按实际尺寸来设定。可以使用【多线编辑工具】对话框编辑多线，也可以将多线分解后再使用"TRIM""EXTEND""CHAMFER"和"FILLET"命令进行编辑。

图 16-5　结构平面图的定位轴线

（5）绘制不可见构件

所谓不可见构件是指剖切面下被板遮盖的墙、梁、过梁等构件。

板覆盖在墙上，遮挡了部分墙线，用户需要将这部分墙线修改成虚线。对于这部分墙线，用户也可以另设图层，并将该图层的线型设为虚线；或直接在【线型控制】下拉列表中添加"Iso dash"，并使该线型在列表中显示，【颜色控制】和【线宽控制】仍设为"ByLayer"。

提示：用户可以将这部分图线剪切后再进行添加，注意线型的控制。

（6）绘制可见构件

可见构件是指在剖切面投影中可见的构件，其中最主要的构件是板。板分为预制板和现浇板两种类型。预制板选自国家或地方标准图集，用户可查阅这些图集获取预制板的详细信息；现浇板需要设计者自行计算并配置钢筋。

现浇板的钢筋配置情况画在可见构件图层中。用户可以采用"PLINE"命令按照实际情况进行钢筋的绘制。

（7）尺寸标注与说明

完成所有的图样后，用户可以将图形按照1：100进行缩小，然后再进行标注。构件的代号可以参见《建筑结构制图标准》（GB／T 50105—2010）中的规定。在本图中，"KB"代表空心板；"LX"代表梁，数字角标代表同种构件的编号；"GL"代表过梁；"YP"代表雨篷。

16.3　钢筋混凝土梁配筋图的绘制

16.3.1　钢筋混凝土梁配筋图的组成

钢筋混凝土梁配筋图是结构施工图的一个重要组成部分。楼层结构平面图重在交代各构件的位置关系，而梁配筋图是表达实体构件详细组成情况的重要手段。

钢筋混凝土梁配筋图由断面图、立面图和钢筋详图组成。断面图主要用于表达钢筋在横断面上的位置关系、排布方式、相互之间的间距、保护层的厚度以及箍筋的绑扎方法等信息。立面图显示了钢筋在梁的纵断面上的位置关系。其中涉及受力筋的长度、弯起位置和非受力筋的布置情况。钢筋详图主要用于施工现场的钢筋制作。将梁中的每根钢筋抽取出来，形成图样利于裁剪下料。

用户在绘制梁配筋图之前，应将以上设计信息收集整理好，并进一步分析绘图的顺序和方案，从而完成绘图工作。

16.3.2　钢筋混凝土梁配筋图的绘制步骤

① 确定梁配筋图的图幅和绘图比例。
② 分析图形以确定绘图顺序、设定图层和线型。

③ 绘制定位轴线。

④ 绘制立面图，包括绘制梁、承重结构的轮廓线，绘制梁的钢筋线和标注梁的各部位尺寸和标注钢筋标号、圆、剖面线、箍筋间距等信息。

⑤ 绘制断面图，包括绘制梁的轮廓线、钢筋线、箍筋线和标注梁的尺寸、钢筋标号圆、箍筋间距等信息。

⑥ 绘制钢筋详图。

16.3.3　钢筋混凝土梁配筋图的绘制要点

（1）确定梁配筋图的图幅和绘图比例

根据《建筑结构制图标准》（GB／T 50105—2010）的相关规定，断面图的绘图比例确定为 1∶20；立面图由于纵向长度较长，故选择 1∶40 的绘图比例。

（2）确定绘图顺序、设定图层和线型

各层颜色、线型、线宽设置如图 16-6 所示。每层的绘图内容请参考图层名称。

图 16-6　利用【图层特性管理器】设置图层

（3）绘制定位轴线

（4）绘制立面图

用户可使用多段线命令绘制梁的钢筋线。由于钢筋的直径是根据计算确定的，因此并不统一，如果严格按照钢筋直径来定义多线的宽度会比较烦琐，建议用户采用两种宽度不同的多线来绘制较粗和较细的钢筋，以示区别。

（5）绘制断面图

立面图和断面图中的构件轮廓线均用细实线画出，钢筋用粗实线或黑圆点（对于钢筋横断面）画出。

断面图中的钢筋可以采用"CIRCLE"命令绘制圆形后进行填充，也可以在"DONUT"命令中设置指定圆环的内径为"0"，根据钢筋的直径确定外径就可以绘制黑圆点了。

由于断面中所采用的钢筋直径有所不同，严格按照直径来绘制黑圆点也没有必要，建议用户采用两三种外径以示区分即可。

（6）绘制钢筋详图

根据钢筋编号，分别绘制钢筋的详图。注意计算钢筋的弯起位置和角度，以及钢筋的总长。

用户可以参照上述过程绘制如图 16-7 所示的钢筋混凝土梁配筋图。

L-7钢筋表

编号	钢筋简图	规格	长度	根数	重量
③	380　5 940　380	∅25	6 700	3	52
④	240　6 020　240	∅16	6 500	2	21
⑫	170　395	∅8	1 370	39	12
总重					84

图 16-7　钢筋混凝土梁配筋图

【思考与练习】

思考题

16-1　结构施工图中常用的比例尺包括哪些？

16-2　如何利用图层的特性快速选择所有的轴线？

16-3　如何利用"DONUT"命令绘制钢筋混凝土断面图中的钢筋粗圆点？

16-4　某结构施工图包括结构平面图，比例尺为 1∶100；构件详图，比例尺分别为 1∶40 和 1∶20，如何设置尺寸标注样式？

上机操作

16-1　绘制如图 16-8 所示的楼梯平面配筋图。

16-2　绘制如图 16-9 所示的基础剖面图。

二层楼梯结构平面图 1:50

图 16-8　楼梯结构平面图

4━4　1:20

图 16-9　基础剖面图

第 17 章　绘制与修改三维图形

AutoCAD 软件提供了强大的三维绘图和修改功能，利用它可以绘制出形象逼真的立体图形，从而为工程设计提供支持。本章仅简要介绍三维图形绘制和修改的基本知识。

17.1　三维绘图基础知识

17.1.1　视点设置

本章以前的内容主要讲述了二维绘图，几乎所有的工作都可以在 *xoy* 平面上完成，视点不需调整。但是在三维绘图中，如果视点的位置选择不当，就会出现图线重叠的现象，为了避免出现这种问题，同时也为了便于绘制三维图形，AutoCAD 软件提供了一种从三维空间的任何方向设置视点的命令。球体、圆锥在平面坐标和三维视图中的显示效果如图 17-1 所示。

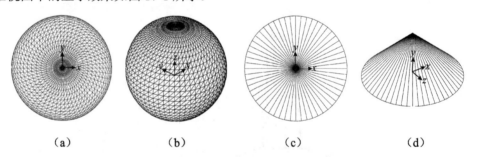

(a)　　　　　　(b)　　　　　　(c)　　　　　　(d)

图 17-1　球体、圆锥在平面坐标和三维视图中的显示效果

17.1.1.1　创建标准视图

用户可以利用【视图】|【三维视图】|【俯视】、【仰视】、【左视】、【右视】、【主视】、【后视】以及【西南等轴测】、【东南等轴测】、【东北等轴测】、【西北等轴测】命令生成十种标准视图和等轴测视图。当然，也可以利用 AutoCAD 软件中的【视图】工具栏生成上述十种标准视图和等轴测视图，如图 17-2 所示。

标准视点是相对于世界坐标系（WCS）设定的，与用户坐标系（UCS）无关。

17.1.1.2　使用三维动态观察器

选择【视图】|【三维动态观察器】命令或者执行"3DORBIT"命令，可以调用【三维动态观察器】，通过拖动鼠标，用户可以动态地、实时地来设置视点，如图 17-3 所示。

（a）　　　　　　　（b）　　　　　　　（c）

图 17-2　生成标准视图　　　　　**图 17-3　使用动态三维观察器**

（a）【视图】工具栏；　（b）【视图】下拉菜单；
（c）【视图】下拉菜单的子菜单

三维动态观察器显示为一个转盘（被四个小圆平分的一个大圆），当处于活动状态时，查看的目标保持不动，而视点围绕目标移动。在三维动态观察器中，光标图案的意义如下。

① ：当光标移进转盘内时，鼠标显示为被两条直线环绕的球状。当用户在该区域中拖动光标，则可围绕对象自由移动。

② ：当光标在转盘外部时，光标的形状变为圆形箭头。在转盘外部拖动鼠标时，将使视图围绕通过转盘的中心并垂直于屏幕的轴旋转。

③ ：当光标在转盘左右两边的小圆上移动时，光标的形状变为水平椭圆。从这些点开始单击并拖动光标，将使视图围绕通过转盘中心的垂直轴或 y 轴旋转。

④ ：当光标在转盘上下两边的小圆上移动时，光标的形状变为垂直椭圆。从这些点开始单击并拖动光标，将使视图围绕通过转盘中心的水平轴或 x 轴旋转。

在运行【三维动态观察器】时单击鼠标右键，系统将弹出一个快捷菜单，使用这个菜单可以进行对象的平移和缩放等多种操作。

17.1.2　多视口命令的使用

为了更好地观察和编辑三维视图，用户需要经常在某些视图之间进行切换，这样会带来不便。为了便于观察图形，AutoCAD 软件提供了将屏幕分成几个矩形区的功能，这样用户就能够同时从不同的方向察看模型。

用户可以通过【视图】|【视口】下的子菜单进行"多视口"的操作，也可以利用快捷菜单【视口】进行"多视口"的操作。

例如，用户在一个视口观察模型的前面，在第二个视口观察模型的立面，在第三个视口观察模型的三维图形，如图 17-4 所示。

在 AutoCAD 软件中，每个视口都可具有自己的 UCS。

17.1.3 消隐

单击【视图】|【消隐】可以执行消隐命令，也可以在命令行中输入"HIDE"进行图形的消隐。消隐的对比效果如图 17-5 所示。

提示：需要注意的是，在多视口操作中，"消隐"仅对当前视口有效。如果需要恢复视图的全貌，执行"REGEN"命令即可。

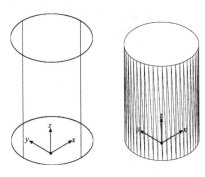

图 17-4　创建三视口绘制三维图形　　图 17-5　圆柱消隐对比效果

17.1.4 着色

"着色"是指为当前视口中显示的对象生成简单的着色图片。【消隐】命令可以增强图形的效果并使设计更简洁，但【着色】可以为模型生成更逼真的图像。两种命令下的三维建筑模型效果对比如图 17-6 所示。

图 17-6　三维建筑模型的"消隐模式"和"带边框体着色"的对比

用户可以单击【视图】|【着色】，打开子菜单，生成【二维线框】、【三维线框】、【消隐】、【平面渲染】、【体渲染】、【带边框平面渲染】和【带边框体渲染】等多种视图。

执行该命令后，用户可以在该视图中进行"平移""缩放""绘图"和"编辑"等操作。如果要退出该模式，单击【视图】|【着色】|【二维线框】或者【视图】|【着色】|【三维线框】，即可返回二维线框或者三维线框绘图模式。

17.1.5　设置系统变量

系统变量"ISOLINES"用于控制显示线框弯曲部分的素线的数量。当三维对象中包含球体和圆柱体等曲面时,曲面在线框模式下,是用线条来显示的。"ISOLINES"的默认值为"4",最小值为"0",表示曲面没有素线,最大值为"2 047"。增加素线的数量将使图形看起来更接近三维图形,同时图形显示的时间将增加。修改"ISOLINES"以后需要执行"REGEN"以更新显示。

系统变量"FACETRES"用于调整着色和消隐对象的平滑度。取值范围为 0.01～0.1,值越大,曲面就越平滑。

"DISPSILH"命令是用线框形式显示实体轮廓,并控制在实体对象被消隐时是否绘制网格的命令。执行"DISPSILH"命令后需执行"HIDE"命令才可以看出效果。需要注意的是,如果"DISPSILH"的值为"1",那么执行"HIDE"等命令时将无法看到修改"FACETRES"后的效果,此时需要将"DISPSILH"的值设置为"0"。

17.1.6　设置高度和厚度

"ELEV"命令是一个已过时但还存在的命令。该命令能够实现两个互相独立的功能:一是使绘图平面沿 z 轴平移,用户可以在与 xoy 平面平行的平面上作图;二是给予对象厚度或高度。

　　命令:ELEV ↵
　　指定新的默认标高 <0.000 0>:30(输入新的标高)
　　指定新的默认厚度 <0.000 0>:17(输入新的厚度)
　　命令:C　(绘制一个"圆"以检验 ELEV 执行后的效果)
　　CIRCLE 指定圆的圆心或 [三点(3P)/两点(2P)/相切、相切、半径(T)]:0,0 ↵
　　指定圆的半径或 [直径(D)] <50.000 0>:60 ↵(输入圆的半径)

在平面视图中看不出"ELEV"的执行效果,用户可以使用【视图】|【三维视图】中的子菜单中的【轴测图】进行观察,也可以使用【工具】|【查询】下的子菜单【点坐标】选项查询各点的坐标值。

17.1.7　在三维空间中定点

在进行平面绘图时,无论是 WCS 还是 UCS,其 z 轴都垂直于屏幕,xoy 平面都与屏幕平行,用户在进行绘图时不必考虑 z 轴的正方向和坐标。在平面绘图中经常利用设置【对象捕捉】模式来精确定点,但是在三维绘图中,拾取点没有在平面绘制中那么简单,往往凭主观判断不能正确拾取。因此,用户需要采用多种辅助手段来进行定点操作。

17.1.7.1   使用 UCS 设置坐标系

在构造三维模型时必须有一个世界坐标系，在该坐标系中，空间中每个点都依赖于原点，这导致某些绘图工作非常困难。因此，需要建立依赖空间某"特定对象"的坐标系，即"用户坐标系"。例如，三维空间中某一长方体（见图 17-7），其相对于"世界坐标系"转动一定的角度，该长方体的每个角都具有相对于"世界坐标系"原点的坐标。用户可以忽略"世界坐标系"，而以长方体的一个角为基准点进行操作，这就是"用户坐标系"，用户也可理解为"局部坐标系"。

建立具备某种特征的用户坐标系是非常方便的，如在图 17-8 所示的楔形体斜面上写"计算机辅助设计"，如果不是在"用户坐标系"中进行操作，这将是非常困难的。

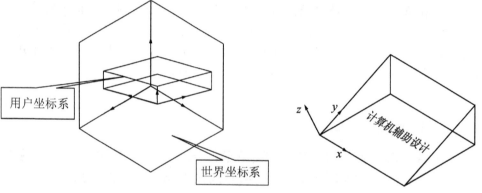

图 17-7   世界坐标系和用户坐标系   图 17-8   在楔形体斜面上写字

对于比较复杂的三维建筑图，如图 17-9 所示，灵活应用"用户坐标系"更为关键。

图 17-9 某建筑轴测图（部分）

17.1.7.2 在三维空间中拾取点

由于视觉的原因，在三维空间中拾取点没有在二维平面上那么直观，用户可以借助如下两种方法拾取三维空间上的点。

（1）输入坐标值

这种方法虽然效率较低，但是精度较高。

（2）使用对象捕捉

在默认情况下，对象捕捉位置的 z 值由对象在空间中的位置确定。如果打开"OSNAPZ"系统变量，则将把所有的对象捕捉投影到当前 UCS 的 xoy 平面上，或者如果将"ELEV"设置为非零值，则将把所有的对象捕捉投影到指定标高的与 xoy 平面平行的平面上。

提示：当绘制或修改对象时，确保是否打开或关闭了"OSNAPZ"。

17.2 三维线框模型

三维线框模型仅用边界表示对象，是最简单的一种三维模型。这些模型是由线架组成的，没有真实的外观。因为线框模型的边界之间没有面的信息，所以线框模型不能被渲染也不能隐藏其后面的对象。

17.2.1 点

点是一个只有位置而没有长度、宽度和高度的一维对象，它能放到空间任何地方。在三维绘图中，用户可以通过对象捕捉和键盘输入定点。

17.2.2 三维直线

绘制三维直线的命令与二维命令相同，只是在确定点的时候，如果只给出 x、y 的坐标，程序将自动取当前高度值作为 z 的坐标。如果启动"正交"模式，程序将通过鼠标定点来绘制水平或者垂直线。用户也可以使用"对象捕捉"模式在三维空间绘制直线。

17.2.3 三维多段线

在三维空间创建多段线的方法如下。

命令行：**3DPOLY** ↵

指定多段线的起点：（指定起始点的位置）

指定直线的端点或［放弃（U）］：（指定多段线下一个端点的位置）

指定直线的端点或［放弃（U）］：（指定多段线下一个端点的位置）

17.2.4 圆

在 AutoCAD 软件中经常要在平行于当前 *xoy* 平面的平面内作圆。如果在当前 *xoy* 平面内指定圆心，画出的圆也在该平面内。假如用当前 *xoy* 平面之外的点作为圆心，则绘制出的圆将平行于 *xoy* 平面，标高为其圆心的 *z* 坐标之值。

17.3 三维曲面模型

三维曲面模型由一系列有顺序的边所围成的封闭区域来定义立体的表面，再由曲面的集合定义实体。相比较而言，三维曲面模型具有线框模型无法进行的消隐、着色和渲染功能，但又不具备实体模型的物理特性（质量、体积、重心、惯性矩等）。

17.3.1 三维面

"3DFACE"命令可以创建三维空间中的任意平面，平面的顶点可以有不同的 *x*、*y*、*z* 坐标。

通过如下方法调用命令。

① 下拉菜单：【绘图】|【曲面】|【三维面】。

② 工具栏：【曲面】| ✍ 按钮，如图 17-10 所示。

③ 命令行：3DFACE。

图 17-10 【曲面】工具栏

提示：在执行 "3DFACE" 中有 "不可见（I）" 的选项，这是用来控制当前所创建的三维平面边界的可见性的。在第一次输入 4 个点后，程序自动将最后的两个点作为下一个三维平面的第一、第二个顶点，这样才会继续出现提示符，要求用户输入下一个三维平面的第三、第四顶点的坐标值。

17.3.2 三维多边形网格

用户可以使用 "3DMESH" 命令构造极不规则的曲面。"3DMESH" 的命令生成由 $M \times N$ 点矩阵定义的三维网格。*M*、*N* 的最小值为 2，这表明定义三维网格至少需要 4 个点，*M* 和 *N* 的最大值为 256。网格顶点 *z* 的坐标可以使用 "3DMESH" 命令生成不规则的曲线和曲面。使用 "3DMESH" 命令比较烦琐，例如生成一个 4×4 的网格就需要指定 16 个点；一般情况下，除非 *z* 坐标变化非常小，否则网格将成锯齿形。

17.3.3 基本表面

AutoCAD 软件为用户提供了创建长方体表面、圆锥面、下半球面、上半球面、网格、棱锥面、球面圆、环面和楔体表面的方法。

通过如下方法调用命令。

① 下拉菜单:【绘图】|【曲面】|【三维曲面】。

② 工具栏:【曲面】| ⊞ 等按钮。

③ 命令行方式:3D。

如果从命令行中输入,则有如下提示。

输入选项

[长方体表面(B)/圆锥面(C)/下半球面(DI)/上半球面(DO)/网格(M)/棱锥面(P)/球面(S)/圆环面(T)/楔体表面(W)]

17.3.4 旋转曲面

在 AutoCAD 软件中,旋转曲面是指创建一条轨迹绕一根指定轴旋转生成的空间曲面。具体而言,"REVSURF"命令通过将路径曲线或轮廓(直线、圆、圆弧、椭圆、椭圆弧、闭合多段线、多边形、闭合样条曲线或圆环)绕指定的轴旋转,创建一个近似于旋转曲面的多边形网格。

通过如下方法调用命令。

① 下拉菜单:【绘图】|【曲面】|【旋转曲面】。

② 工具栏:【曲面】| ⊕ 按钮。

③ 命令行:REVSURF。

17.3.5 平移曲面

"TABSURF"命令是指创建一条轨迹线或图形对象沿着指定方向矢量平移延伸而形成的三维曲面,如图 17-11 所示。

图 17-11 平移曲面的比较

通过如下方法调用命令。

① 下拉菜单:【绘图】|【曲面】|【平移曲面】。

② 工具栏:【曲面】| ⊠ 按钮。

③ 命令行:TABSURF。

用户在创建平移曲面前，需要绘制轨迹线和方向矢量，轨迹线可以是直线、圆或者圆弧、椭圆或者椭圆弧、样条曲线、二维线和三维多段线；方向矢量用来指明拉伸的方向和长度，可以是直线或非封闭的多段线。平移曲面的分段数由系统变量"SURFTAB1"确定。

17.3.6　直纹曲面

"REVSURF"命令是指可以由两条指定的直线或曲线为相对的两边生成的三维曲面。

通过如下方法调用命令。

① 下拉菜单：【绘图】|【曲面】|【直纹曲面】。

② 工具栏：【曲面】| ◿ 按钮。

③ 命令行：REVSURF。

只要在每条定义曲线上拾取一个点，即被选中。窗口或交叉窗口选择无效。最终曲面由定义曲线间一排排的三维面组成。

17.3.7　边界曲面

"EDGESURF"是指以 4 条空间直线或曲线为边界创建而成的空间曲面。

通过如下方法调用命令。

① 下拉菜单：【绘图】|【曲面】|【边界曲面】。

② 工具栏：【曲面】| ⟱ 按钮。

③ 命令行：EDGESURF。

作为曲面边界的对象，可为直线、圆弧、开放的"2D"或"3D"多段线、样条曲线。这些边必须在端点处相交以形成一个拓扑的矩形封闭路径。

17.4　三维实体模型

三维线框模型是用边来表示对象的。例如，线框长方体可以用 8 条边来表示，由于线框的线条之间无任何东西，立方体上的圆形通孔只能用立方体上相对应的两个圆来表示。曲面模型各边之间由没有厚度的面相连。曲面模型长方体有 6 个平面，虽然看起来像一个真正的立方体，但实际上是一个空壳。立方体上的圆形通孔也只能用在相对应的表面上开圆孔的方法，然后在两圆孔间用管道来表示。如果采用实体建模的方式，用户则可以通过实体编辑的方法在长方体内部开圆形孔洞来表示。如图 17-12 所示。

由于实体模型的内部是实心的，它具有线框模型和曲面模型所无法比拟的优点，所以用户可以进行各种编辑，如开洞、切割和布尔运算，也可以分析其内部质量、体积、重心等物理特征。AutoCAD 软件通常以线框模型或者三维曲面模型的方式显示实体模型，除非用户进行消隐、着色或者渲染处理。

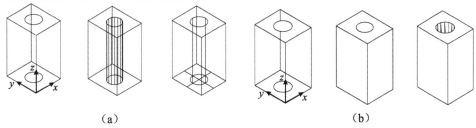

图 17-12   线框模型、曲面模型和实体模型的对比

（a）消隐前； （b）消隐

创建实体模型的方法有 2 种：一种是利用系统所提供的基本三维模型来创建实体模型；另一种是利用二维平面模型通过拉伸、旋转等方式生成三维实体模型。

17.4.1   基本三维模型

AutoCAD 软件提供创建长方体、球体、圆柱体、圆锥体、楔体和圆环六种基本三维实体的方法。

通过如下方法调用命令。

① 下拉菜单：【绘图】|【实体】|【某种实体】。

② 工具栏：【实体】| ![按钮] 等按钮。如图 17-13 所示的【实体】工具栏。

③ 命令行：输入对应的命令。

长方体、球体、圆柱体、圆锥体、楔体和圆坏对应的命令行输入方式分别为"BOX""SPHERE""CONE""CYLINDER""WEDGE"和"TORUS"。

图 17-13   【实体】工具栏

17.4.1.1   长方体和楔形体

长方体底面与当前坐标系的 *xoy* 平面平行，另外，AutoCAD 软件将长方体的边与 *x*、*y* 和 *z* 轴的方向保持一致，*x* 方向代表长方体的长度，*y* 方向代表长方体的宽度，*z* 方向代表长方体的高度。生成楔形体的方法也比较简单，用户可以参考绘制长方体的过程。

17.4.1.2   球体和圆环体

（1）球体

用户只需要指定球体的球心和半径或者直径就可以绘制球体，过程非常简单。

（2）圆环体

圆环体虽然不是很常用，但却是 6 种基本实体中最有趣和最具变化性的。它的基本形状像救生圈，用户可以去掉它中间的孔，使它的形状像橄榄球。

绘制圆环体时需要指定圆环体的中心位置、半径或者直径，圆环管的半径或者直径。如圆环管的半径等于圆环体的半径，所绘制圆环体中间将没有孔。

如果输入的半径或直径是负值，则圆环管的半径或直径就必须大于圆环体的半径或直径的绝对值。例如，如果将圆环体的半径定为-150，则圆环管的半径必须大于150。

当圆环体的半径或直径为负值时将生成橄榄球状实体，这就像是一段圆弧而不是圆在绕中心线旋转。圆弧的弓高，也就是橄榄球的半径，它等于圆环体的半径与圆环管的半径的算术和，如图 17-14 所示。

图 17-14　圆环体的变化

提示：如果表示圆柱体的线框由于线条太少而看起来不够清晰，那么用户可以修改系统变量"ISOLINES"，将缺省值由4改到8或者更大。"ISOLINES"的数值越大，AutoCAD软件用来描绘曲面的线条就越多。

17.4.1.3　圆柱和圆锥体

（1）圆柱体

绘制圆柱体时需要指定圆柱体底面的中心点、底面半径及其高度，此外，使用该命令也可以绘制椭圆柱体。

（2）圆锥体

绘制圆锥体需要指定圆锥体底面的中心点、底面半径和高度，使用该工具还可以绘制椭圆锥体。

17.4.2　基于母线生成三维实体

除了生成基本实体的命令之外，AutoCAD 软件还提供了两种从轮廓线生成三维实体的命令——"REVOLVE"和"EXTRUDE"。"REVOLVE"命令使轮廓线绕某一轴旋转而生成三维实体，"EXTRUDE"命令沿指定的方向或路径将轮廓线拉成三维实体。这两个命令除了可以生成所有用基本实体命令生成的形状，还能生成用基本实体命令不能生成的形状。

轮廓线对象必须是单一的闭合实体。例如，一个由首尾相连的一组直线构成的图形虽然闭合，但是也无法作为轮廓线对象。轮廓线对象必须是平面的。最常作轮廓线对象的是二维多段线。

用户可以用二维多段线生成各种各样的形状，需要注意的是，如果多段线中有交叉、相碰，也无法视为合格的轮廓线对象。

面域也常常用作轮廓线对象。由于面域上可以开孔，因此可以借助它们生成形状更为复杂的实体对象。

17.4.2.1 拉伸

"EXTRUDE"命令可以将封闭的二维对象拉伸，生成三维实体模型。在拉伸过程中，不仅允许指定拉伸的高度，而且可以使实体的截面沿着拉伸方向发生变化。另外，也可以将二维图形沿着指定的路径进行拉伸，从而生成一些形状不规则的三维实体。如图 17-15 所示。

图 17-15　拉伸效果

通过如下方法调用命令。

① 下拉菜单：【绘图】│【实体】│【拉伸】。

② 工具栏：【实体】│ ⬚ 按钮。

③ 命令行：EXTRUDE。

程序会要求指定拉伸高度和路径，其意义如下。

（1）【拉伸高度】

拉伸高度可以直接输入一个值，也可以通过拾取两个点的方法来确定。如果输入的高度是正值，对象将会沿着 z 轴正方向拉伸，反之则沿着相反方向拉伸。

当高度确定后，程序会要求指定锥角的大小。如果锥角设为 0°，则截面尺寸沿整个拉伸路径上保持恒定；锥角如为正值，则拉伸时向内斜，截面将变小；锥角如为负值，则拉伸时向外斜，截面尺寸沿整个拉伸路径变大。

（2）【路径】

路径用一个独立存在的对象作为拉伸路径。"路径"对象也决定了拉伸的长度、方向和形状。可用的"拉伸路径"包括直线、圆、圆弧、椭圆、椭圆弧、多段线或样条曲线。路径既不能与轮廓共面，也不能具有高曲率的区域。

提示：如果拉伸路径或者拉伸角度选择不合适，将无法进行拉伸。

17.4.2.2 旋转

"REVOLVE"命令可以将一个封闭的二维图形绕一根指定轴旋转生成三维实体模型。它与"REVSURF"命令有些相似，但它生成的是实体对象而不是表面对象，如图 17-16 所示。

能够用于旋转的二维图形应该是封闭的，如二维多段线、多边形、圆、椭圆、封闭的样条曲线或者面域。包含在块中的对象、有交叉或者自干涉的多段线不能被旋转。当选择二维图形作为旋转轴时，二维图形只能是用"LINE"命令绘制的直线或者用"PLINE"命令绘制的线段。

　　操作"REVOLVE"命令需要三个不同的步骤，首先需要拾取一个轮廓线，其次选择一根轴，最后要指定一个供轮廓线旋转的角度。

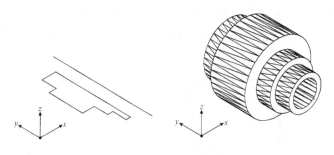

图 17-16　旋转效果

17.5　编辑实体

　　创造一个三维基本实体，或对 2D 实体进行拉伸或旋转，只不过是构造实体模型的第一步。接下来，基本的实体可以通过组合和变形来生成设计所需的形状。

　　AutoCAD 软件关于实体的操作分三类：第一是布尔运算，它用两个或多个已有的实体生成新的实体；第二是修改，它每次只在一个实体上操作；第三是编辑，可修改三维实体中被选中的边和面。【实体编辑】工具栏如图 17-17 所示。

（a）　　　　　　　　　　　（b）

图 17-17　实体编辑

（a）下拉菜单、子菜单；（b）工具栏

17.5.1　布尔运算

AutoCAD 软件有三条命令实现对实体和面域的布尔操作，即"UNION""SUBTRACT"和"INTERSECT"命令，这三条命令都比较简单。"UNION"命令是将两个或多个实体组合成一体，"SUBTRACT"命令是从一个实体中减去另一个实体，"INTERSECT"命令是从两个或多个实体的相交部分取得实体。

17.5.1.1　并集

"UNION"命令是将一组实体组合成一个实体，这可能是使用率最高的布尔操作。所有被选实体将组合成一个实体，不管它们位于三维空间的什么地方。如果所选择的实体相互重叠，其共同部分将生成一个新的实体，AutoCAD 软件会生成新实体的边界。如果实体之间互不接触，它们仍将组成一体，尽管它们之间有间隙。如图 17-18（a）所示的并集运算。

17.5.1.2　差集

"SUBTRACT"命令是从一组相交实体集中去除相交部分，实际上就是从一个实体中减去另一个实体，最终得到一个新的实体。"SUBTRACT"命令经常用于修剪实体或打孔。如图 17-18（b）所示的差集运算。

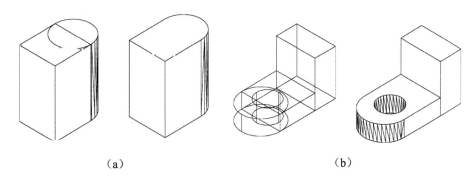

（a）　　　　　　　　　　　　　　　（b）

图 17-18　布尔运算

（a）并集；　（b）差集

通过如下方法调用该命令。

① 下拉菜单：【绘图】|【修改】|【实体编辑】|【差集】。

② 工具栏：【实体编辑】| ⬭ 按钮。

③ 命令行：SUBTRACT。

17.5.1.3　交集

"INTERSECT"命令是对所选的实体进行交集运算，实际得到一个由它们的公共部分组成的新实体，而每个实体的非公共部分将被删除。从某种意义上来讲，它正好与"UNION"命令相反。像"UNION"命令一样，"INTERSECT"命令只提示选择要相交的实体，用户可以用任何选择实体的方法来选取实体。交集的效果如图

17-19 所示。

通过如下方法调用命令。

① 下拉菜单：【绘图】｜【修改】｜【实体编辑】｜【交集】。

② 工具栏：【实体编辑】｜ ⬭ 按钮。

③ 命令行：INTERSECT。

图 17-19   交集

17.5.2   实体面编辑

在 AutoCAD 软件中可以使用【修改】｜【实体编辑】的子菜单进行实体面的拉伸、移动、偏移、旋转、倾斜、着色和复制等操作。这些操作也可以在【实体编辑】工具栏中选择相应的按钮，或者直接在命令行输入"SOLIDEDIT"命令。

命令行提示如下。

实体编辑自动检查：SOLIDCHECK=1

输入实体编辑选项 [面（F）/ 边（E）/ 体（B）/ 放弃（U）/ 退出（X）]：

F↵（输入 F 选择面编辑）

输入面编辑选项

[拉伸（E）/ 移动（M）/ 旋转（R）/ 偏移（O）/ 倾斜（T）/ 删除（D）/ 复制（C）/ 着色（L）/ 放弃（U）/ 退出（X）]＜退出＞：

程序提示设定当前系统变量"SOLIDCHECK"的设定值。当"SOLIDCHECK"设定值为"1"时，被编辑的三维实体在每次编辑后自动检查内部错误。每个编辑选项的提示在选择后都会再现，直到选择"Exit"或按回车键结束命令。

各选项的意义如下。

（1）【拉伸面】

该命令是将选定的三维实体对象的面拉伸到指定的高度或沿某一路径进行拉伸。"面"可以用拾取其上的边、等值线或表面上一点的方法选取。当一个面被选中后，它将"高亮"显示。拉伸的操作效果如图 17-20 和图 17-21 所示。

（a）　　　　　　　（b）　　　　　　　（c）　　　　　　　（d）

图 17-20　沿 z 轴拉伸的拉伸面

（a）原图；　（b）沿 z 轴拉伸；　（c）选择三个拉伸面；　（d）同时拉伸，倾角 15°

 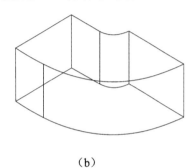

（a）　　　　　　　　　　　　　　　　　（b）

图 17-21　沿路径轴拉伸的拉伸面

（a）原图；　（b）沿路径轴拉伸

（2）【移动面】

该命令是沿指定的高度或距离移动选定的三维实体对象的面。"移动面"只能沿面本身的法线方向平移，而不能改变面的大小和方向。如图 17-22 所示的移动面操作。

  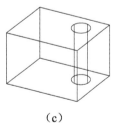

（a）　　　　　　　（b）　　　　　　　（c）

图 17-22　移动面

（a）原图；　（b）选择移动面；　（c）移动后的效果

（3）【偏移面】

该命令是垂直地将一个指定的面沿着法线方向均匀移动一个偏移量。如图 17-23 所示的偏移面操作。

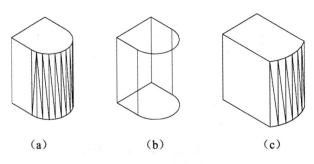

（a）　　　　　　（b）　　　　　　（c）

图 17-23　偏移面

（a）原图；（b）选择要偏移的面；（c）偏移后的效果

（4）【旋转面】

该命令是旋转一个或几个面。程序在执行过程中，命令行会提示用户定义旋转轴。如图 17-24 所示，以"1"点和"2"点的连线作为旋转轴。

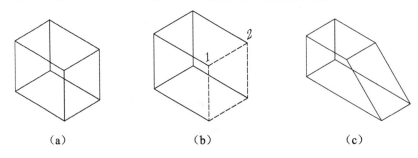

（a）　　　　　　（b）　　　　　　（c）

图 17-24　旋转面的操作效果（1、2 点确定旋转轴）

（a）原图；　（b）选择旋转面和旋转轴；　（c）旋转后的效果

（5）【倾斜面】

该命令是使被选中的面倾斜。倾斜角度的旋转方向由选择基点和第二点（沿选定矢量）的顺序决定。图 17-25 所示为对长方体内的圆柱面进行倾斜操作后的效果。

（6）【删除面】

该命令可将用户不需要的三维模型上的面去掉。当面被选中后，就会被删除掉。如图 17-26 所示的操作。

（7）【复制面】

该命令用来复制所选中的面，其提示项类似于"COPY"命令的提示。需要注意的是，所复制的是"面"，而不是"三维实体"对象。因此，该命令不能复制圆孔或一个槽，但是可以复制它们的侧面，如图 17-27 所示。

（a） （b） （c）

图 17-25 倾斜面的效果（倾斜角度为 5°）

（a）原图； （b）选择面； （c）倾斜的效果

（a） （b） （c）

图 17-26 删除面操作的效果

（a）原图； （b）选择删除面； （c）删除后的效果

  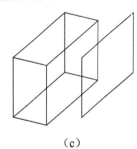

（a） （b） （c）

图 17-27 复制面操作的效果

（a）原图； （b）选择复制面； （c）复制后的效果

（8）【着色面】

该命令可单独设置三维模型上的面的颜色，如图 17-28 所示。

17.5.3 实体边编辑

用户可以使用【修改】|【实体编辑】的子菜单进行实体边的复制、着色等操作。
或者直接通过命令行输入"SOLIDEDIT"后，将出现如下提示。

命令：SOLIDEDIT ↵

（a）

（b）

（c）

图 17-28　着色面操作

（a）原图；　（b）选择着色面；　（c）选择颜色对话框

实体编辑自动检查：SOLIDCHECK=1

输入实体编辑选项［面（F）／边（E）／体（B）／放弃（U）／退出（X）］
<退出>：B↵（输入 E 进行实体边的编辑）

输入体编辑选项

［压印（I）／分割实体（P）／抽壳（S）／清除（L）／检查（C）／放
弃（U）／退出（X）］<退出>：

体编辑是指在实体上压印其他几何图形，将实体分割为独立实体对象，以及抽
壳、清除或检查选定的实体。

命令行中各选项的意义如下。

① 【压印】：在选定的对象上压印一个对象。

② 【分割实体】：用不相连的体将一个三维实体对象分割为几个独立的三维实
体对象。

③ 【抽壳】：抽壳是用指定的厚度创建一个空的薄层。

④ 【清除】：删除共享边以及那些在边或顶点具有相同表面或曲线定义的顶点。
删除所有多余的边和顶点、压印的以及不使用的几何图形。

⑤ 【检查】：验证三维实体对象是否为有效的"ShapeManager"实体，此操作
独立于"SOLIDCHECK"设置。

⑥ 【放弃】：放弃编辑操作。

⑦ 【退出】：退出面编辑选项并显示"输入实体编辑选项"提示。

17.5.4　旋转、阵列、镜像和对齐三维实体

17.5.4.1　旋转三维实体

"ROTATE3D"命令可以绕指定基点旋转对象。当前的 UCS 决定了旋转的方向。

用户可以在下拉菜单【修改】|【三维操作】|【三维旋转】中进行命令操作或者直接在命令行中输入"ROTATE3D"即可。

　　用户可以通过"定点"或者以"[对象（O）／最近的（L）／视图（V）／X 轴（X）／Y 轴（Y）／Z 轴（Z）／两点（2）]"方式来定义旋转轴。

17.5.4.2　阵列三维实体

　　"3DARRAY"命令可以在三维空间创建矩形阵列和圆形阵列。和二维阵列相似，三维阵列中除了指定行数（*x* 方向）、列数（*y* 方向）外，还要指定层数（*z* 方向）。

　　调用命令的方式如下。

　　① 下拉菜单：【修改】|【三维操作】|【三阵列转】。

　　② 命令行中：3DARRAY。

17.5.4.3　镜像三维实体

　　"MIRROR3D"命令可以沿指定的镜像平面创建三维实体的镜像。

　　调用命令的方式如下。

　　① 下拉菜单：【修改】|【三维操作】|【三维镜像】。

　　② 命令行中：MIRROR3D。

　　用户可以同"指定镜像平面 （三点）"或者指定"[对象（O）／最近的（L）／Z 轴（Z）／视图（V）／XY 平面（XY）／YZ 平面（YZ）／ZX 平面（ZX）／三点（3）]"作为镜像线。

17.5.4.4　对齐三维实体

　　"ALIGN"命令用于对齐二维或者三维实体。

　　调用命令的方式如下。

　　① 下拉菜单：【修改】|【三维操作】|【对齐】。

　　② 命令行中：ALIGN。

　　AutoCAD 软件设定三对源点和目的点。第一对点确定对象移动的位置，第二对点确定对象的旋转，第三对点确定对象的倾斜。第一对点输入后，当提示输入源点时，任何时候都可回车中止命令。

17.6　使用二维命令编辑三维实体

　　用户仍旧可以使用一些二维命令来编辑三维对象，如"COPY""MIRROR""MOVE""ROTATE""FILLET"和"CHAMFER"等命令。如图 17-29 表示了用二维命令处理三维实体的效果图。

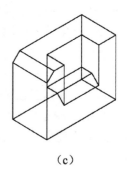

（a）   （b）   （c）

图 17-29   三维实体圆角和倒角

（a）原图； （b）圆角； （c）倒角

17.7   切割和剖切三维实体

"SECTION"命令创建一个剖切平面，生成的剖面是面域对象，面域的层属于当前层，面域与实体相分离。如果选取的实体多于一个，将为每一个实体分离出一个面域。"SLICE"命令可以切开现有实体并移去指定部分，从而创建新的实体。如图 17-30 所示是切割和剖切三维实体的效果图，剖切面位于中轴线上。

（a）   （b）

图 17-30   剖切和切割三维实体

（a）剖切； （b）切割

【思考与练习】

思考题

17-1 如何创建三个视口并为各视口创建新的坐标系？

17-2 熟悉消隐命令和重生成命令。

17-3 在楔形体上练习使用 UCS 中的原点、z 轴、三点、面四个选项。

17-4 列出六个构造基本三维实体的命令，并解释为什么这些对象被称为基本三维实体。

17-5　列出三个布尔操作命令。

17-6 "SLICE" 命令与 "SECTION" 命令有何不同？

上机操作

17-1　通过变换 UCS，来绘制如图 17-31 所示的图形。

操作的基本过程如下。

① 单击下拉菜单【视图】|【三维菜单】|【西南等轴测】，使当前视图为西南等轴测。

② 在命令行中输入 "BOX" 绘制长方体。命令行中出现如下提示。

指定长方体的角点或 [中心点（CE）] <0，0，0>：（长方体的长、宽、高分别为 100、50、80）

③ 在命令行中输入 "HIDE" 命令消隐图形。

④ 在命令行中输入 "UCS" 命令新建用户坐标系。

当前 UCS 名称：*世界*

输入选项

［新建（N）／移动（M）／正交（G）／上一个（P）／恢复（R）／保存（S）／删除（D）／应用（A）／？／世界（W）］

<世界>：n↵（新建坐标系）

指定新 UCS 的原点或 [Z 轴（ZA）／三点（3）／对象（OB）／面（F）／视图（V）／X／Y／Z] <0，0，0>：3 ↵（采用 3 点方式创建坐标系，第一点指定原点，第二点在正 x 轴范围上指定点，第三点在 UCS 的 *xoy* 平面的正 y 轴范围上指定点，如图 17-31（a）所示）

⑤ 在用户坐标系的 *xoy* 平面上创建文字 "计算机"，如图 17-31（b）所示。

⑥ 用图样的方法创建用户坐标系，如图 17-32 所示。体会图 17-32（a）中第二点设置方法的差别。

（a）

（b）

图 17-31　三维绘图示例一

图 17-32 三维绘图示例二

17-2 绘制如图 17-33 所示的建筑模型。

图 17-33 建筑模型

第 18 章　AutoCAD 软件出图

当制图工作完成后，接下来需要进行打印输出。在打印输出之前，通常需要对图纸进行排版，即规划视图的位置与大小，将不同比例的视图安排在一张图纸上并对它们标注尺寸，给图纸加上图框、标题栏、文字注释等内容。然后通过打印机或绘图仪出图。

18.1　图形输出的基本知识

18.1.1　模型空间和图纸空间

模型空间中的模型是指在 AutoCAD 软件中用绘制与编辑命令生成的代表真实物体的对象，而模型空间是指建立模型时对象所处的 AutoCAD 软件环境。在模型空间里，用建立的模型来表示二维或三维物体的造型，除标注必要的尺寸和文字说明外，还可以全方位地显示图形对象。

图纸空间的图纸与真实的图纸相对应，图纸空间主要用来完成图形输出的图纸布局及打印。在图纸空间中可以把模型对象不同方位的显示视图按合适的比例在图纸上表示出来，还可以定义图纸的大小、生成图框和标题栏。模型空间中的三维对象在图纸空间中是用其在平面上的投影来表示的。

启动 AutoCAD 软件后，默认状态为模型空间，绘图窗口下面的【模型】按钮处于激活状态，而图纸空间是关闭的。单击【布局】选项卡即可切换到图纸空间，规划视图的位置和大小，也就是将在模型空间中不同视角下产生的视图，或具有不同比例因子的视图在一张图纸上表现出来。

18.1.2　配置打印机或绘图仪

AutoCAD 软件支持多种打印机和绘图仪，将有关介质和打印设备的信息保存在打印机配置文件中，该文件扩展名为".PC3"。AutoCAD 软件在【打印】和【页面设置】对话框中都列出了针对 Windows 配置的打印机或绘图仪。因此，在一般情况下，不需要添加或配置打印机。如果要在非系统打印机（绘图仪）上打印或在系统打印机上使用其他与 Windows 应用程序不同的配置，则需要配置打印机或绘图仪。

（1）启动"Autodesk"绘图仪管理器的方法

① 下拉菜单：【文件】|【绘图仪管理器】。

② 命令行：PLOTTERMANAGER。

（2）添加和配置非系统打印机的步骤

① 打开【Autodesk 绘图仪管理器】，如图 18-1 所示。

② 在【Plotters】中列出了所有可用的非系统绘图仪配置文件（PC3）。双击【添加绘图仪向导】图标，打开【添加绘图仪—简介】对话框，如图 18-2 所示。

图 18-1　"Autodesk"绘图仪管理器　　　图 18-2　【添加绘图仪—简介】对话框

③ 单击【下一步】按钮，打开【添加绘图仪—开始】对话框，如图 18-3 所示。

图 18-3　【添加绘图仪—开始】对话框

④ 在对话框中选择【我的电脑】，然后单击【下一步】按钮，打开如图 18-4 所示的【添加绘图仪—绘图仪型号】对话框。

⑤ 在生产商和型号列表框中选择相应的厂商和型号后，单击【下一步】按钮，打开如图 18-5 所示的【添加绘图仪—输入 PCP 或 PC2】对话框。

⑥ 单击【输入文件】按钮可以输入早期版本的绘图仪配置信息，完成后单击【下一步】按钮，打开如图 18-6 所示的【添加绘图仪—端口】对话框。

图 18-4 【添加绘图仪—绘图仪型号】对话框

图 18-5 【添加绘图仪—输入 PCP 或 PC2】
　　　　对话框

图 18-6 【添加绘图仪—端口】对话框

⑦ 选择绘图仪使用的端口，然后单击【下一步】按钮，打开如图 18-7 所示的
【添加绘图仪—绘图仪名称】对话框。

⑧ 输入绘图仪的名称后单击【下一步】按钮，打开如图 18-8 所示的【添加绘
图仪—完成】对话框。

图 18-7 【添加绘图仪—绘图仪名称】对话框

图 18-8 【添加绘图仪—完成】对话框

⑨ 在这里可以单击【编辑绘图仪配置】按钮来修改打印机的默认设置，或单击
【校准绘图仪】按钮，以对新配置的绘图仪进行校准测试。然后单击【完成】按钮，
退出添加绘图仪向导。新配置的绘图仪的 PC3 文件会显示在"Plotters"窗口中。

18.1.3 创建和编辑打印样式

打印样式控制输出的结果样式，可以根据需要来确定打印特性，从而控制对象
或布局的打印方式，如设置线宽、线型、颜色、填充样式、端点样式等。

启动打印样式管理器的方法如下。

① 下拉菜单：【文件】|【打印样式管理器】。

② 命令行：STYLESMANAGER。

执行该命令后，屏幕上出现"Plot Styles"文件夹，如图 18-9 所示。"Plot Styles"
文件夹列出了当前正在使用的 AutoCAD 软件的所有打印样式文件。

双击添加打印样式表向导图标，可以添加打印样式表，或者双击已存在的打印
样式文件图标编辑打印样式。

18.1.3.1 利用向导创建新的打印样式文件

① 在"Plot styles"文件夹中，双击【添加打印样式向导】图标，打开如图 18-10
所示的【添加打印样式表】对话框。

图 18-9 "Plot Styles"文件夹　　　　图 18-10 【添加打印样式表】对话框

② 单击【下一步】按钮，打开如图 18-11 所示的【添加打印样式表—开始】对
话框。在该对话框中，用户可以选择创建打印样式的方式。

其中各项意义如下。

a. 【创建新打印样式表】：从头创建新的打印样式表。

b. 【使用现有打印样式表】：如选择该项，将与在原有打印样式文件基础上创
建的打印样式文件基本相同。

c. 【使用 R14 绘图仪配置（CFG）】：使用 AutoCAD 软件打印配置文件，创建
新的样式文件。

d. 【使用 PCP 或 PC2 文件】：使用"PCP"或"PC2"文件创建新的打印样式

文件。

③ 在该对话框中选择【创建新打印样式表】单选框，单击【下一步】按钮，打开如图 18-12 所示的对话框。

图 18-11　【添加打印样式表—开始】对话框　　图 18-12　【选择打印样式表】对话框

④ 以命名打印样式文件为例，介绍其操作过程，选择【命名打印样式表】单选按钮，单击【下一步】按钮，打开如图 18-13 所示对话框。

⑤ 该对话框要求用户输入文件名称，然后单击【下一步】按钮，打开如图 18-14 所示的对话框。

⑥ 单击【打印样式表编辑器】按钮，将打开"打印样式编辑器"对话框，在后面有详细介绍，最后单击【完成】按钮结束设置。

图 18-13　【添加打印样式表—文件名】对话框　　图 18-14　【添加打印样式表—完成】对话框

18.1.3.2　在原有打印样式基础上设置新打印样式

利用原有打印样式文件可以设置新的打印样式，在"Plot Styles"文件夹中双击一个打印样式文件，例如双击"acad.ctb"打开【打印样式编辑器】对话框，如图 18-15 所示。在该对话框中有 3 个选项卡，其各项意义如下。

（1）【基本】选项卡

该选项卡列出了所选打印样式文件的总体信息，如图 18-15 所示。

① 【打印样式表文件名】：显示所打开的打印样式文件名。

② 【说明】：在该文本框内可输入打印样式文件的描述信息。

③ 【文件信息】：列出文件的相关信息。

④ 【向非 ISO 线型应用全局比例因子】：选择该复选框，可以为当前打印样式下所有的非标准线型设置统一的比例系数。

⑤ 【比例因子】：该文本框只有当【向非 ISO 线型应用全局比例因子】复选框被选中时才有效，用来输入比例系数。

（2）【表视图】选项卡

以表格的形式列出了打印样式文件下所有的样式，如图 18-16 所示。

图 18-15 【打印样式编辑器】对话框　　　图 18-16 【表视图选项卡】对话框

该选项卡中的各项意义如下。

① 【名称】：实体本身的颜色。

② 【说明】：不同颜色的打印样式描述信息。

③ 【颜色】：实体打印颜色。若设为使用对象颜色，则图形输出在图纸上的颜色和其本身的颜色相同。

④ 【启用抖动】：应用抖动模式，即绘笔的模糊设定。

⑤ 【转换为灰度】：灰度打印。

⑥ 【使用指定的笔号】：该项目只对笔式绘图仪有效。

⑦ 【虚拟笔号】：介于 1～255 之间，当非笔式绘图仪模拟笔式绘图仪时用此选项，当该项为 0 或自动时，AutoCAD 软件将使用颜色号作为虚拟笔号。

⑧ 【淡显】：该选项以百分比的形式控制打印的深浅度。

⑨ 【线型】：打印线型。

⑩ 【自适应调整】：线型比例校正。该项内对于每一种打印样式都分别有一个复选框。选择该选项，在输出图形时 AutoCAD 软件将自动调整线型比例，使非实线线条的交点均为实交点。

⑪ 【线宽】：设置打印线宽。

⑫ 【线条端点样式】：设置设置线条端点模式。

⑬ 【线条连接样式】：设置线条交点模式。

⑭ 【填充样式】：该选项用来选择图形实体绘制时的填充图样，主要针对笔画较宽的线条。默认方式为使用实体本身的填充样式。

⑮ 【添加样式】：该按钮在编辑"*.ctb"文件时无效。

⑯ 【删除样式】：该按钮在编辑"*.ctb"文件时无效。

⑰ 【编辑线宽】：用户在使用线宽选项更改某一打印样式的线条宽度时，下拉列表框中的线宽值是由 AutoCAD 软件预设的，用户可在下拉列表框中进行选择。

如果该列表框中没有合适的线宽时，可使用该按钮将所需线宽添加到下拉列表框中。单击该按钮，将弹出如图 18-17 所示的对话框。在该对话框中，可添加新的线宽并将之排序。

图 18-17　【编辑线宽】对话框

⑱ 【另存为】：修改后的打印样式文件重新命名存盘。打印样式文件通常都保存在 AutoCAD 软件安装目录下的"Plot Styles"子目录中。

（3）【格式视图】选项卡

与表视图选项卡基本一致，只是将打印样式的特性选项由列表的形式改变为下拉列表框。

修改完毕，重新命名并保存后，该文件会出现在"Plot styles"文件夹中。

18.2　从模型空间打印图形

18.2.1　从模型空间打印图形的步骤

启动【打印—模型】对话框的方法如下。

① 下拉菜单：【文件】|【打印】。

② 标准工具栏：【标准】| 🖶 按钮。

③ 命令行：PLOT。

在模型空间执行该命令后弹出【打印—模型】对话框，如图 18-18 所示。执行步骤如下。

① 如果在【页面设置管理器】中定义过页面设置，则通过【页面设置】区的【名称】下拉列表即可选用，否则需要在这一对话框中进行一些设置。

② 从【打印机／绘图仪】选项区域的【名称】下拉列表中选择系统打印机，如果要查看或修改打印机的配置信息，可单击【特性】按钮打开【绘图仪配置编辑器】对话框进行设置，如图 18-19 所示。若要将图形输出到文件，则应选中【打印到文

图 18-18   【打印—模型】对话框   图 18-19   【绘图仪配置编辑器】
对话框

件】复选框。

③ 在【图纸尺寸】下拉列表中，确定图纸尺寸的大小；在【打印份数】编辑框中确定打印的份数。

④ 在【打印区域】选项区域中确定打印范围。默认设置为【布局】（当【布局】选项卡被激活时），或为【显示】（当【模型】选项卡被激活时）。其中各项意义如下。

a. 【布局】：表示图纸空间的当前布局。

b. 【窗口】：表示用开窗的方式在绘图区域指定打印范围。

c. 【显示】：表示当前绘图窗口显示的内容。

d. 【图形界限】：表示模型空间或图纸空间【图形界限】（limits）命令定义的绘图界限。

⑤ 在【打印比例】选项组的【比例】下拉列表中选择标准缩放比例，或在下面的编辑框中输入自定义值。布局空间的默认比例为 1：1，模型空间的默认比例为【按图纸空间缩放】。

⑥ 在默认情况下，线宽用于指定对象图线的宽度，并按其宽度进行打印，与打印比例无关。若要按打印比例缩放线宽，则需选择【缩放线宽】复选框。如果图形要缩小为原尺寸的一半，则打印比例为 1：2，这时线宽也将随之缩放。

⑦ 在【打印偏移】选项区域输入【X】、【Y】的偏移量，以确定打印区域相对于图纸原点的偏移距离。如选中【居中打印】复选框，则 AutoCAD 软件可以自动计算偏移值，并将图形居中打印。

⑧ 在【打印样式表】下拉列表中选择所需要的打印样式表，单击 按钮，可以在打开的【打印样式表编辑器】对话框中查看或修改打印样式。当在下拉列表框中选择【新建】选项时，将打开【添加颜色相关打印样式表】向导来创建新的打印样式表（见第 18.1.3 节）。

⑨ 在【着色视口选项】选项区域，可从【质量】下拉列表中选择打印精度。如果要打印一个包含三维着色实体的图形，还可以控制图形的着色打印模式，其中各项意义如下。

　　a. 【按显示】：按显示打印图形，保留所有着色。

　　b. 【线框】：显示直线和曲线，以表示对象边界。

　　c. 【消隐】：不打印位于其他对象之后的对象。

　　d. 【渲染】：根据打印设置的【渲染】选项，在打印前对对象进行渲染。

⑩ 在【打印选项】区域，选择或清除【打印对象线宽】复选框，以控制是否按线宽打印图线的宽度。若选中【按样式打印】复选框，则使用为布局或视口指定的打印样式进行打印。若选中【打开打印戳记】复选框，则在其右边出现【打印戳记设置】图标按钮。单击这一按钮，打开【打印戳记】对话框，如图 18-20 所示，可以为要打印的图纸设计戳记的内容和位置。

图 18-20 【打印戳记】对话框

⑪ 在【图形方向】选项区域确定图形在图纸上的方向，如选中【反向打印】复选框，可以指定图形在图纸页上倒置打印，相当于旋转 180°打印。

⑫ 单击【预览】按钮，即可按图纸上将要打印出来的样式显示图形。单击鼠标右键，从激活的快捷菜单中选择【退出】命令或按"Esc"键，即可回到【打印—模型】对话框，继续进行调整。

⑬ 单击【应用到布局】按钮，则当前【打印—模型】对话框中的设置被保存到当前布局。

⑭ 单击【确定】按钮，即可从指定设备输出图纸。

18.2.2　从模型空间打印图形的示例

在模型空间打印如图 18-21 所示图形。

① 单击 按钮，弹出如图 18-22 所示的对话框。如果已经打印过图形，在【页面设置】的名称下拉列表里有【上一次打印】，如图 18-23 所示。此时直接选择这一项，则打印机、纸张大小、打印区域等都和上一次设置相同，无需重新设置。此选项适用于设置基本相同的打印，只需做个别改动。如果电脑安装的打印机可以通过【配置打印机或绘图仪】将连接的打印机添加到打印机名称列表里（见第 18.1.2 节内容），通过下拉列表选择即可。

② 图纸尺寸选择为"A4"，打印范围通过窗口方式选择。打印区域显示如图 18-24 所示，单击【窗口】按钮，对话框将隐藏，返回到绘图区域。

图 18-21   图形

图 18-22   【打印-模型】对话框

图 18-23   【页面设置】列表框   图 18-24   【打印范围】列表框

命令行提示如下。

指定打印窗口。

指定第一个角点：指定对角点（用一个矩形区域指定要打印的内容，如图 18-25 所示）。

③ 窗口选择完毕，【打印】对话框重新出现在绘图区域，单击【预览】，弹出预览窗口，如图 18-26 所示。

图 18-25 选择打印区域   图 18-26 【预览】窗口

④ 进行调整。如果对打印效果不满意，单击 <image> 或按"Esc"键退出预览窗口，重新选择打印区域。

⑤ 单击【确定】按钮打印图形。

在【打印】对话框右下角单击 <image> 按钮，可以显示此对话框隐藏的选项，如图 18-27 所示，此时对打印样式（见第 18.1.3 节内容）、图形方向等可以进行设置。

图 18-27 【打印—模型】对话框

18.3 从图纸空间打印图形

布局环境称为图纸空间。图纸空间是一种用于打印视图布局的特殊工具，它模拟一张用户的打印纸，可在其上安排视图。

　　在布局中，可以创建和定义视口，并生成图框、标题栏等。利用布局可以在图纸空间方便、快捷地创建多个视口来显示不同的视图，而且每个视图都可以用不同的显示缩放比例，或冻结指定的图层。

　　在一个图形文件中，模型空间只有一个，而布局可以设置多个。这样就可以用多张图纸多侧面地反映同一个实体或图形对象。

18.3.1　创建布局

　　① 下拉菜单：【插入】│【布局】│【创建布局向导】。

　　② 命令行：LAYOUTWIZARD。

　　打开文件"18-1.dwg"，如图 18-28 所示，下面以此图形为例来创建一个布局。

图 18-28　示例图形

　　① 设置【视口边框】为当前层。

　　② 激活【布局向导】命令，弹出【创建布局—开始】对话框，如图 18-29 所示。在对话框的左边列出了创建布局的步骤。

　　③ 在【输入新布局的名称】编辑框中键入"顶层楼梯平面图"，然后单击【下一步】按钮，打开【创建布局—打印机】对话框，如图 18-30 所示。

　　④ 为新布局选择一种已配置好的打印设备，单击【下一步】按钮，打开【创建布局—图纸尺寸】对话框，如图 18-31 所示。

　　⑤ 选择图形所用的单位，再选择打印图纸的尺寸。例如，选择"毫米"为单位，再选择 A4 图纸。单击【下一步】按钮，打开【创建布局—方向】对话框，如图 18-32 所示。

图 18-29　【创建布局—开始】对话框

图 18-30　【创建布局—打印机】对话框

图 18-31　【创建布局—图纸尺寸】对话框

图 18-32　【创建布局—方向】对话框

⑥　确定图形在图纸上的方向，例如选择"纵向"，单击【下一步】按钮确认，打开【创建布局—标题栏】对话框，如图 18-33 所示。

图 18-33　【创建布局—标题栏】对话框

⑦ 选择图纸的边框、标题栏的大小和样式。在【类型】框中，可以指定所选择的图框和标题栏文件是作为"块"插入，还是作为"外部参照"引用。单击【下一步】按钮，打开【创建布局—定义视口】对话框，如图 18-34 所示。

⑧ 设置新建布局中视口的个数和形式，以及视口中的视图与模型空间的比例关系。如选择 1∶50，即把模型空间的图形缩小 50 倍显示在视口中。单击【下一步】按钮，打开【创建布局—拾取位置】对话框，如图 18-35 所示。

图 18-34　【创建布局—定义视口】对话框　　图 18-35　【创建布局—拾取位置】对话框

⑨ 单击【选择位置】按钮切换到绘图窗口，并通过指定两个对角点来指定视口的大小和位置。然后返回对话框，单击【下一步】按钮，打开【创建布局—完成】对话框，如图 18-36 所示。

⑩ 最后单击【完成】按钮完成新布局及视口的创建，如图 18-37 所示。

图 18-36　【创建布局—完成】对话框　　图 18-37　"顶层楼梯平面图"布局

18.3.2　设置布局

通过修改布局的页面设置，可以将图形按不同比例打印到不同尺寸的图纸中。

也可以使用【页面设置】对话框对打印设备和打印布局进行详细地设置，还可以保存页面设置，然后应用到当前布局或其他布局中。

在 AutoCAD 软件中，可以使用【页面设置】对话框来设置打印环境。

① 下拉菜单：【文件】|【页面设置管理器】。

② 命令行：PAGESETUP。

也可以右击布局名称，从快捷菜单中选择【页面设置管理器】。执行该命令后，打开【页面设置管理器】对话框，如图 18-38 所示。各选项的意义如下。

① 【页面设置】列表框：列举当前可以选择的布局。

② 【置为当前】：将选中的布局设置为当前布局。

③ 【新建】：单击该按钮，可打开【新建页面设置】对话框，如图 18-39 所示，可从中创建新的页面设置。

图 18-38　【页面设置管理器】对话框

图 18-39　【新建页面设置】对话框

④ 【修改】：单击该按钮，修改选中布局的页面设置。

⑤ 【输入】：单击该按钮，打开【从文件选择页面设置】对话框，可以选择已经设置好的页面设置。

当在【页面设置管理器】对话框中选择一个布局后，单击【修改】按钮将打开【页面设置】对话框，如图 18-40 所示。其中各主要选项的功能和设置与【打印—模型】对话框中各主要选项的功能和设置相同（见第 18.2 节）。

18.3.3　编辑布局

在 AutoCAD 软件中，对于已创建的布局可以进行复制、删除、更名、移动位置等编辑操作。实现这些操作的方法非常简单，只需在某个【布局】选项卡上右击，从弹出的快捷菜单（如图 18-41 所示）中选择相应的选项即可。

图 18-40　【页面设置】对话框

其中主要选项的意义如下。

① 【新建布局】：使用系统指定的默认名称和缺省的打印设备来创建一个新的布局。

② 【来自样板】：插入样板文件中的布局。选择该选项后，系统将弹出【从文件选择样板】对话框，用户可在 AutoCAD 软件系统主目录中的 "Template" 子目录中选择 AutoCAD 软件所提供的样板文件，也可以使用其他图形文件（包括 "dwg" 文件和 "dxf" 文件）。

③ 【删除】：删除指定的布局。选择该选项后弹出【警告】对话框，如图 18-42 所示。单击【确定】按钮，则该布局被删除。

图 18-41　【布局】选项卡快捷菜单

图 18-42　【警告】对话框

④ 【重命名】：给指定的布局重新命名。选择该项后弹出【重命名布局】对话框，如图 18-43 所示，在文本编辑框中输入新的布局名称，然后单击【确定】按钮即可。

⑤ 【移动或复制】：选择该选项后，弹出【移动或复制】对话框，如图 18-44 所示。在【在布局前】列表框里选中某个布局，单击【确定】按钮，即可将指定布

局移动到被选中的这个布局前面。如果选择【移到结尾】，则指定布局被移动到最后位置。复制布局与移动布局的操作相似，不同之处是需选中【创建副本】复选框。

图 18-43 【重命名布局】对话框

图 18-44 【移动或复制】对话框

18.3.4 浮动视口

在模型空间中用户可以创建平铺视口。同样，在图纸空间中也可以创建视口，与模型空间中的平铺视口不同，布局里的视口可以重叠或进行编辑。双击这样的视口，可以切换到模型空间编辑图形，因此，在图纸空间中创建的视口称为浮动视口。

在图纸空间中无法编辑模型空间中的对象，如果要编辑模型，必须激活浮动视口进入浮动模型空间。激活浮动视口的方法很多，如可执行"MSPACE"命令，单击状态栏【图纸】按钮或双击浮动视口区域中的任意位置。

使用浮动视口的好处是可以在每个视口中选择性地冻结图层。冻结图层后，就可以查看每个浮动视口中的不同几何对象。通过在视口中对对象的平移和缩放，还可以指定显示不同的视图。浮动视口的操作可以使用【视口】工具栏来完成，如图 18-45 所示。

图 18-45 【视口】工具栏

18.3.4.1 在布局中创建浮动视口

在布局中，单击 🔲 弹出【视口】对话框来创建一个或多个矩形浮动视口，如同在模型空间中创建平铺视口一样。此外，在图纸空间中还可创建各种非矩形视口，可采用如下几种方式创建。

（1）创建多边形视口

① 下拉菜单：【视图】│【视口】。

② 工具栏：【视口】工具栏│ 🔲 按钮。

系统将提示用户指定一系列的点来定义一个多边形的边界，并以此创建一个多边形的浮动视口，如图 18-46 所示。

（2）从对象创建视口

① 下拉菜单：【视图】│【视口】│【对象】。

② 工具栏：【视口】工具栏│ 🔲 按钮。

系统将提示用户指定一个在图纸空间已经绘制完成的对象，如多段线、圆、面域、椭圆等，并将其转换为视口对象，如图 18-47 所示。

图 18-46　多边形浮动视口　　　　**图 18-47　从对象创建的圆形浮动视口**

（3）单个视口

① 下拉菜单：【视图】|【视口】|【一个视口】。

② 工具栏：【视口】| ▣ 按钮。

③ 命令行：VPORTS。

调用该命令后，命令行将提示如下。

　　命令：VPORTS ↵

　　指定视口的角点或

　　［开（ON）／关（OFF）／布满（F）／着色打印（S）／锁定（L）／对
　　象（O）／多边形（P）／恢复（R）／2／3／4］<布满>：

各选项意义如下。

① 【指定视口的角点】：用户可直接指定两个对角点来创建一个矩形视口。

② 【开／关】：【开】是打开指定的视口，将其激活并使它的对象可见；【关】
是关闭指定的视口。如果关闭视口，则不显示其中的对象，也不能将其置为当
前。

③ 【布满】：创建充满整个显示区域的视口。视口的实际大小由图纸空间视图
的尺寸决定。

④ 【着色打印】：从图纸空间（布局）打印时，选择是否保留三维实体着色的
选项。

⑤ 【锁定】：锁定当前视口，与图层锁定类似。锁定视口后，再用"ZOOM"
命令放大图形时，不会改变视口的比例。

⑥ 【对象】：将图纸空间中指定的对象换成视口。

⑦ 【多边形】：指定一系列的点创建不规则形状的视口。

⑧ 【恢复】：恢复保存的视口配置。

⑨ 【2】：将当前视口拆分为两个大小相等并水平或垂直平铺的视口。

⑩ 【3】：将当前视口拆分为三个视口。

⑪ 【4】：将当前视口拆分为大小相同的四个视口。

18.3.4.2 在布局中编辑视口

在构造布局时，双击布局视口以外的空白区域可以退出浮动视口，此时单击某视口边框可对其进行移动和调整的操作。

（1）删除浮动视口

在布局中，选择浮动视口边界，然后按"Delete"键可删除浮动视口。

（2）调整浮动视口

相对于图纸空间，浮动视口和一般的图形对象没什么区别。每个浮动视口均被绘制在当前层上，且采用当前层的颜色和线型。因此，可使用通常的图形编辑方法来编辑浮动视口。例如，单击视口的边框，然后通过拉伸和移动夹点的操作来调整浮动视口的边界。

（3）剪裁现有视口

单击【视口】工具栏中的 按钮，可以使用一个多边形对指定视口进行大小裁减。

（4）相对图纸空间比例缩放视图

如果布局图中使用了多个浮动视口，则可以为这些视口中的视图建立相同的缩放比例。这时可选择要修改其缩放比例的浮动视口，然后在【视口】工具栏中的【比例】列表中选择某一比例，就可以统一设置相同的比例值。

（5）控制对象的可见性

在浮动视口中，可以使用多种方法来控制对象的可见性，如消隐视口中的线条，打开或关闭浮动视口等。此外，利用【图层特性管理器】对话框可在一个浮动视口中冻结某图层，而不影响其他视口。

18.3.5 在布局中打印图形

在 AutoCAD 软件中，可以使用【打印】对话框打印图形。当选择了一个布局选项卡后，选择【文件】菜单下的【打印】将打开【打印—布局】对话框，如图 18-48 所示。【打印—布局】对话框中的内容与【打印—模型】对话框中的内容基本相同，还可以设置其他选项。在【打印选项】选项组中，通常情况下，图纸空间布局的打印优先于模型空间的图形，若选中【最后打印图纸空间】复选框，则先打印模型空间图形。若选中【隐藏图纸空间对象】复选框，则在打印图纸空间中删除了对象隐藏线的布局，该选项仅在布局选项卡中可用。

各项设置都完成后，在【打印—布局】对话框中单击【确定】按钮，AutoCAD 软件将开始输出图形，并动态显示出图进度。如果图形输出时出现错误或要中断出图，可按"Esc"键退出。

图 18-48　【打印—布局】对话框

【思考与练习】

思考题

18-1　什么是模型空间和图纸空间？

18-2　请阐述从模型空间打印图形的基本过程。

18-3　请阐述从图纸空间打印图形的基本过程。

18-4　什么是浮动视口？采用浮动视口有什么优点？

参 考 文 献

[1]　刘建荣.房屋建筑学［M］.武汉：武汉工业大学出版社，2000.

[2]　房屋建筑制图统一标准 GB/T 50001—2010［S］.北京：中国计划出版社，2011.

[3]　林宗凡.建筑结构原理及设计［M］.北京：高等教育出版社，2002.